风筝制作技法

王礼 著

北京工艺美术出版社

图书在版编目（CIP）数据

风筝制作技法／王礼著．—北京：北京工艺美术出版社，2018.1
ISBN 978-7-5140-1228-6

Ⅰ．①风… Ⅱ．①王… Ⅲ．①风筝—制作 Ⅳ．①TS938.91

中国版本图书馆 CIP 数据核字（2017）第 041307 号

出 版 人：陈高潮
责任编辑：张　恬
装帧设计：印　华
责任印制：宋朝晖

风筝制作技法

王　礼　著

出　版	北京工艺美术出版社
发　行	北京美联京工图书有限公司
地　址	北京市朝阳区化工路甲18号 中国北京出版创意产业基地先导区
邮　编	100124
电　话	(010) 84255105（总编室） (010) 64283630（编辑室） (010) 64280045（发　行）
传　真	(010) 64280045/84255105
网　址	www.gmcbs.cn
经　销	全国新华书店
印　刷	北京恒嘉印刷有限责任公司
开　本	889毫米×1194毫米　1/16
印　张	11
版　次	2018年1月第1版
印　次	2018年1月第1次印刷
印　数	1～3000
书　号	ISBN 978-7-5140-1228-6
定　价	38.00元

作者简介

王礼，男，1939 年 8 月生，陕西省扶风县人。1964 年 9 月毕业于西安工业学院精密机械制造专业。从孩提时代就热爱风筝，几十年初心不改，是一个执着的风筝人。他多次参加北京体育会组织的风筝比赛，获得了一些奖项。退休后潜心研究、制作风筝，专攻小型风筝和微型风筝的制作工艺。现为北京市风筝协会会员、东城区风筝协会会员。

前言

放风筝是一项老少皆宜的体育活动。我在孩童时代，就喜欢制作和放飞风筝。在父辈的指导下，扎糊的风筝，虽然其貌不扬，但能够见风就起，平稳飞行，我也自得其乐。每当一年复始，清明来临、青苗返青拔节之际，我们一帮孩童带着自己亲手制作的风筝，到绿野尽兴放飞，贪玩的童心得到了充分的满足。参加工作以后，就没有闲暇时间重操“旧业”了。不过对于风筝的热爱之情还是难以割舍，1985 年加入了北京市和东城区两级风筝协会。在协会，经常和同人切磋技艺，探讨风筝的艺术价值和制作技巧，取长补短，受益匪浅。

圈里人，那些风筝行家和爱好者，一般都是自己动手制作风筝。因为亲自制作，一来，能够按照自己的意愿设计风筝，且关键是风筝放飞的水准有保证；二来，还能令人产生一种成就和自豪感。我从 20 世纪 80 年代开始，几乎每年都会参加风筝放飞活动，有大型的活动，也有三五个人的小范围活动，不过每次活动带的风筝都是我自己制作的，有时还会特意多带一些分给友人，与他们一起享受那份快乐。

渐渐地，我发现，很多人喜欢放风筝，但是好多人都是买风筝来放。其实，玩风筝，享受的是一个过程，从设计、制作到放飞，如果你都能参与其中，所得所获定会更多。制作风筝，尤其是制作一般简易的风筝，并不难，在我看来，现在大多数人有亲手制作风筝的条件，有自己动手制作的能力，但苦于缺少系统的介绍风筝制作的方法。市面上有不少介绍风筝的资料，只是这些资料以风筝外形图和歌诀居多，关于风筝的骨架结构很少涉及。即使涉及骨架，但像苍鹰、蜈蚣、蜻蜓、蝴蝶、沙燕等风筝因结构比较复杂，三言两语是难以说明白的，而骨架正是风筝制作和放飞的关键部分。

所以，我结合自己多年的实践经验，编写了此书，给有心制作风筝的人提供一些方法，也算为这项民间艺术的发展与继承贡献自己的微薄之力。一、运用图文结合的形式比较详细地介绍了一些常见的、传统的北京风筝的扎、绘、糊、放技艺，突出了实用性；二、详尽地画出骨架结构的三视投影图，只要你会看图、会识图，对照骨架图，以科学的态度，细究扎制之法，以真为模、以面夸张，在制作过程中注意型、面、起、便四个字（即造型优美、画面生动活泼、起飞平稳、携带方便）。掌握平衡、对称、轻巧等关键环节，在每一个加工过程中认真、细微、一丝不苟，充分发挥自己的手工技巧和艺术才能，就一定能制作出飞行平稳美观大方的风筝。

愿你在智慧和艺术的山峰上摘取一枝美丽、芬芳的花朵，来装点自己的业余生活；愿你在民间艺术的长河中采集朵朵浪花来丰富自己的人生，从中得到生活的欢乐和美的享受。让我们携手并进，来实现伟大的中国梦！让我们肩并肩，热爱祖国的蓝天，放飞自己心中的梦想。

王礼

2013 年岁末

目录

第一章　概述

第一节　风筝的由来

风筝，我国北方称为纸鸢，南方则叫纸鹞。风筝是源于我国、风靡全球的民间玩具。《鸿书》载：“公输般为木鸢，以窥宋城。”《韩非子》载：“墨子为木鸢，三年而成，蜚（飞）一日败。”鲁班和墨翟造的木鸢，大约是最原始的风筝了。

据《询刍录》记载，五代（907~960）汉李邺于宫中制纸鸢，引线乘风为戏，后于鸢首以竹为笛，使风入竹，声如筝鸣，故曰风筝。

《唐书・田悦传》记载节度使田悦叛变进攻临洺。守将张伾放出带有书信的风筝与援军联络。田悦令善射士兵发箭，风筝高达百丈，箭所不及，援军马燧得书解了洛城之围。可见风筝早就在军事方面被当作通信工具了。唐人高骈有风筝诗一首：

夜静弦声响碧空，宫商信任往来风。
依稀似曲才堪听，又被风吹别调中。

第二节 风筝的种类

经过历代匠师、画家和民间艺人的发展、创造，风筝的品种不断增加，形状不断出新。制作工艺日趋精湛，并且逐渐形成各自的特色。一只精美的风筝，既是有趣味的玩具，也是欣赏价值很高的艺术品。

风筝种类繁多。按表现对象可分为以下三种：

1．生物类

主要是模仿动植物形象。如苍鹰、沙燕、大雁、海鸥、蜻蜓、蝴蝶、孔雀、大龙、鲇鱼、龙睛鱼、熊猫、蜈蚣和各种花卉风筝等。

其中，沙燕风筝颇具代表性。沙燕风筝又可细分为肥燕、瘦燕（俗称瘦腿子）、比翼燕风筝等。彩绘时，用黑、红、蓝单色绘制的沙燕风筝分别叫黑锅底、红锅底、蓝锅底。过去，一般用锅底上的灰绘染，黑锅底故此得名。

2．典故类

主要根据神话传说、文学作品或戏剧中的人物形象而扎绘。如孙悟空、猪八戒、哪吒、钟馗、胖娃娃，以及散花天女、飞天等各种人物形象。

3．器物类

仿照物品扎绘而成。如扇子、大钟、八卦、花篮、飞机风筝等，也有一些几何形的。

按照风筝的骨架结构，又可分为以下几种：

1．硬翅类

沙燕风筝是硬翅风筝的代表。我们把四周有竹条包围的风筝称为硬翅风筝。硬翅风筝吃风量大，飞行性能好，容易制作。两侧设有独特的升力片。

2．软翅类

老鹰风筝是软翅类风筝的代表。它下边缘无竹条，只有立柱与斜掌，所以吃风量小，因此飞行性能较差，制作难度也较大。除了老鹰风筝还有苍鹰、小燕、大雁、凤凰风筝等。

3．立体类

这类风筝骨架为圆形、方形、六方形等。如宫灯、魔方风筝等。

4．连串类

是由多个形状相同的风筝串联起来。如蜈蚣风筝等。

5．拍子类

即平板风筝，这类风筝骨架结构比较简单。可做成“十”字、“米”字、“干”字等多种形状。也有骨架比较复杂的。

按大小来分，又可分为：大型、中型、小型、微型。

第三节　常用工具

制作风筝要有一套得心应手的工具。

1．酒精灯

用来烘烤扎制风筝骨架的竹条。酒精灯烘烤，竹条受热均匀，加热速度快，造型成功率高；干净无烟熏痕迹。初学者，也可尝试用煤油灯或蜡烛练习，缺点是烤完的竹条会被熏黑，影响美观。（图 1–1、1–2）

图 1–1　酒精灯

图 1–2　蜡烛、煤油灯

2．破竹刀

用来劈、破、刮、削竹条。破竹刀要锋利，并有一定的重量，以节省腕力。以前，破竹刀一般用废锯条在砂轮机上磨去锯齿，开出刀刃，然后用油石、磨刀石磨出刀锋。现在，一般用美工刀。（图 1–3）

图 1–3　破竹刀

3．尖嘴钳

用以夹持竹条进行烘烤、弯曲，使之便于造型。

4．刨和锯

在粗加工竹条时，要用短小的木工刨（木工称为净面刨）去掉竹条里面的竹黄，并且刨光、刨薄竹条。这比用刀刮削省力、省时，而且加工出来的竹条均匀、光直。

5．其他

勾线笔、毛笔、鸭嘴笔、铅笔，爪规、三角板、曲线板，笔洗、调色盘，缝衣针、剪刀、熨斗等。

第四节　常用材料

制作风筝的材料主要有竹条，蒙糊用的纸、绢，以及颜料，乳胶，麻绳细线等。

1．竹条

竹条轻而坚韧，富有弹性。刀刻、刀破容易。经过烘烤加热可弯成不同的形状，冷却后，形状不易改变。它是制作风筝骨架的理想材料。

（1）竹材的选择

竹子品种不同，在强度、韧性等方面会有差异：

水竹、蒿竹，主要生长在南方，纤维较少，韧性较差。其特点是节距长，刀破容易，不跑偏，弯形后，很容易破成两根或多根对称的竹条。适合制作小型、微型风筝。

茅竹，在北京最常见，较粗，一般直径约 10 厘米。它纤维丰富、韧性好、强度大，刀劈、刀破都比较费劲，刀破时极易跑偏。弯形后，不易破成两根对称的竹条。用这种竹材制作老鹰风筝的膀条，效果极佳。

竹子品种虽然很多，但不管选用哪种竹材，尽量选取节距较长的部分，在弯型时避开竹节。

（2）竹材的湿度

竹条湿度影响风筝骨架的制作。

含水过多的竹子，呈青绿色，用这种竹材制作的骨架，质量大，影响风筝的放飞（竹条湿度过大会增加骨架质量，是制作风筝忌讳的。风筝骨架讲究轻，一般来讲，越轻盈的风筝，飞得越佳）。随着时间的推移，骨架内的水分蒸发，致使骨架变形走样。过于干燥的竹子也不行，虽然竹条干会很轻，但在烘烤、弯型时容易烤糊或折断，甚至一见火就着，而且，韧性和弹性均不够，容易断裂散架。

总之，一般选择含水量在 10% 左右，外观呈淡黄色的竹材较合适。外观深黄无光泽，说明放置时间过长，水分含量过少，需要在水中浸泡后晾干，方可使用。

2．蒙料

用来糊蒙风筝的材料通称蒙料。一般有纸、绢、布和塑料薄膜，常用的有宣纸和绢及无纺布。

（1）纸

纸的品种很多，蒙糊风筝常用的有熟宣纸、棉纸、高丽纸等。选纸的原则是大风筝用厚纸、小风筝用轻薄的纸。不易透风又轻薄的纸是小风筝的最佳选择。

（2）绢

绢具有轻、薄、密及强度大不易破损等特点，但远不如宣纸耐久。蒙糊风筝要用经过明矾水处理后的绢。

绢的熟制方法：

一、将生绢铺在平板玻璃或较平滑的桌面上，先用水浸湿，然后用刷子擀出气泡，刷平整，使其均匀、平整地附着在板面上（需要注意的是一定不能有气泡或褶皱），晾干待用。

二、将适量的明矾放在容器内，加水，一般半碗水加核桃大小的矾块。待矾全部溶化，加入适量乳胶，搅拌均匀，待用。

三、用刷子在绢上均匀涂刷，晾到半干，用双手从两角匀力慢慢掀起，揭下，然后置于干净平整处，晾至完全干透，熨平后才可以绘画着色。需要说明的是，在绘画过程中，绢出现皱、折、抽是正常现象，蒙糊前要用熨斗熨平挺。但是能少熨尽量少熨，因为烫一次就会有一次损伤，使绢变得脆而不坚。

（3）布

制作风筝比较常用的有无纺布。无纺布的优点是保存时间长，缺点是着色力差。

3．颜料

绘制风筝所用颜料品种很多，可以依据实际情况选择。

品色（透明水色）是用水稀释、调和的一种颜料。其特点是鲜艳明快，直观效果好。特别是经阳光照射，在蓝天、白云的衬托下，鲜明的色彩更能突出画面的主题。

炱粉，俗称炭黑、烟子。肥燕黑锅底，就是用它染的。它的特点是轻，但不溶于水，调和时需要用少许酒精或白酒调开，再加上少许骨胶水才能使用，这样就能使它牢固地粘涂在蒙料上，也避免了浸洇现象。但骨胶水不能用器皿去熬，必须放在加水的开口容器内，然后放在蒸锅里蒸，胶块溶化后即可。骨胶水要适量，加多了影响涂布的均匀性，容易出现一处浓一处淡的问题。加少了又影响黏着力，容易出现浸洇，影响整个画面的效果。现在一般不用它了，用碳素墨水或墨汁、黑色染料。

学习制作风筝，首先要把功夫放在风筝的骨架结构、起飞原理上，先让制作的风筝飞起来。在掌握风筝放飞的技巧以后，再逐渐把学习的重心转向提高绘画技巧。

4．苇管、纸管

为了携带方便，大风筝可采用“化整为零”的制作方法，把骨架制成可拆卸的结构件。放飞前，再进行插接、组装。各个部件的连接采用套管套插的办法。套管多用芦苇秆制作。苇秆壁薄身轻，但韧而不坚，容易破损。用时要先加固，用细线或麻丝在两端排线缠绕数匝，再涂上乳胶，避免竹条插入时将苇管撑破。

也可以用比较结实、韧性好的纸来制作套管。牛皮纸就是一种适合制作套管的材料。把纸裁好，涂上乳胶，一层一层地紧裹在芯子上（孔多大，芯子的直径就多大），三五层即可，绕完后抽去芯子，待其干透即可使用。

5．线

一般常用的有棉线、的确良线。

6．胶

乳胶是糊风筝不可缺少的黏合剂。若太稠，可用水稀释。

温度低乳胶凝结，就会失去功能，所以要注意保温。需要提醒的是，乳胶干得慢，能即扎即涂。

骨架扎完后，要在扎线处点502胶，以防止扎线脱扣，影响骨架强度、刚性。

第二章　骨架扎制

第一节　整体风筝骨架的扎制

骨架是风筝造型的基础，是决定放飞的关键。风筝的骨架，在满足结构、强度、刚性的前提下，竹条越细越好，越少越好。轻，是风筝起飞的先决条件，要尽量把骨架扎得轻而巧。

首先要加工竹条。加工竹条分劈、削、弯、破、刮五道工步。

1．竹材的破条、削薄、刮光

竹材刀劈、刀破容易。劈竹条是指下料，将圆竹或较宽的竹板加工成较窄的条形。劈时要注意从竹的根部向梢部劈，这样是顺茬，刀不会跑偏。将圆竹立起，注意根部朝上，使刀进入一端，另一端在地上蹾打、碰撞，刀子则会顺势而下劈开。竹条的宽度要适中，大约 2 厘米，太宽的话，等取掉竹黄后就变成两边薄、中间厚的形状。开破后必须取掉中间的竹黄。取竹黄的方法是用木工小刨，一只脚踩踏竹条端部，刨去竹黄，再掉头加工另一端。至此，粗加工结束，再以刀削的方式进行细加工。下面详细介绍刀削的方法。

（1）拉削：也叫抽削，指刀子不动，被加工的竹条进行单方向直线运动。这样加工的竹条平整顺直。具体操作为，先在大腿上垫上布垫，这是必需的安全防护措施。然后将竹条放在大腿上，将刀子放于竹条上，一手紧握刀柄，用力压住竹条，另一手抽拉竹条，削去竹肉，使其变薄或变窄。

（2）推削：指竹条不动，刀具进行单方向的直线运动。这样加工的竹条容易薄厚不均，原因是吃刀量不好掌握，但很多人习惯使用这种加工方法。

（3）刮削： 这是一种精加工的方法。如果两根成对的竹条在弹性、薄厚方面有差异，可将较厚或较粗的竹条置于工作台上，用刀具在加工部位上进行往复直线运动，刮掉多余的量，以达到两根竹条对称，粗细一致，轻重相等。

（4）破削： 风筝骨架左右是对称的。在扎骨架时，必须把对称的两根竹条下在较宽的竹板上，按照设计需要的形状弯曲造型，然后用破竹刀破一为二。破竹条要有一定的技巧，一不小心就会跑偏，破成粗细不等的两根。这样就难于保证对称，前功尽弃。（图 2-1）

破竹条是将刀切入竹条的中线后，握紧刀柄，用腕力左右扭动，使刀刃沿竹条中线顺势而下。如果发现偏、歪现象，立即停止刀刃摆动，用刀或用手搬动较粗的竹条，就可以将破斜的竹条纠正过来。破完后，还需要将刀口部位加工光滑，使两根对称的形条在弹性、

图 2-1

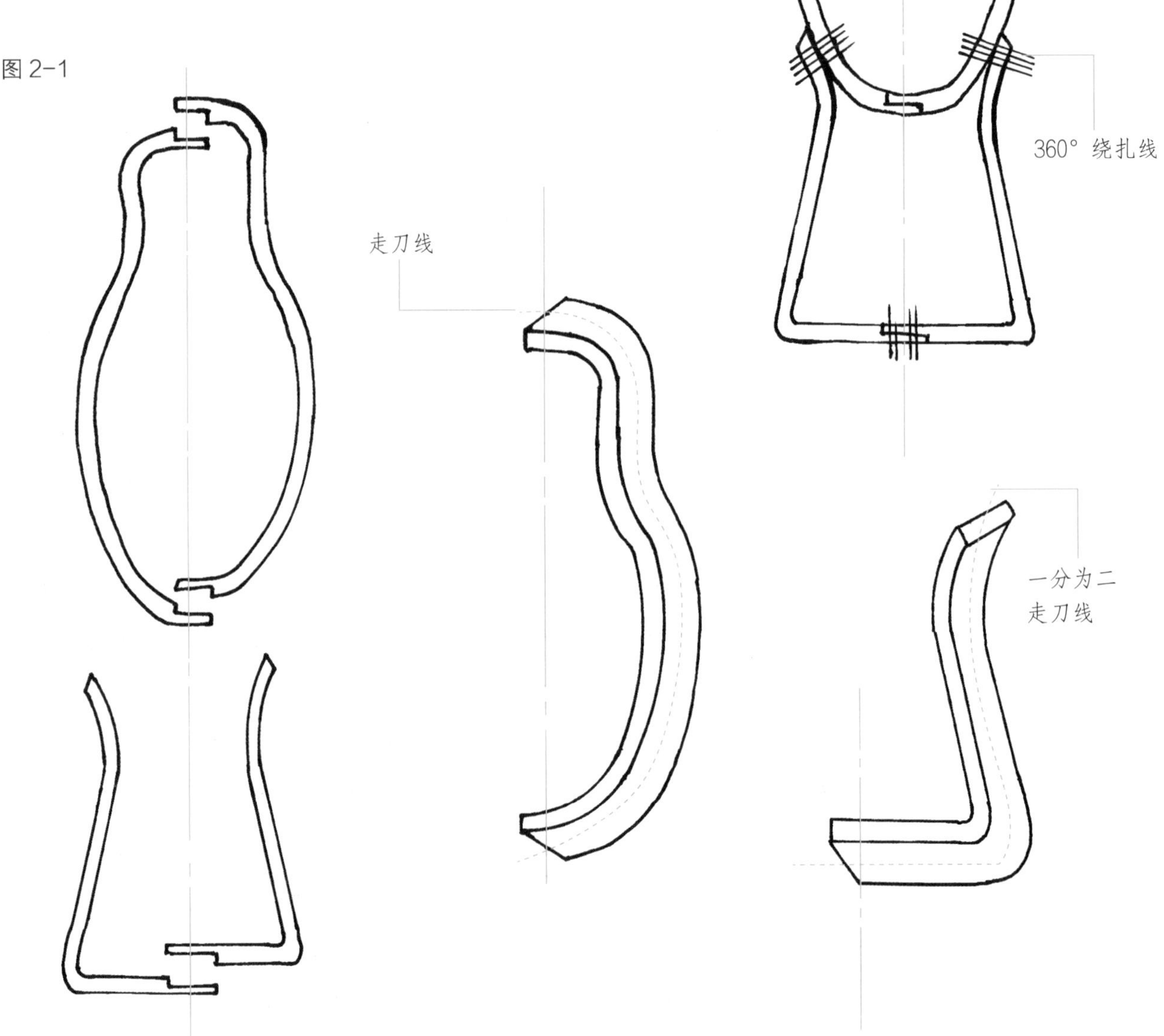

宽窄、厚度、形状等各方面尽量一致。所有风筝的膀条都是利用“对破”的办法来加工，这样不但提高了工效，还从根本上保证了风筝骨架造型的对称和均衡。

在做劈、削、弯、破、刮五道工步时，一定要保留光面的竹皮。竹皮光滑、坚韧，竹条才能有强度和弹性，一旦破坏，竹条的性能就会差很多。

2．竹条的弯曲造型

造型别致的风筝，其骨架是由圆形、半圆形、三角形、S 形等不同的竹条组合结扎而成。

竹条弯曲造型的具体方法：将粗加工后的竹板的弯曲部位的内面（即光皮的反面）放在酒精灯上烘烤，加热到一定温度时，竹条未烘烤的光皮表面就会沁出竹油。这就说明加热部位已经变软。然后慢慢加力弯至所需形状。注意用力适当，不可过快、过猛，急于求成。待形状达到要求时，即可停止加热，但两手依然要施加力量，待竹条完全冷却后，方可松手泄力。一般情况下，要弯曲的竹条会长一些，这样好加力，还不会烧到手；若要弯的竹条很短，就可以用尖嘴钳钳住一端，借助钳子来弯。

弯曲的竹条受力情况是，竹条的一面在拉伸，即受的是拉力，另一面在压缩，受的是压力。而竹青（俗称竹皮）质坚，不易压缩，所以一般采用向竹肉方向弯曲。我们把这种弯曲称为正弯曲，向竹皮方向的弯曲叫反弯曲。正弯曲容易操作，弯曲半径大于竹条厚度 1 倍即可实现弯形；反弯曲不易操作，其弯曲半径要大于它的厚度多倍才能实现。有一些复杂的骨架，在一根竹条上要形成两个不同的造型，要分着做，先弯好一个，等竹条完全冷却，形状稳定了，再弯第二个造型，以达到设计要求。

3．绑扎、粘接、组合骨架

把竹条连接、组合成整体骨架，办法是用细线绑扎后涂乳胶或 502 胶粘接。只要绑扎得可靠、牢固，很细、很薄的竹条组合也变成具有一定强度和刚性的整体。

图 2-2 靠扎法

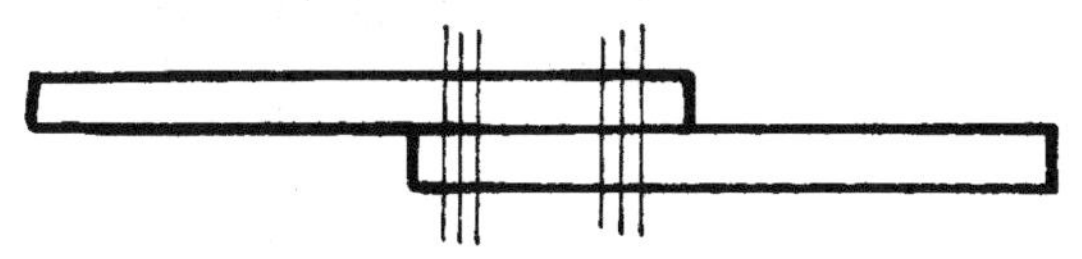

绑扎的方法有以下几种：

（1）**靠扎法：**把两根竹条并靠在一起以 360° 绕线结扎。（图 2-2）

（2）**对扎法：**把要连接的两根竹条削成平直的斜面，

用线以 360° 扎。这里要特别说明的是凡以 360° 绕线扎竹条，快绕完时，一定要边绕边掏扣，掏过两扣后即可停止，再涂上乳胶，就不会脱线了。（图 2–3）

（3）S 接口扎法：对骨架的对称性要求严格时，常用此种扎法。如老鹰身子轮廓条是在同一根造型条上破出。这两半的连接采用 S 接口扎法。S 接口处要严丝合缝。（图 2–4）

（4）并扎法：见图 2–5。

（5）十字扎法：注意扎两圈就换向，否则扎点会变得臃肿，从而影响效果。（图 2–6）

靠扎法、对扎法、S 接口扎法、并扎法，这四种扎法都是将扎线绕 360° 来缠扎。还有其他几种常用的扎法。一种是马蹄扣双向缠扎法：首先，将扎线打上马蹄扣，套在要捆扎的竹条中间部位（图 2–7）；接着，两手同时反方向拉紧扎线（图 2–8）；然后，先扎左边，顺时针方向缠绕（图 2–9）；最后，两圈扣拉紧就不会脱开了（图 2–10）。以此类推，再扎右边。第二种方法是双向平扎（图 2–11）：先扎好一头，直接缠线；最后，两头掏扣拉紧即可。

图 2–3 对扎法

图 2–4 S 接口扎法

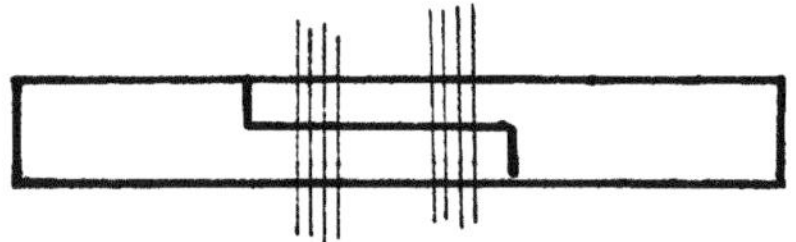

图 2–5 并扎法

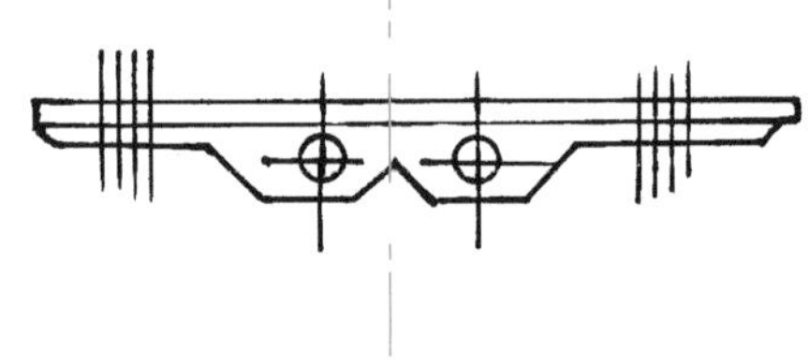

图 2–6 十字扎法

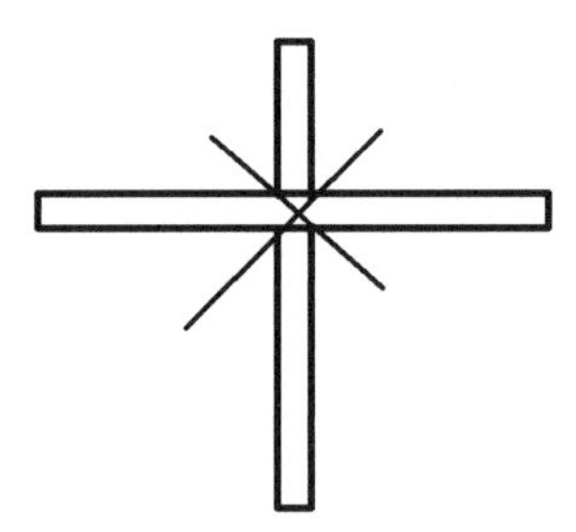

图 2–7

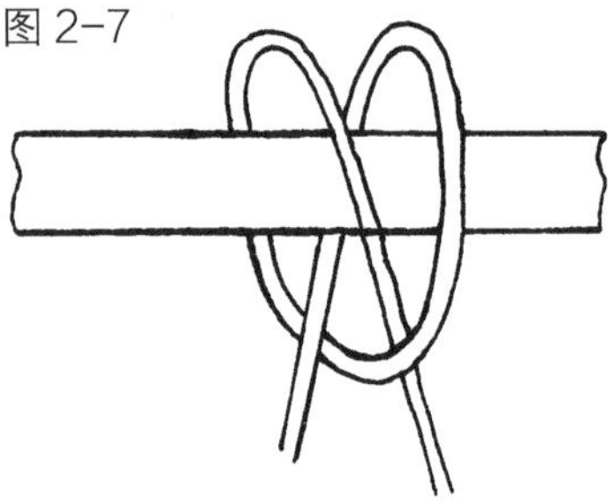

图 2–9

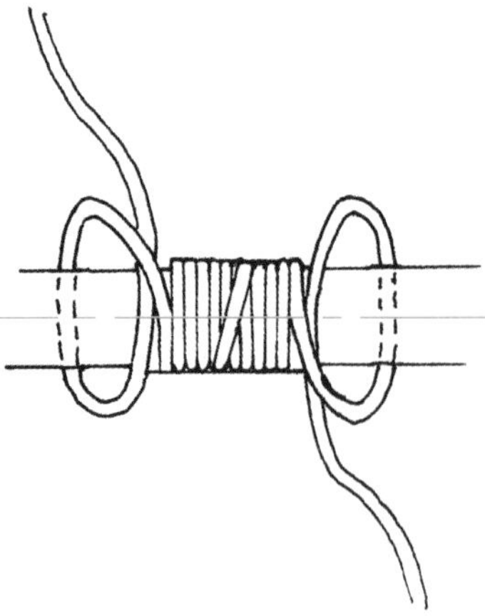

图 2–10

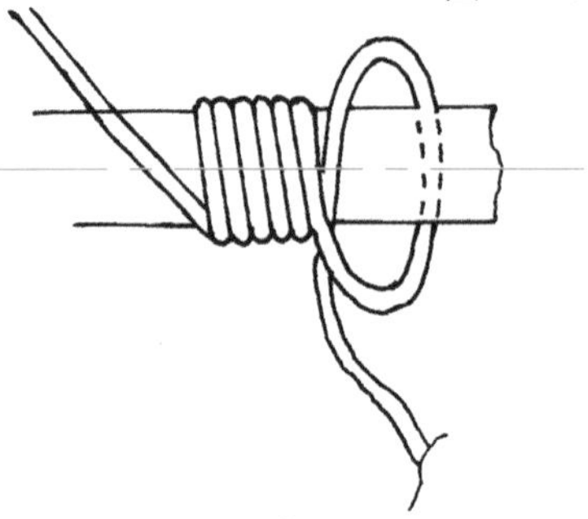

图 2–8

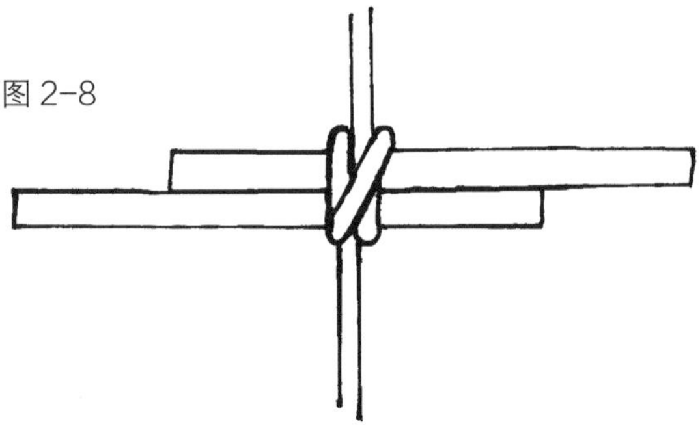

图 2–11

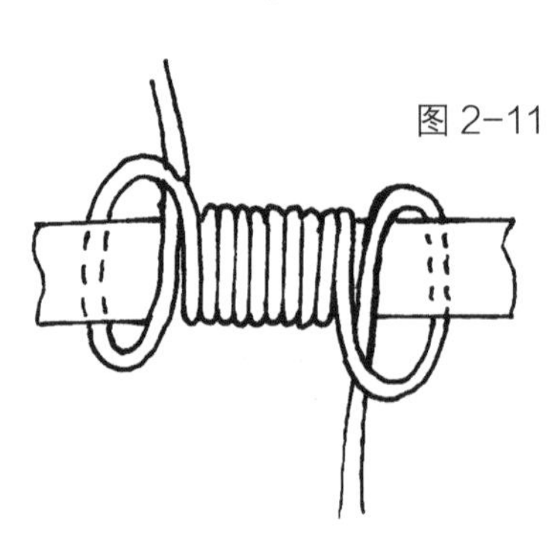

第二节　分体风筝骨架的扎制

风筝做成后，怕挤压、磕碰，较大一些的携带和保管也不方便。可把它做成可拆卸的几个部分。放飞时再组装，放完后拆开，分装十分方便。拆卸风筝的扎制相对复杂，扎制工序较多，部件之间的接口要求严密。大都采用套插连接，也有的用小线捆绑，系活扣便于拆开。

沙燕、老鹰、蝴蝶、蜻蜓等题材的风筝均可做成拆卸式。不过，初学者最好先不要做拆卸式风筝，应先从“死”架做起，待掌握了风筝的基本扎制技巧后，再去做“活”的。那样，做起来就会得心应手、事半功倍了。

另外，有些风筝的某些部分，与主体连接处要做成活的。这样飞行时可以自由摆动，既起到平衡的作用，又看起来形象生动。这些活处是用线连接的，如小燕子、蜻蜓的尾部用线拴在两个点上，放飞时，其尾部摆动灵活自如。

第三节　典型风筝骨架的扎制范例

最典型的范例是沙燕风筝，可分为肥沙燕、瘦沙燕、比翼燕和雏燕。扎制沙燕风筝骨架，一定要严格按照尺寸比例来扎制，否则扎成的风筝不是飞不起来，就是飞起来不稳定。四种沙燕风筝的骨架尺寸比例见图 2-12、2 - 13、2-14、2-15。

a 代表一个单位，是一个变数。

沙燕风筝虽然可做大也可做小，但不管做成什么尺寸，其骨架的制作方法和工序流程都是相同的。

下面就以制作 8 寸肥沙燕风筝的骨架为例，详细说明扎制方法：

第一步，确定和计算竹条的尺寸，首先，确定 a=35 毫米，从图 2-12 得知，头高 = 头宽 = 门子宽 =a=35 毫米，膀宽 = 身长 =2a=70 毫米，翅膀长为 7a，则翅膀 =245 毫米。1 寸 ≈ 33 毫米，8 寸即为 8 × 33 ≈ 264 毫米。在 245 毫米和 264 毫米之间选 260 毫米作为翅膀的长度。翅膀竹条越长越易起飞，所以选整数上限为佳。

图 2-12 肥沙燕尺寸比例图

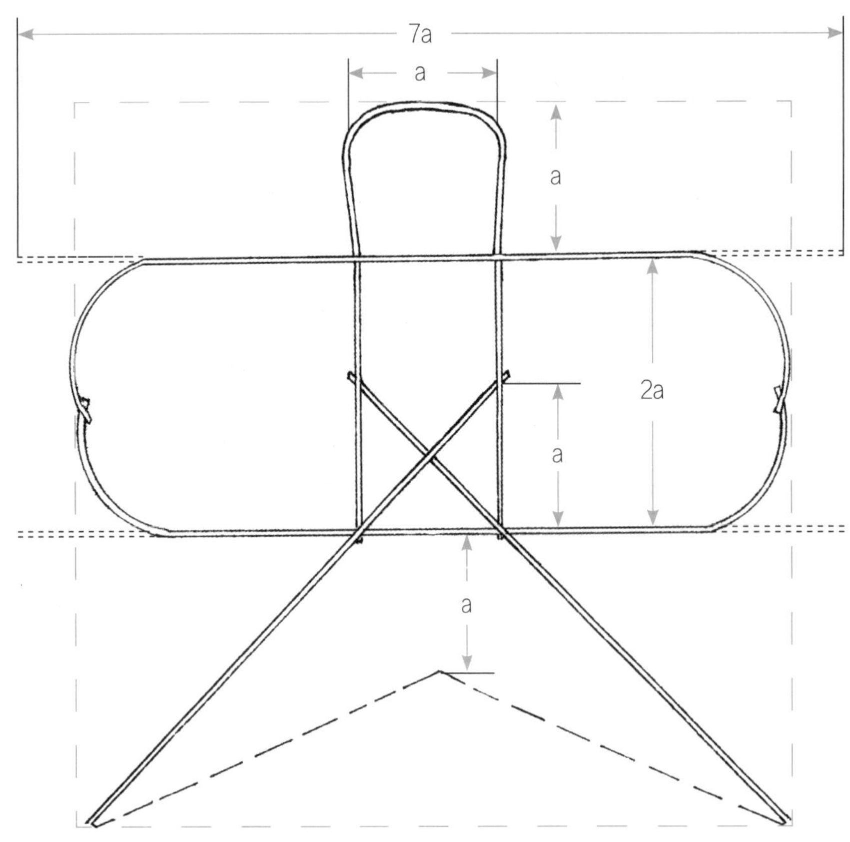

图 2-13 比翼燕尺寸比例图

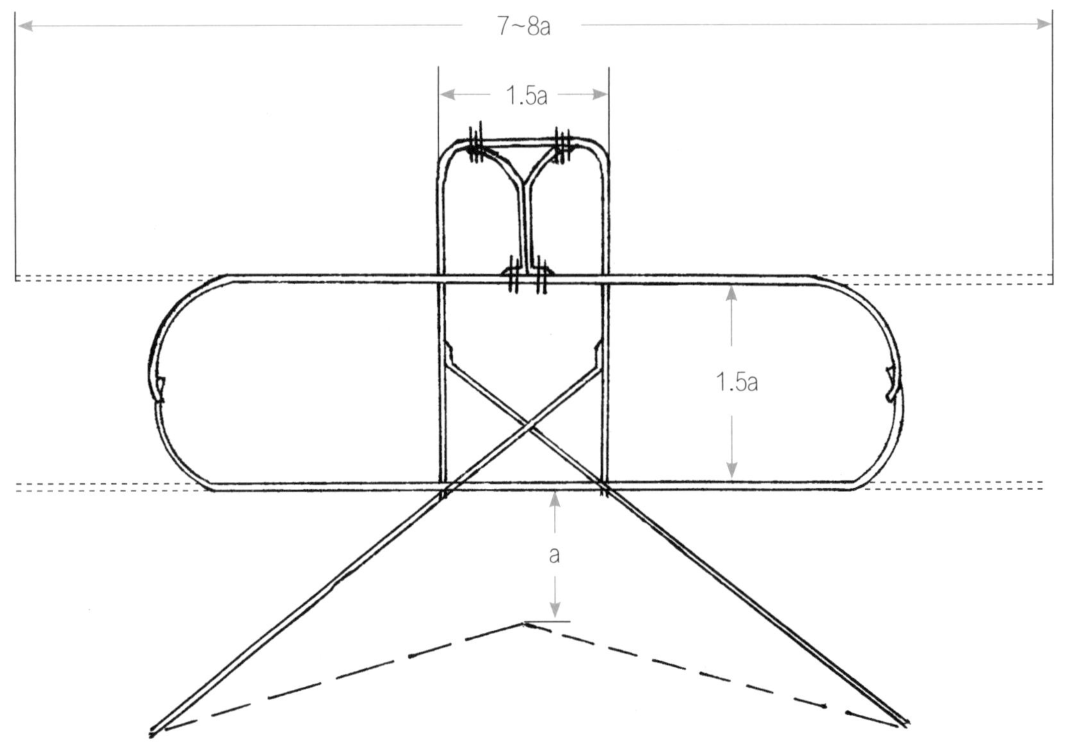

图 2–14　瘦沙燕尺寸比例图

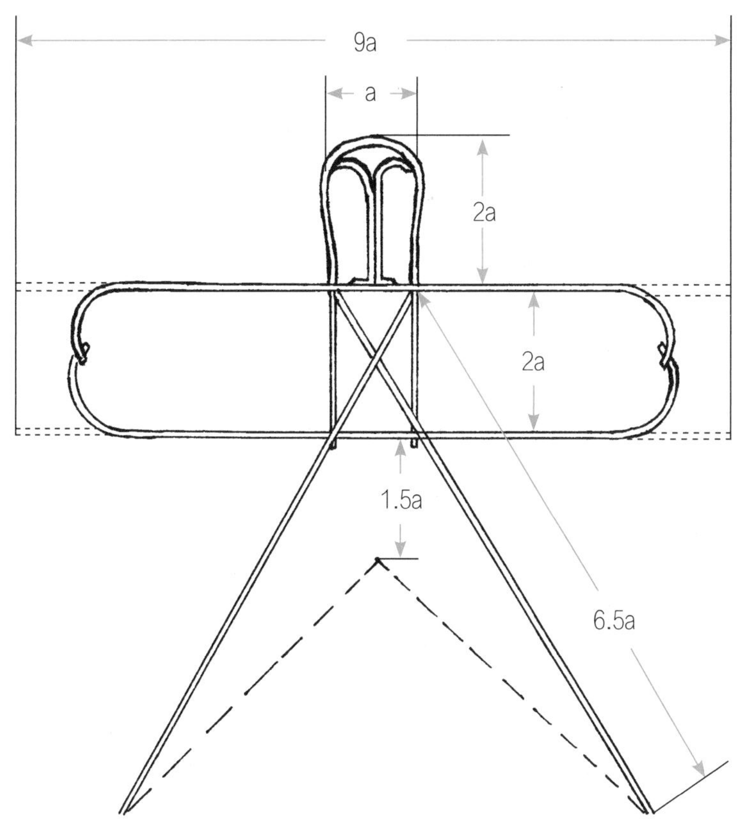

图 2–15　雏沙燕尺寸比例图

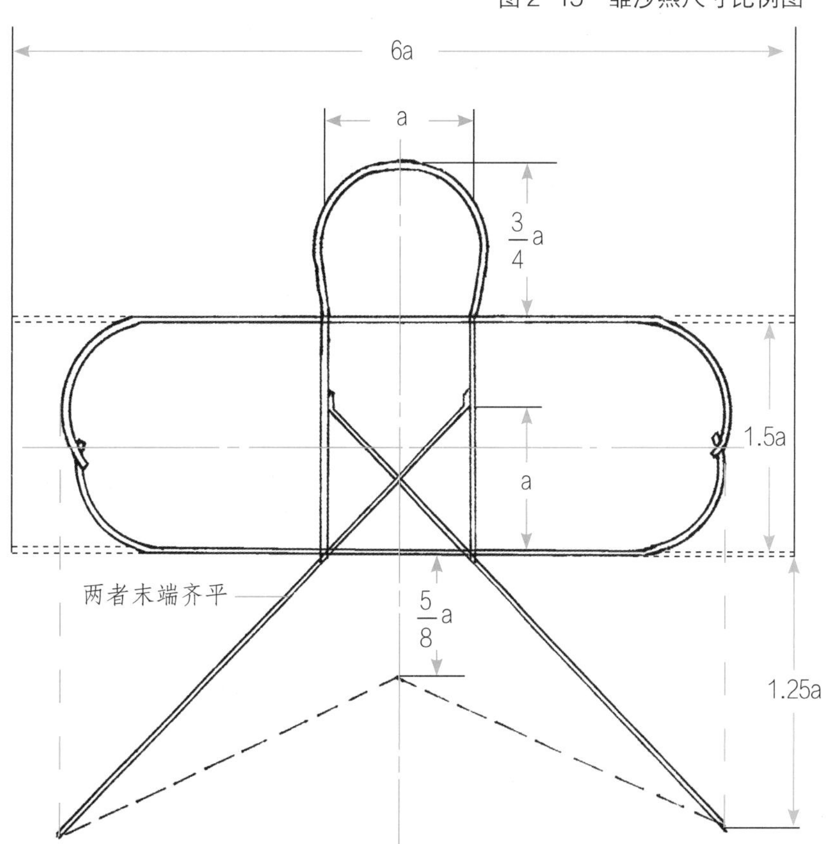

第二步，在纸上画出 1 ∶ 1 的骨架图。（图 2-16）

第三步，加工门子条，门子的制作有两种方法，第一种方法是通条法（图 2-17）：门子条的展开长度为 7a，即 245 毫米。为便于弯型可选择长约 270 毫米的竹板，宽度约为 10 毫米，将其刮削为 1 毫米的厚度。找出竹板的中点，从中点向左移 17.5 毫米；记作一点，向右移 17.5 毫米，记作另一点，这两点就是门子的弯形点。用酒精灯弯形，弯型时要边加热边弯并要不断地在 1 ∶ 1 的图纸上比较，尽量使弯型处和图纸相似。待竹板完全冷却、定型后，再将它用刀破为数个。然后，进行精加工，使其成为粗为 1 毫米的圆形条，用笔在两边画出头高（a）于 A 点，身长（2a）于 B 点，以待与上下膀条扎结。这种方法的优点是整条造型，没有接拼痕迹，工艺性好；缺点是对技术要求高，烤形很难做到左右形状完全对称。门子的第二种制作方法是拼接法（图 2-18）：将一根较短的竹板，加热弯出头形状的一半，弯时要在 1 ∶ 1 的图纸上边弯边比较，使其和图纸上头部形状的半边一致。完成后，把它破为数个。把两根条以 S 接口的形式绑扎成一个完整的头形。细加工后，再与两身条拼扎，然后以点记、截出头高（a）、身长（2a），以待与上下膀条结扎。用这种方

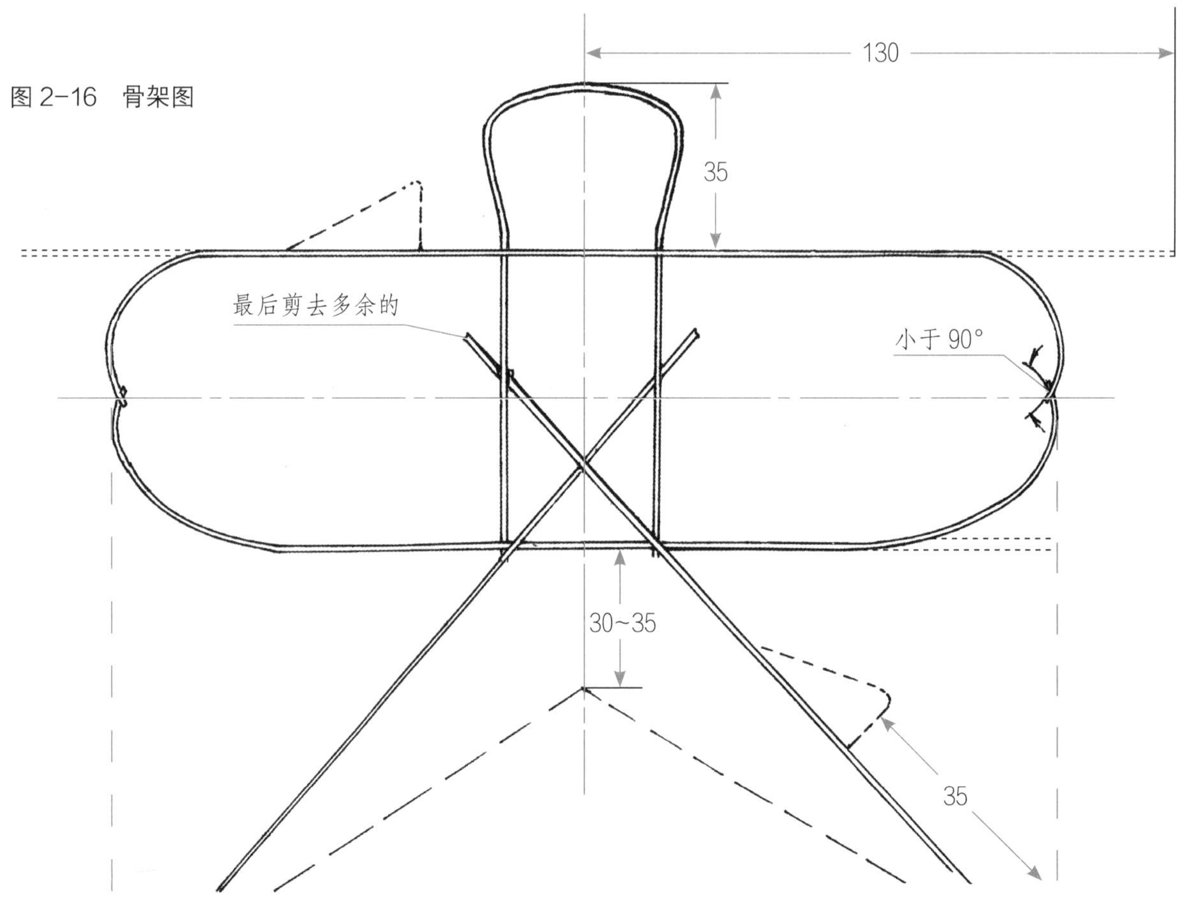

图 2-16　骨架图

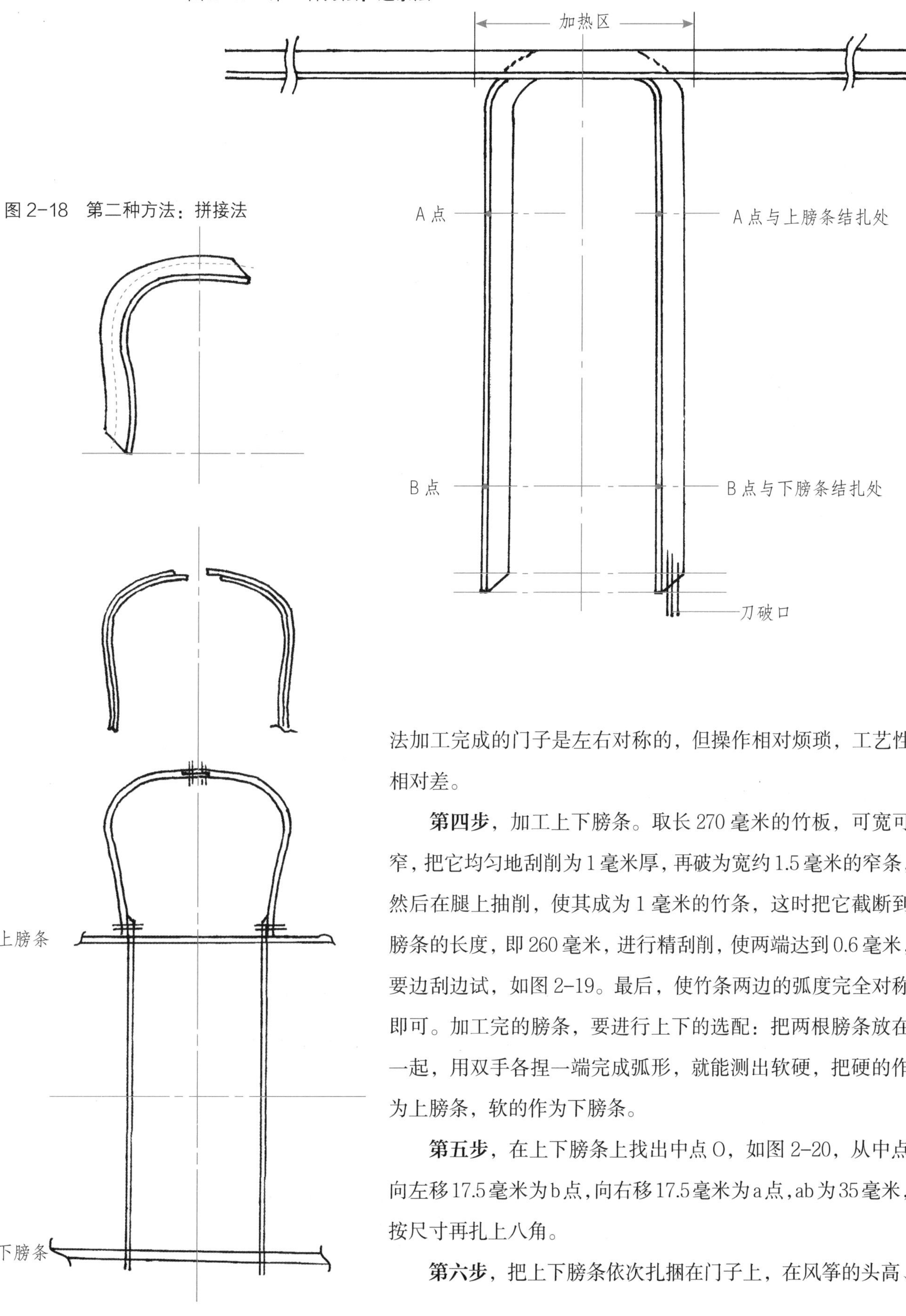

图 2-17 第一种方法：通条法

图 2-18 第二种方法：拼接法

法加工完成的门子是左右对称的，但操作相对烦琐，工艺性相对差。

第四步，加工上下膀条。取长 270 毫米的竹板，可宽可窄，把它均匀地刮削为 1 毫米厚，再破为宽约 1.5 毫米的窄条，然后在腿上抽削，使其成为 1 毫米的竹条，这时把它截断到膀条的长度，即 260 毫米，进行精刮削，使两端达到 0.6 毫米，要边刮边试，如图 2-19。最后，使竹条两边的弧度完全对称即可。加工完的膀条，要进行上下的选配：把两根膀条放在一起，用双手各捏一端完成弧形，就能测出软硬，把硬的作为上膀条，软的作为下膀条。

第五步，在上下膀条上找出中点 O，如图 2-20，从中点向左移 17.5 毫米为 b 点，向右移 17.5 毫米为 a 点，ab 为 35 毫米，按尺寸再扎上八角。

第六步，把上下膀条依次扎捆在门子上，在风筝的头高、

图 2-19 上下膀条加工图

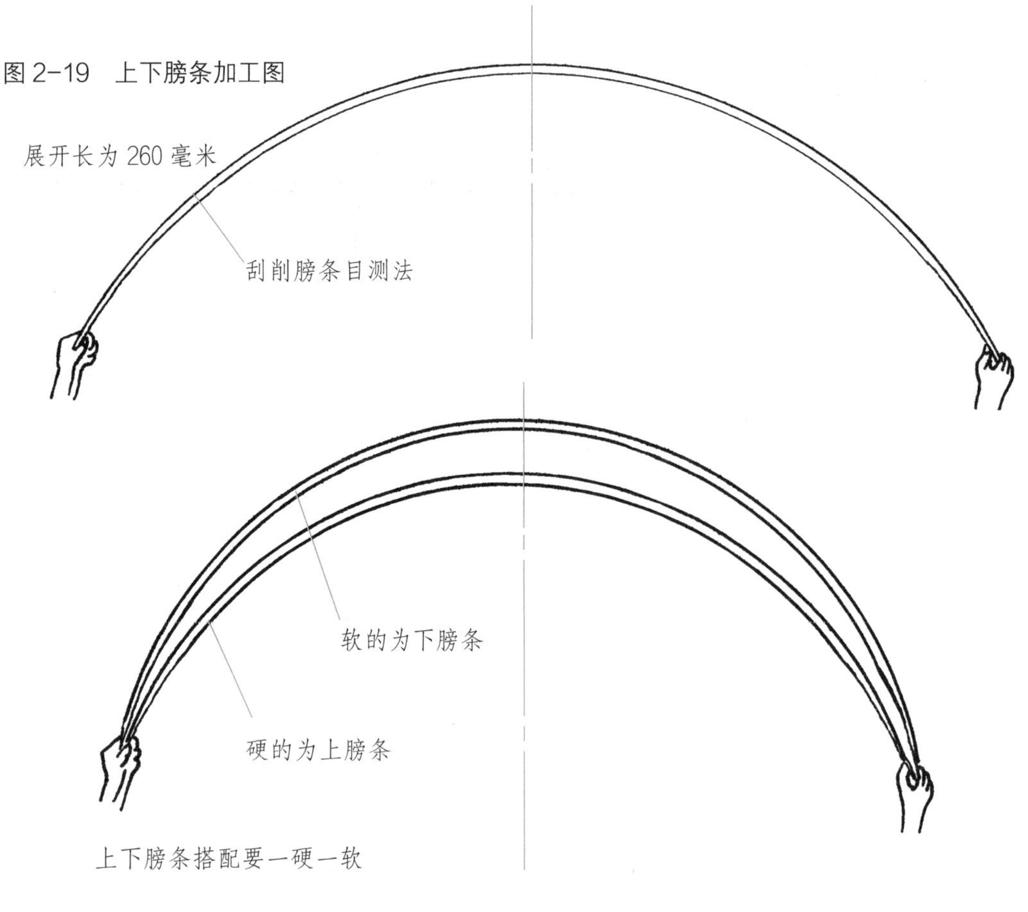

图 2-20

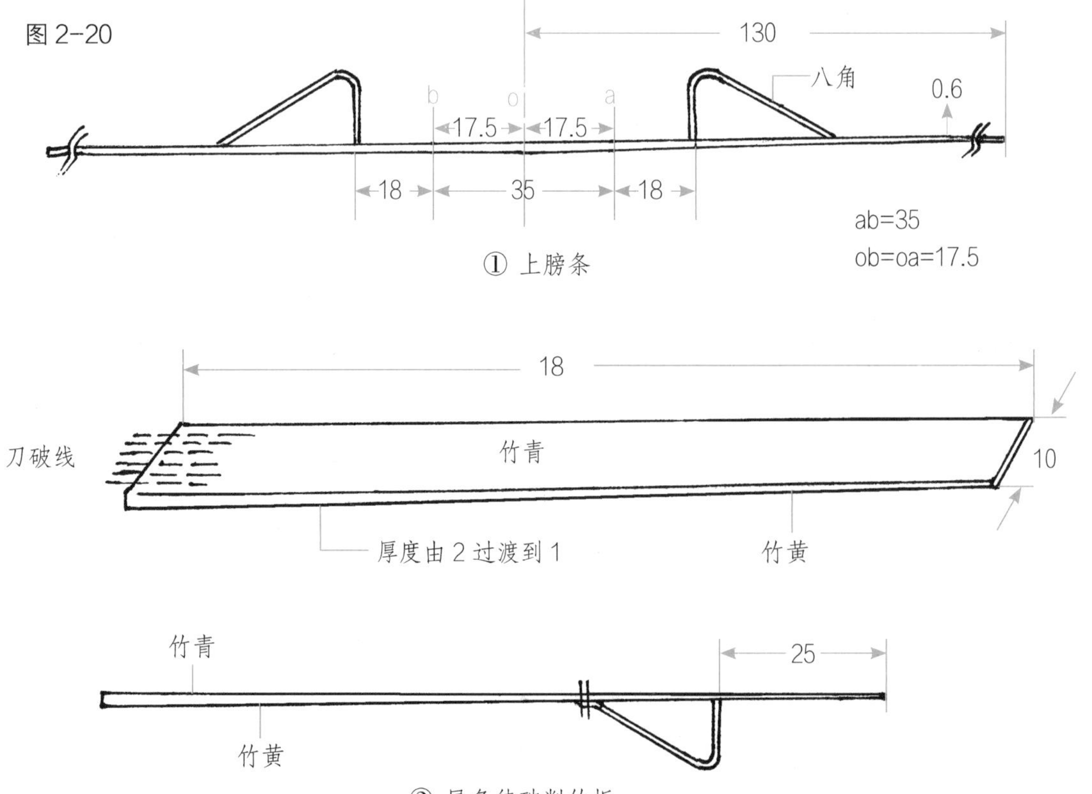

头宽、身长、膀宽均达到要求后，再涂 502 胶固定。

第七步，将已扎好八角的尾条，如图 2-20，扎于门子上，注意尾条的上端在门子边条的下方，而尾条的中部扎在门子条和下膀条的交叉处，且尾条在下膀条和门子条的上面。尾条的加工尺寸见图 2-21：将长 170 毫米的竹板刮削至厚 2 毫米，之后，从一端继续向另一端刮削，将它的厚度从 2 毫米逐渐过渡到 1 毫米，将八角扎于 30 毫米处。注意八角要扎在竹黄面，不能扎于竹青面，原因是尾条是反用的，以便向外弹动而绷紧尾纸。

沙燕风筝翅膀的骨架结构十分巧妙，它是由上下两根相等的竹条构成，上膀条刚劲有力，较粗；下膀条柔软，纤细。

肩和尾条上的八角，见图 2-22，也可做成其他造型，以满足实际需要。

第八步，是非常关键的一个工步：先把上膀条的梢端绑扎在下膀条的梢

图 2-21 勒膀兜示意图

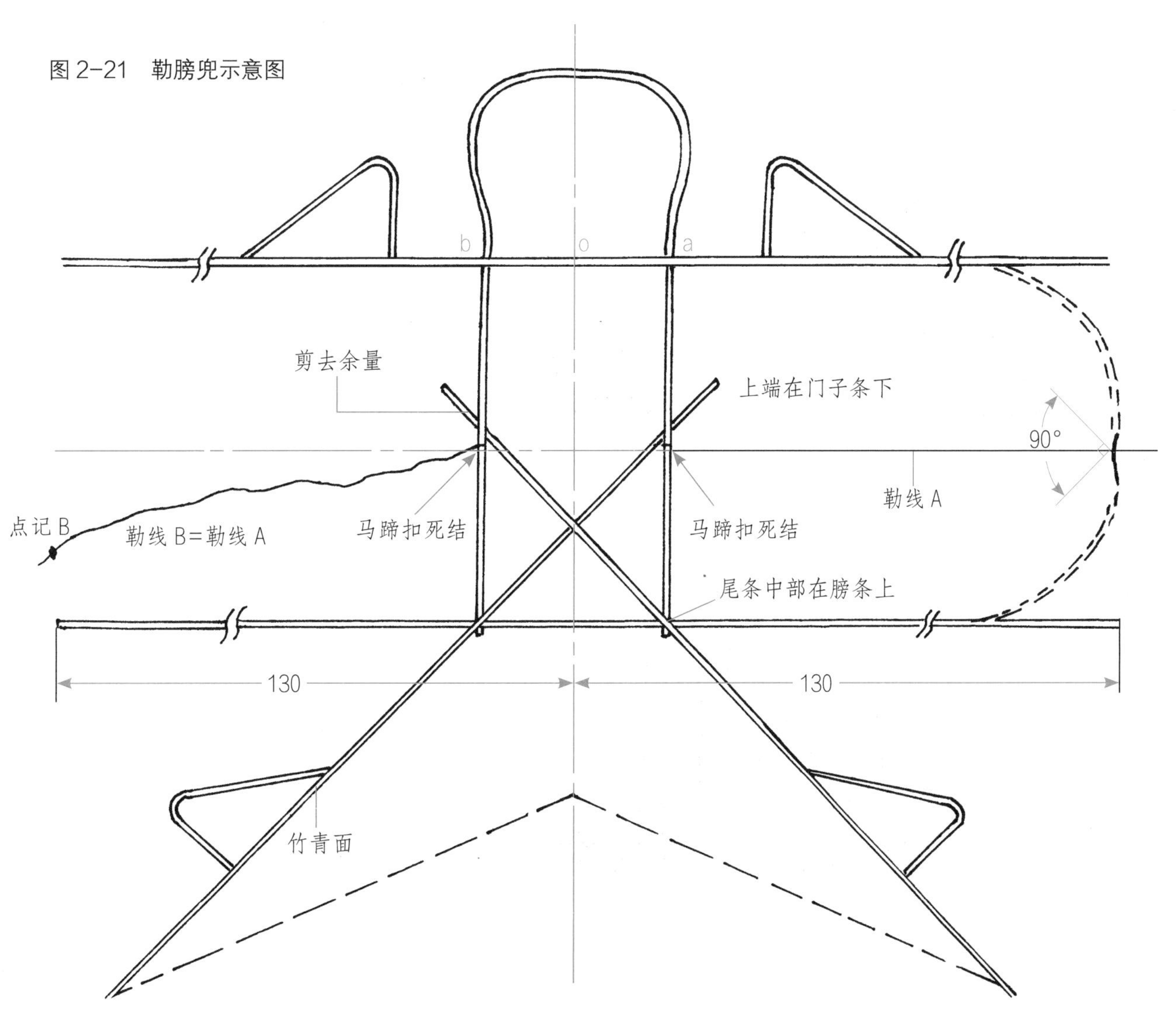

端之上，上膀条在外面，下膀条在里面，见图 2-21，两条呈 90° 角时结扎在一起（也可略小于 90° ），我们把这个夹角称作“膀嘴”。接着用一根细长线，两边以马蹄扣（马蹄扣结法见前文图示）形式打死结，绑在门子条两边的中间点，先把一边的长线拉向膀嘴处 90° 的中间，拽紧线后向后面勒，使上下膀条向后背 15° 左右，这时上膀条则形成向后弯曲的半圆形 90° ，之后再把拉线在膀嘴处打死结绑牢。到此，一边的膀兜就勒完了。接着再勒另一边，先用直尺或竹条量出勒好一边的勒线长度，用笔在线上作点记，再把线拽拉向膀嘴处，使线处于两膀条的中间，使线上的点记与膀嘴完全重合，则可绑扎打结，只要两边的勒线相等，就能保证勒出的左右膀兜大小是一样的。

翅膀糊上纸以后，膀兜就形成了蓄风的三角风兜。它的特点是蓄风量大，泄风量小，所以使风筝具有足够的升力。因此沙燕风筝极易起飞，也易拔高，

图 2-22

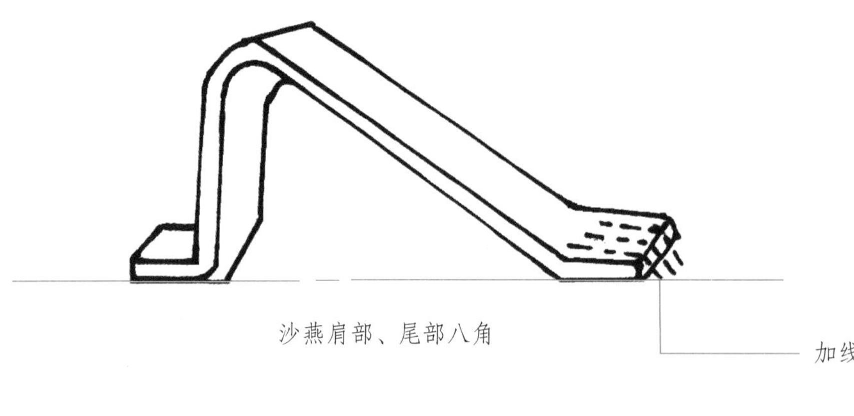

沙燕肩部、尾部八角

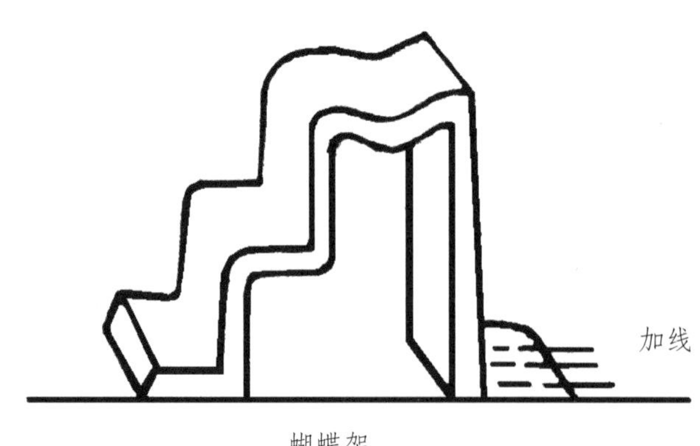

蝴蝶架

放飞起来十分过瘾。

第九步，检查骨架。骨架在扎绑过程中，难免有歪斜现象，会相互别劲，从而产生翘曲、扭曲、变形现象。检查方法是拿起骨架，从上向下看，如果上下膀条重合，只能看到前面的上膀条而看不到下膀条，说明两膀条处在同一平面，风筝没有扭曲、变形。再从侧面看，只能看到一个膀兜，门子条只能看到前面的一边，为直线，后边则看不见，说明左右也处在同一平面而没有翘曲现象。如果发现扭曲，一定要修好。绑扎完成的风筝骨架，一定要平整、对称。这样才能保证它稳定飞行。

尾部两边的尾条，要求也很严格。它在风筝飞行时主要起平衡作用。检查两尾条软、硬和弹性的方法，如图 2-23，用两手捏住尾条两端，对压，使两端合拢在一起，呈弧形，说明两尾条的弹性、软硬是一致的，达到了要求。如果出现如图②的情况就是不合格，右边条箭头指处较厚，需要修理，将图②向下翻转 180° ，见图③，用小刀朝一个方向刮削，边刮边试，达到图①的效果即可。

肥沙燕、瘦沙燕、比翼燕三种可拆卸风筝的骨架扎制方法是相同的，但必须注意以下两点：首先，先精加工上下膀条的通条，软

图 2-23

① 合格

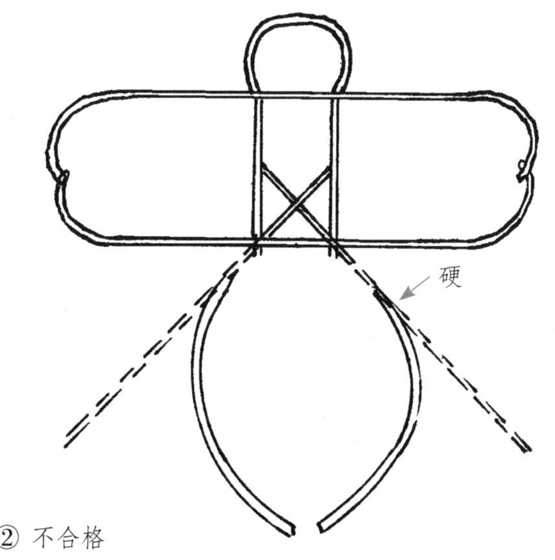

② 不合格

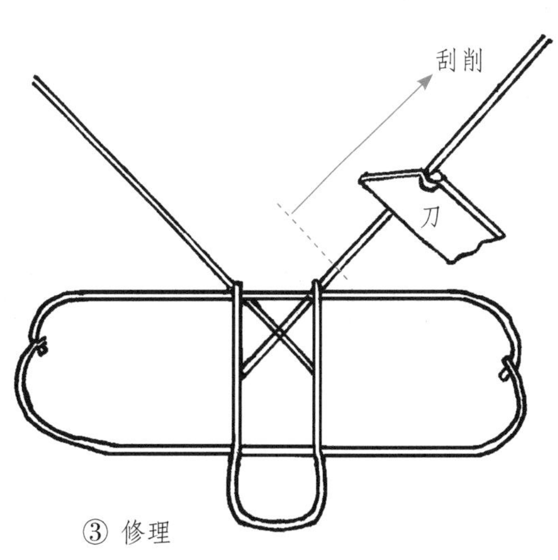

③ 修理

硬配对后，将两根通条从中点处切断，成为四根。上膀条两端分别配下膀条的两段，扎成左右翅膀，这样能保证左右两膀的弹性、软硬一致。不能用四根短竹条做上下膀条。其次，门子条的厚度一定要和上下膀条厚度相等，见图 2-24。这样在插接组合后，能够保证左右翅膀能与门子处在一个平面，便于绘制图案。

还需要说明的是，扎制瘦燕风筝的骨架，其竹条一定要更细一些。因为其翅膀面积小，所以受风面积小，产生的升力小，是不容易放飞的。如果竹条不够细，瘦燕风筝很可能飞不起来。

可拆卸沙燕风筝的左右翅膀也可做成完全柔性拆叠的，如图 2-25。其主要靠牵线固定风兜的大小，一旦左右膀插入门子，翅膀的风兜即被固定，制作较难。做好后，其飞行性能还是不错的。

2-24 可拆肥燕

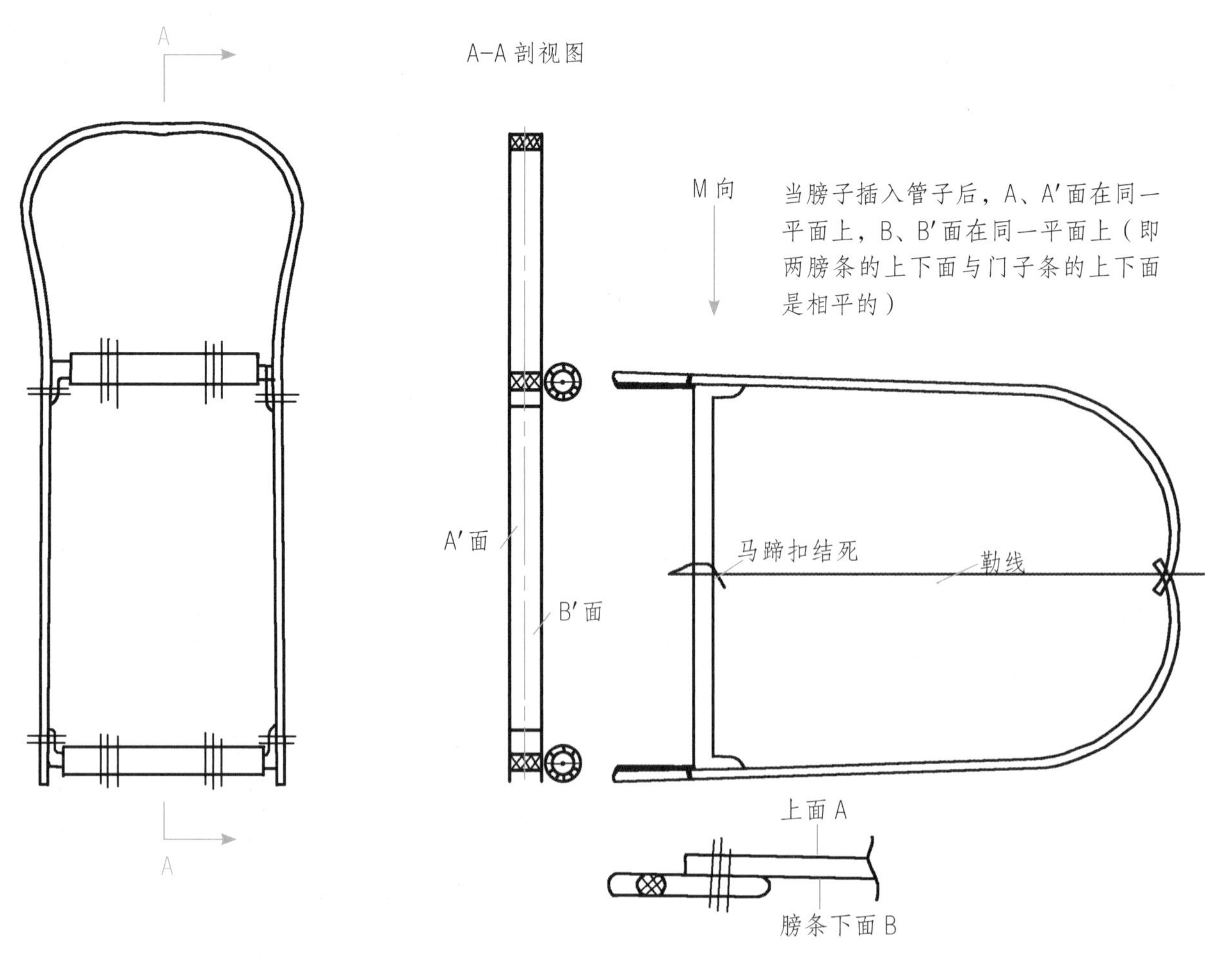

2-25　柔性翅膀图

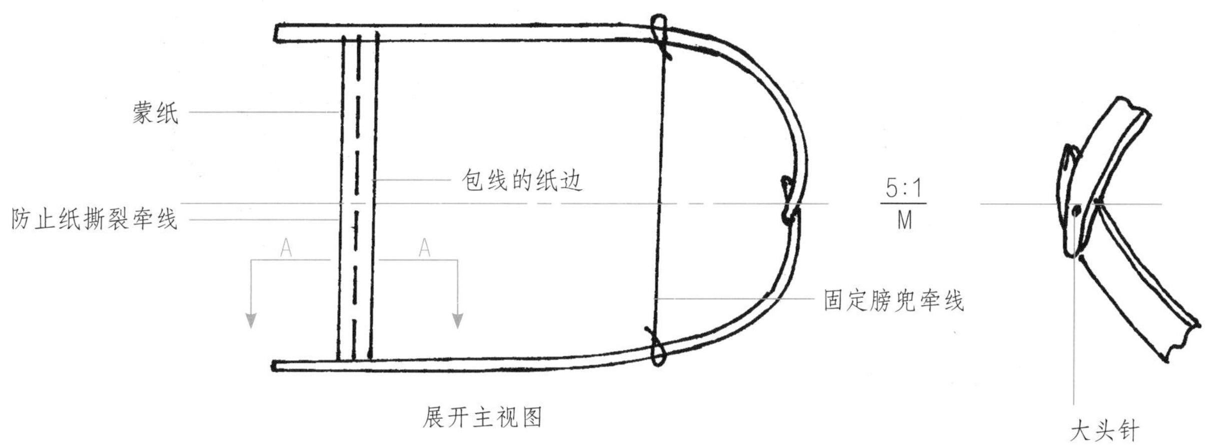
蒙纸
包线的纸边
防止纸撕裂牵线
A
A
5:1
M
固定膀兜牵线
展开主视图
大头针

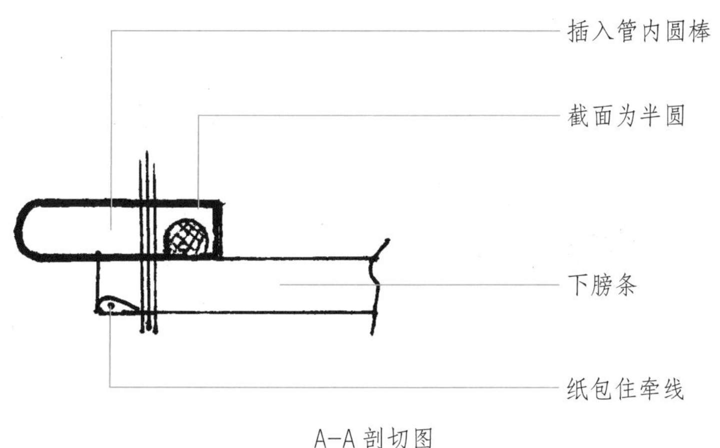
插入管内圆棒
截面为半圆
下膀条
纸包住牵线
A-A 剖切图

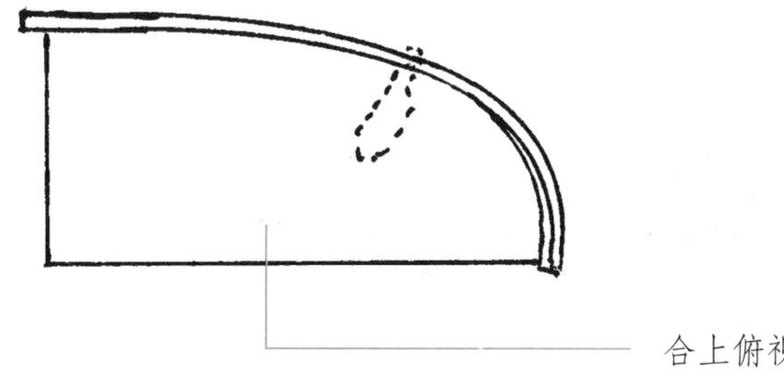
合上俯视图

图 2-26 埋入线头扎法

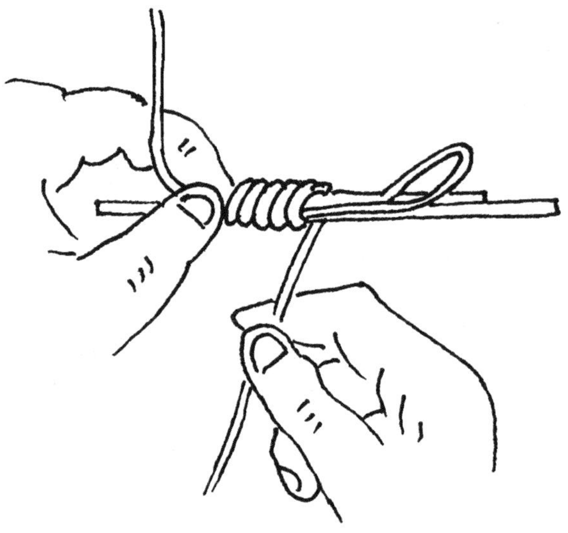

① 第一步：留出埋线套

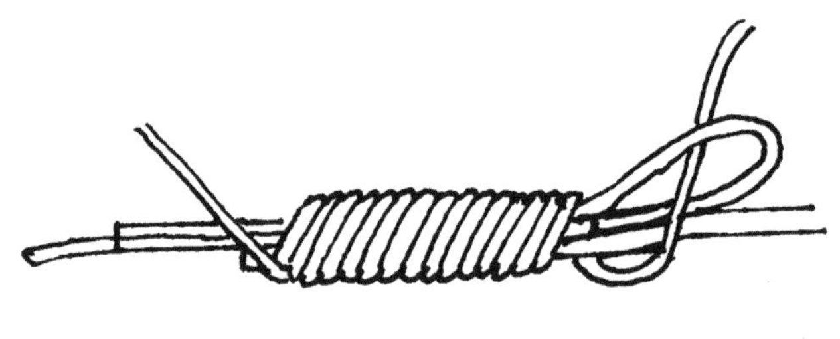

② 第二步：将线头穿入埋线套内

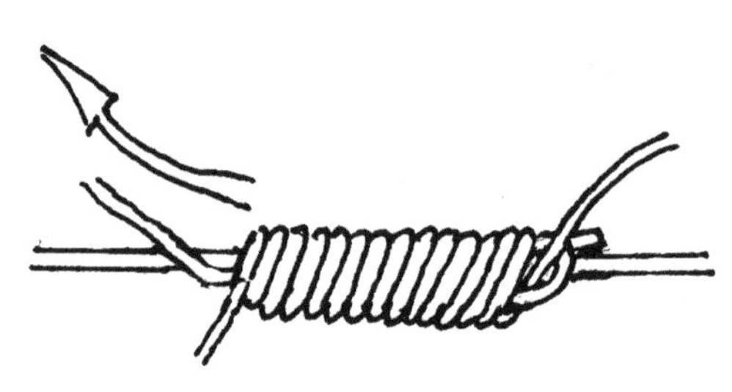

③ 第三步：此线头将埋入扎线内

图 2-27 绕线方法

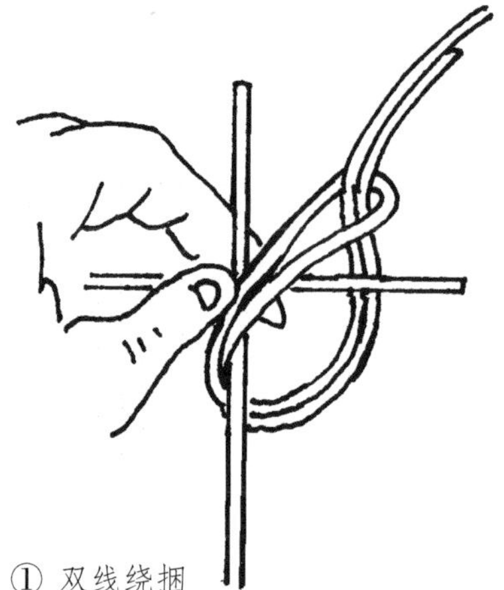

① 双线绕捆

② 单线绕捆

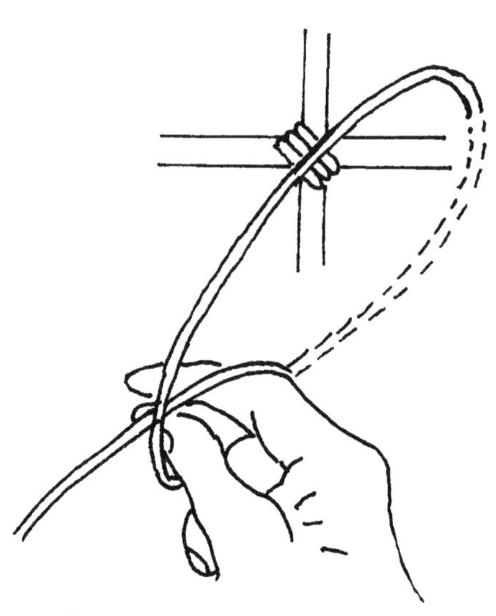

③ 单线套扣

第三章　绘制与裱糊

第一节　风筝的绘制

绘制风筝，要用到色彩的知识。关于色彩知识，在很多书里有详细论述，本书仅针对性地讲解一些经验和技巧，供风筝爱好者参考。

1．关于同类色、对比色

用同类色绘制的风筝，给人单纯、柔和、谐调的感觉。但运用不当，会显得单调。

用对比色绘制的风筝，一般色彩鲜明、强烈。但应注意对比色之间的关系和面积。否则，容易形成杂乱、炫目的视觉效果。

2．绘制方法

风筝的绘制主要有三种方法：一是工笔重彩画法，二是写意画法，三是刻版版印。

（1）**工笔重彩画法：**特点是用线条造型，结构严谨，重彩渲染，色彩绚丽，对比强烈，多以写实的风格表现人物、花鸟等。要求画工考究、精细，着色均匀有序。用这种方法绘制的风筝，图案清晰，特别是近看或把玩，别有情趣。但风筝一旦升空，画面的效果明显减弱。

（2）**写意画法：**这种画法可达到“传神”的效果，适合远看而不宜近瞧。

（3）**刻版印：**一般为批量印刷生产。

下面再介绍几种简单实用的着色方法：

点绘法：将色彩以点的形式组成图案，一般适于画花卉，如沙燕两膀上的牡丹花。

平涂法：将颜色均匀平铺涂抹。

晕染法：分为烘染和叠晕（又叫退晕）两种。烘染是用毛笔蘸清水在已上好颜色的部分涂抹，使颜色产生由浓到淡的均匀过渡。叠晕是做阶梯式的平涂处理，分出深浅、浓淡不同层次。

化水法：以浅色点在湿润的深色画面上，或者以深色点在湿润的浅色画面上，造成柔和、渐变的洇渗效果。

喷刷法：按风筝大小，用硬纸刻出图案，用刷子蘸颜色在刻版上面的金属网上反复擦刷。这种方法较快，但画面不精细。

3．绘制要求

在设色时要本着应繁就繁，应简就简，做到画面繁而不烦、艳而不厌，简而不俗，雅俗共赏。这就要求在绘制时充分发挥想象力和创造性，将科学性、艺术性完美地结合起来。

在选色上的一些要求：要注意选择的颜色与所拟仿的形象有近似性，例如，老鹰风筝一般用赭石或绛色。如果把老鹰风筝涂成绿色，把沙燕画成红色，那就完全失真了。在此前提下，绘制时应尽量艺术化，可以夸张变形，也可以蕴含寓意；尽量多用艳丽、明亮的色彩，给人以愉悦和美感。另外，一般蓝色和绿色较接近，所以，在同一画面，尽量使绿色和蓝色远离。

在染色上的一些要求：尽量不重复，不要往复拉动画笔，要顺一个方向染。

4．绘制图案

沙燕风筝是北京风筝的代表，也是硬翅风筝的典型，是极具传统特色的风筝之一。其图案设计精巧，寓意深刻，如“五福捧寿”“福到眼前”“牡丹富贵”“喜鹊登梅”，等等。

（1）五福捧寿

“五福捧寿”是常用的图案，由五只蝙蝠围绕寿字组成画面。“蝠”与“福”谐音，表达了企盼幸福、长寿的美好寓意。（图 3-1）

图 3-1 五福捧寿图案

图 3-2

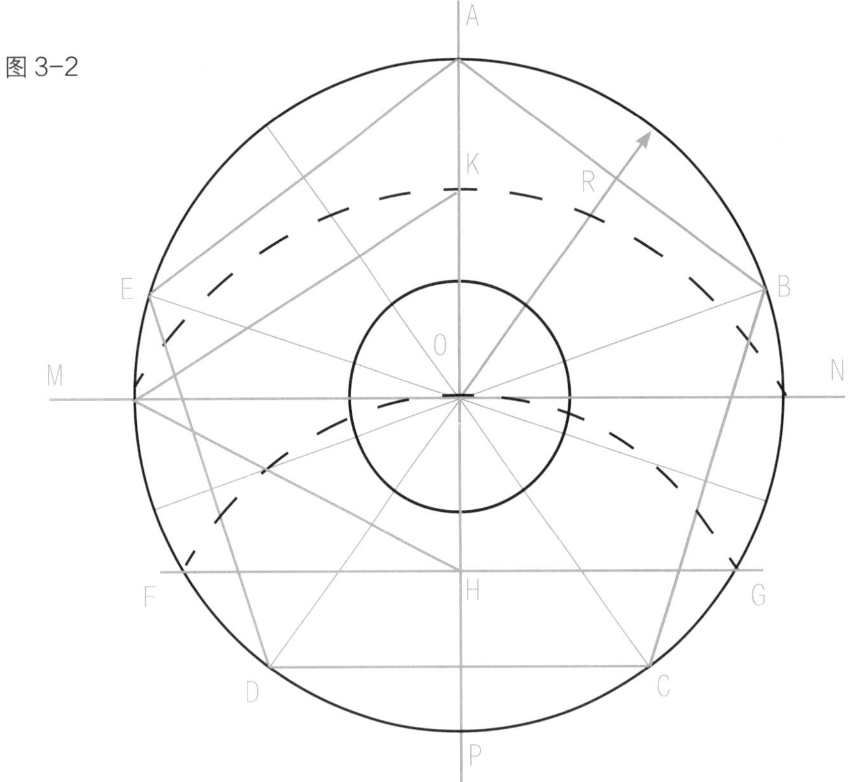

① 五边形画法示意图

② 五福捧寿图案画法示意图

图案的具体画法：

首先，在草稿纸上画出五边形。

为什么要画五边形？因为五只蝙蝠是均布环绕在一个寿字周边的。如果不画五边形，就无法使它们排列、分布均匀。间隔有大有小的组合，势必造成无序状态，就失去了和谐美。

画法：根据膀纸大小确定圆的大小。第一步，先画 AP 与 MM 两条直线相互垂直相交于 O 点（圆心），以 O 为圆心，以 R 为半径画圆（R 为变数，视翅膀展开纸的大小而定）。第二步，以 P 为圆心，以 PO 为半径画虚线半圆，使它相交于 F 与 G 点，连接 FG，使 FG 与 AP 相交于 H 点。再以 H 点为圆心，以 HM 为半径画虚线半圆交 AP 线于 K 点。第三步，以 A 点为始点，以 KM 为标准在大圆周上截取 B 点、C 点、D 点、E 点，连接 AB、BC、CD、DE，则得到一个规矩的五边形。第四步，再分别做出四条边的中线，即各边的垂直中线。第五步，分别在边内描上已设计好的图案蝙蝠。（图 3-2）

寿字图案见图 3-3。

（2）翅膀

首先裁出比翅膀略大的纸，将纸粗糙无光的一面朝下，光滑的一面朝上，顺着纸边把它用小夹子夹在上下膀条与门子结扎处，然后把纸的另一端推压在骨架的膀嘴处贴紧。这时用拇指和食指顺竹条捏出纸印，取下后以铅笔顺印记勾出虚线，就是翅膀的展开图。再以此法完成另一只翅膀的展开图。两张展开图一定要分别标出左翅膀、右翅膀，以免在绘制时弄反。在虚线范围

图 3-3　寿字图案

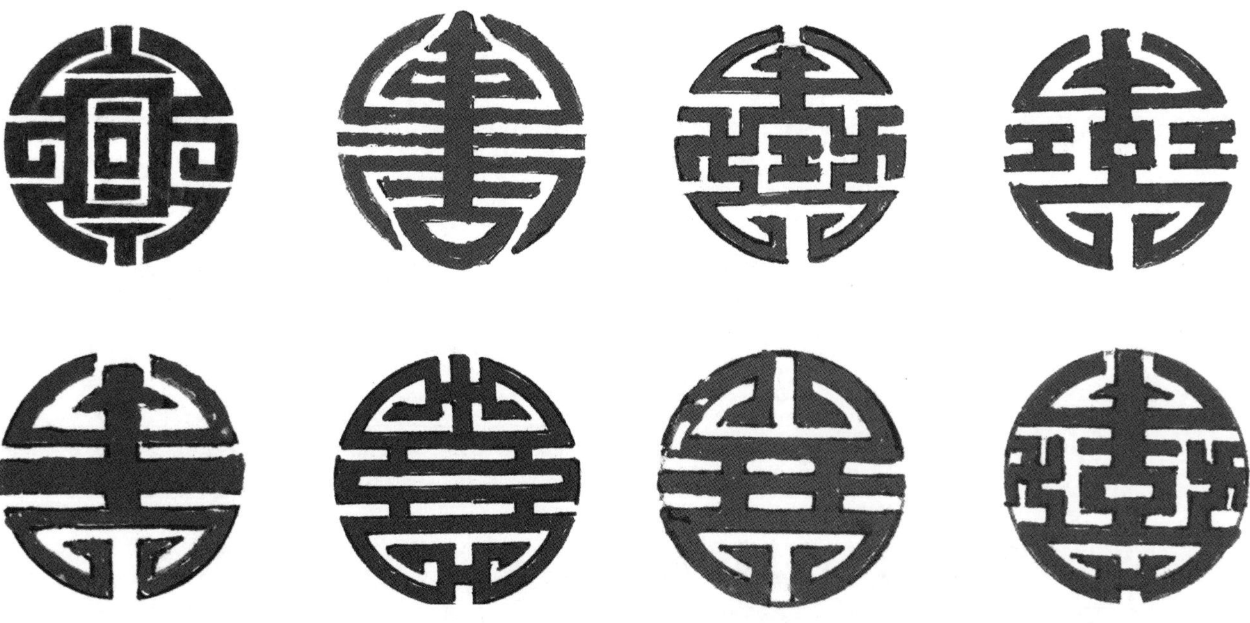

内作画，切记画面不能太饱满，要留有一定的“空”。特别是下膀条虚线边，还要画膀条纹样。画面应处在翅膀纸宽上半部三分之二处为最佳。绘制翅膀图案时，先用笔勾画轮廓，画完一只翅膀后，把它反过来放于台面上，将另一只翅膀沿虚线与前一只翅膀重合，然后拓画。这样，保证左右翅膀画面的对称性、一致性。最后，在所有画面完工后统一着色。（图 3-4、3-5）

图 3-4 翅膀图样

图 3-5　右翅膀图样

（3）门子

门子的绘制，主要是把眼睛画圆画大，显出精神。胸部多不上色，或者满涂黑色或红色，但一定要和翅膀相配。门子与双翅的接缝处必须对接而不留痕迹。先画好半面，然后从中线处折叠，拓画另外半面。这样画出的门子对称、一致。（图 3-6）

图 3-6　肥燕门子图样

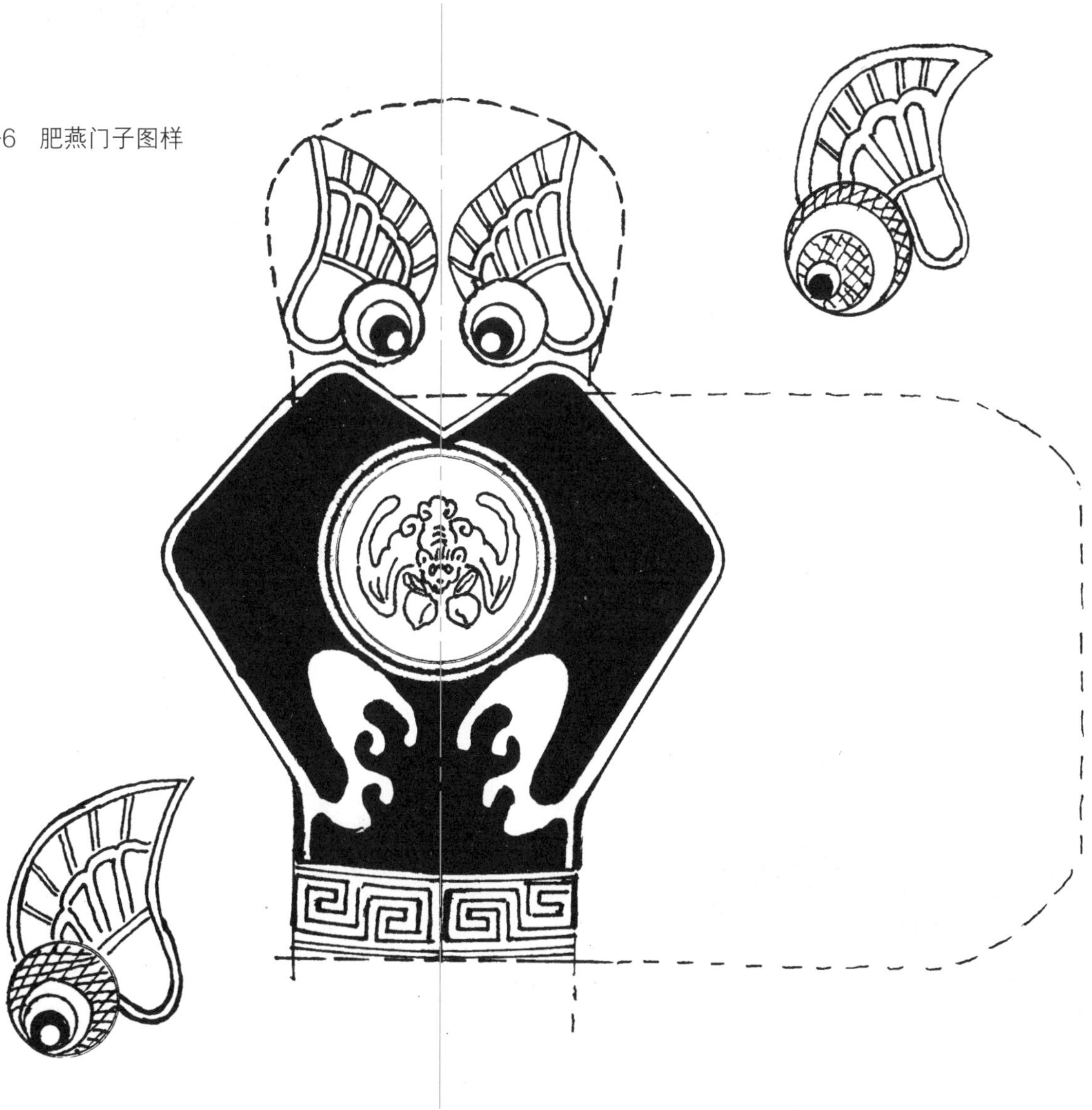

（4）尾部

尾部画法有多种形式，可选择传统样式，也可创新，另辟蹊径。（图3-7）

图3-7 尾部图样

① 肥燕尾部图样

② 瘦燕尾部图样

（5）“曹氏”沙燕风筝腰羽画法口诀

腰羽分节画腰栓，上下纹样细详参；一节二尺论大小，翡翠珊瑚束金环。三圆五球上边看，七节上四下画三；九品莲花分俯仰，上寿福禄在两边。八方彩云空中起，（上圆弧裙）汪洋海水地接天；（下圆弧裙）彩蝠翻飞绕寿果，红黄蓝绿要相间。万不断配回纹锦，盘长锦与钩子莲；配色淡雅不宜艳，红绿蓝紫色更艳。纹现色彩自家变，力求理通不倒颠；百千事物悟其理，诀中妙语可通玄。（图 3-8）

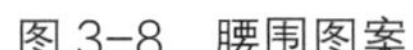

图 3-8　腰围图案

（6）梅、兰、竹、菊沙燕风筝

梅、兰、竹、菊被誉为“四君子”，以其入画别有一番意境。

喜鹊登梅：梅花在隆冬盛开，傲霜迎雪，不畏严寒，象征君子威武不屈、不惧强暴。历代文人对梅花赞颂有佳。（图 3-9）

图 3-9 喜鹊登梅

幽谷雅兰：兰花独处深山幽谷，清香淡雅，象征君子操守清雅，独立不迁。（图 3-10）

图 3-10　幽谷雅兰

竹林丹鹤：竹子虚心劲节，直干凌云，象征君子谦逊虚中，高风亮节。（图 3-11）

图 3-11　竹林丹鹤

蜂蝶金菊：菊花在深秋绽放，顶风傲霜，千姿百态。象征君子孤标傲骨、刚正不阿。（图 3-12）

图 3-12　蜂蝶金菊

第二节 风筝的粘糊

粘糊风筝，相对于扎制骨架和绘画两道工序而言，比较简单，难度不是很大，只要在粘糊时细心一些，就会达到满意的结果。粘糊风筝有两种方法：

1．包边儿糊法

这种方法现在不经常采用，它是将纸或绢等粘糊在竹条的四周。先粘竹条的一个面，再将其他三个面涂胶，把竹条包起来。一般初学者常用这种方法。它的优点是粘糊牢靠，不易脱开，缺点是显得臃肿而不美观。

2．裁边儿糊法

它是把纸或绢等粘糊在竹条的一个平面上，等胶干后，用锋利的刀片沿竹条另一个面前推或后拉，把多余的纸或绢等的边裁掉。一般用这种方法粘糊的风筝，显得干净利落，骨架制作的工艺水平较高。这种方法是粘糊风筝最常用的方法。它的缺点是容易脱胶，在操作时应涂抹足量的胶，用手捏实、捏牢，粘结可靠才行。如果风筝骨架是立体或半立体的，如老鹰的身子骨架，粘糊难度很大。它的头部和颈部是圆弧形的，用整块较大的纸是糊不平整的，必须用小纸片拼接粘糊，才能保证弧度的圆滑，保证造型的优美。并且，拼接粘糊完后再进行绘画。

总之，粘糊风筝讲究展、平、挺、鼓，要糊得舒展、平整、挺拔。严防出现松、皱、抽、塌现象而影响飞行效果。

第四章　风筝的放飞

风筝的扎、绘、糊最后都体现在一个“放”上，可以说“放”是风筝活动的目的所在。放风筝，实际上是利用风力。风筝飞上高空后，其升力随着风力的大小和牵线的一张一弛而变化。放飞者要及时应对这种变化，才能使风筝飞得平稳和优美。所以，放风筝不是简单地放起来就了事。高级的风筝，不但有着精巧的结构，而且要让这些结构起作用。当然，也需要放飞者的技巧。

第一节　风筝放飞原理

没有风，再好的风筝也飞不起来。

风能够使具有适当倾斜度的风筝受到一种向上升举的力，我们把这种升举力叫作风筝的“升力”。只要风筝的倾斜度适当，风力越大，升力就越大。当升力大于或等于风筝本身的质量时，风筝就飞起来了。

要使风筝平稳地飞上天空，就必须使风筝在风力的作用下产生足够的升力，将它升举到空中。要获得升力，就必须使风作用于风筝产生压力差。如何能使风筝在空中产生压力差？要使风筝有一个适当的倾斜角。我们把这个倾斜角叫作风筝的起飞仰角。风筝的起飞仰角是由风筝放飞的拴线决定的。（图4-1、4-2、4-3）

我们以图片来说明风筝的升力是如何产生的。从图4-4可以看出，在风力作用下，有一定仰角的风筝迎风面而上时，气流自然分成上下两股，由于风筝有一定的倾斜仰角，所以 S1 > S1′ ，S2 > S2′ 。根据流体流速与通道横截面积的关系和流体流速与压强的关系可知：S2′ 流速大、压强小，对风筝产生向上的吸力，而 S2′ 的下表面流速小、压力大，产生了对风筝向上的推力，这种上下压力差的总和，就是风筝起飞的升力。其实就是风筝阻挡了一部分空气流动，空气由风筝的四周流过，在风筝的背面形成了一个不稳定的低压区，看着是被风吹起来的风筝，实际是被负压区吸上去的。

以上是以拍子风筝为例说明风筝升力的产生过程。下面我们再以硬翅沙燕风筝为例进一步说明升力的产生。硬翅沙燕风筝主要靠两膀的膀兜来产生升力。其两膀的横截面大部分是弧形的，它与门子不在一个平面上，从膀根到膀梢相差约 15° （即两膀梢部向后呈 15° 左右）。当风作用于两膀时，气流以很快的速度流到膀梢而泄走，形成了上快下慢的流动，从而产生了升力。弧形膀比平板翼更易产生升力。制作风筝要根据力学原理，只有熟悉和

图 4-1

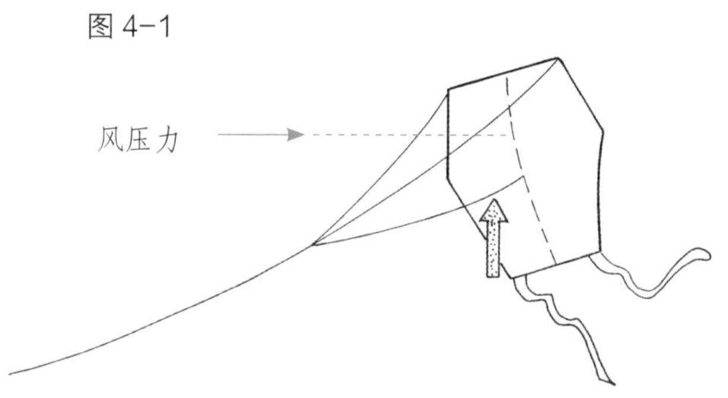

图 4-2

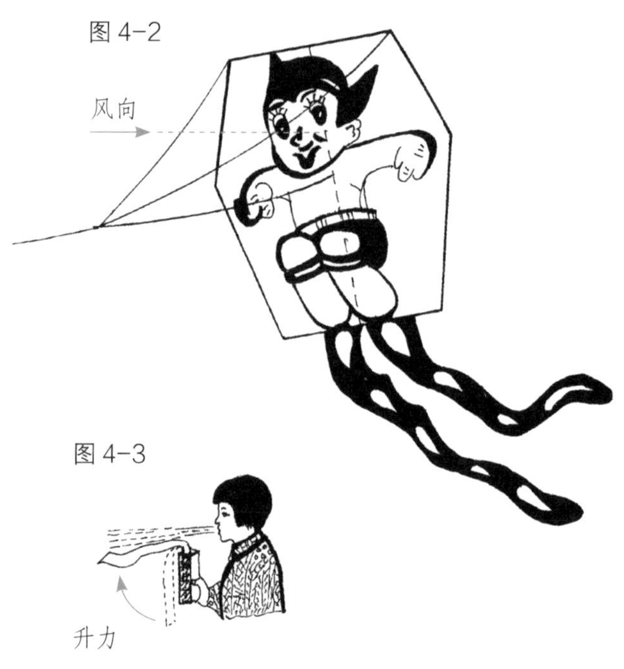

图 4-3

图 4-4 风筝升力图

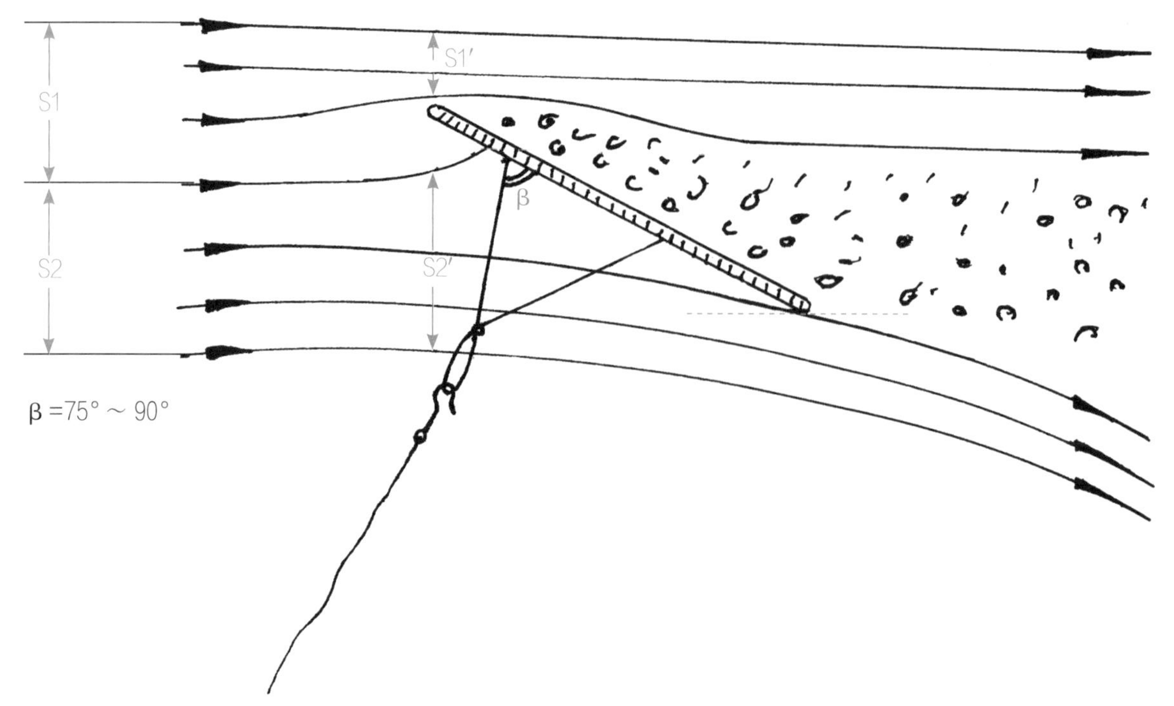

掌握了力学原理，制作的风筝才能飞得更好，飞得更高。

1．关于风的知识

没有风，风筝是不能飞的。

气象部门根据风吹到地面或海面物体产生的各种征象，将风力分为十三级，最小为零级，最大为十二级。有风力歌诀如下：

零级无风，水面无波，烟柱上冲；一级软风，烟随风倒，树叶略动；二级轻风，树叶微响，人面觉风；三级微风，旗迎风展，小船簸动；四级和风，灰尘四起，树枝摇动；五级清风，小树摇摆，水波滚动；六级强风，撑伞困难，电线发鸣；七级疾风，水起巨浪，顶峰难行；八级大风，折断树枝，江河浪猛；九级烈风，房瓦被掀，吹垮烟囱；十级狂风，吹倒树木，破坏力猛；十一级暴风，陆地罕见，船只打翻；十二级飓风，海浪滔天，巨轮吞没。

一般的风筝，在风向稳定，风力 2 ~ 4 级时放飞最好。如果风力忽大忽小，时有时无或者风向变化无常，就很难放飞。

2．北京地区的风向与风力

在北京地区，风向和风力是随着季节的改变而变化的。这种变化是有一定规律的，秋天和冬天多偏北风；春天和夏天多偏南风，风力和风速都不大。

北京的风速也有明显的季节变化。冬天和初春大风多，夏天和秋天风速较低。北京的年平均风速为 2.5 米 / 秒。3 月，风速最高可达 28.3 米 / 秒；4 月，平均风速为 3.4 米 / 秒；8 月，平均风速为 1.5 米 / 秒。在冬春两季，来自西伯利亚的冷空气频频南下，长驱直入，所以造成风速很高。

北京的风向随昼夜变化，白天多为北风，夜间多为东南风。

了解、掌握风力、风向的变化规律，对放风筝是大有好处的。什么季节，有什么样的风，放什么样的风筝，可充分利用风力资源。

3．什么时候放风筝最好

曹翁在《红楼梦》第 22 回写了一副春灯谜：阶下儿童仰面时，清明妆点最堪宜；游丝一断浑无力，莫向东风怨别离。谜底就是风筝。

春天是放飞风筝的最佳时期。此时，大地复苏，春风和煦，万物充满生机，拿着风筝，携家带口走入春天的怀抱，放飞风筝、放飞心情，是多么惬意……

秋季是收获的季节，秋风送爽，在满山红叶、遍地金黄、果实累累的秋季，天高云淡，清风徐徐，放风筝也是令人陶醉的美事。

4．场地和风速的选择

有人说，只要有风的地方就可以放风筝，非也。地形的起伏，障碍物、建筑物，都会影响接近地面的风向和风速。在平坦开阔的地方，风速和风向不受其他物体的影响而比较平稳，所以，风筝起飞和升高都比较稳定，即使放飞时出现状况，也便于排除。在湖泊、池塘附近不要放风筝，一旦风筝掉到水里，那就是“泥牛入海”不可挽回了。在铁路、公路附近不能放风筝，以免风筝或牵线挂撞正在行驶的火车或汽车而酿成事故。在楼房的平台上、高压线下或高台阶的平台上坚决不能放风筝，因为这些地方均藏隐患。机场附近也不能放风筝。放风筝以安全为第一位，不能疏忽。

多大的风放多大的风筝，大风放大的，小风放小的。一般而论，软翅类，吃风量小，适合在 1 ~ 3 级风力下放飞；硬翅类，蓄风量大，可在 3 ~ 5 级风力下飞行。

第二节　风筝的起飞

起飞，是放风筝的开始。要使风筝平稳而一次性起飞成功，就要根据场地的大小和风力的强弱来确定人和风筝的合理位置，要掌握和选择好风区。

1．根据风向、风力放飞

在风力很小时，选择下风区起飞，如图 4-5。因为风力很小，放飞者要迎风向前跑动来增加风速，才能使风筝获得足够的升力。选择下风区的目的是为了留出较长的奔跑距离，当跑到上风区时，风筝就升到了一定的高度。这个高度的风力，已经比地面附近的风力大多了，风向也比较平稳。这就是人们常说的“够着风了”。一旦风筝够着了风，就趋于稳定状态。这时只要反复地放线和收线，就会逐渐地把风筝放上高空。

风力为 3 级时，可选择在中风区起飞。这时风筝出手后吃上了风，放飞

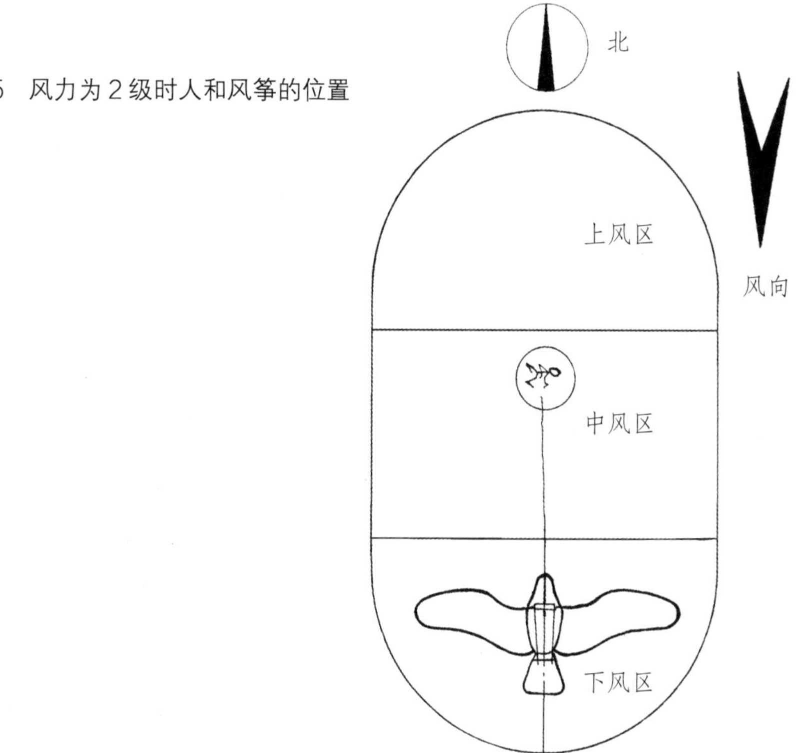

图 4-5 风力为 2 级时人和风筝的位置

者只要向上风区走动同时拉动牵引线，因风力较大，不用跑动就可以把风筝放上高空。

如果是 4 级风，可选择在上风区起飞。用一只手托起风筝，然后随即脱手给线，因风力很大，放飞后站在原地不动就可轻松地把风筝放上高空。选择上风区的目的是为了及时处理应急情况，因为风力大，一旦风筝在高空出现不稳定的翻、跌现象，放飞者可向中风区、下风区走动，边走边收线（实际上等于放线），以缓和、稳定风筝的不规则飞行。如果风筝继续出现异样，就必须边跑边收线，等跑到了下风区，风筝也就收回来了。遇到这种情况，千万不能以放线来稳定风筝，一旦放出很长的线又稳定不了，就会导致风筝飘落得很远而难以收回。如果在 4 级风力时，选择下风区来放飞，这时风筝万一出现不稳定的状况，却毫无办法进行应急处理，放线不得，收线不能，其后果就是把风筝“放跑了”。

2．根据类型放飞

如果是小型风筝，放飞相对是轻松、容易的，只要一手提起，另一手放出半米左右的线，边抖边放线，风筝就会慢慢升起。

大中型风筝也可以在助手的协助下，进行起飞。助手在下风区把风筝高高托起，放飞的人放出十多米长的线站在中风区，两处一呼一应，助手将风筝脱手，放飞者边跑边拉线，就会把风筝送上天空；另一种方法是把风筝放到下风区，使风筝的迎风面朝着地面，放飞者向中风区走，边走边放线，大约到十米左右的距离时转身面对“趴”在地上的风筝，拉紧线后向上抖，随即迅速跑动，风筝就会一下子蹿到十多米高的空中。

3．升高和操纵

风筝起飞后，要尽快使它继续升高。到了一定的高度，风速和风向都比地面附近的稳定，风筝也就容易“挂”在空中。如何才能使风筝尽快升高而稳定呢？这就要靠放飞的技巧了。一般来说，在3级的风力下，放飞者站在原地不动，只靠巧妙收线、放线，就能把风筝放得很高很远。收线时，就用手向逆风方向拉线，这样就增加了风筝和迎面气流的相对速度，风筝就获得了加倍的升力而上升。在风速很大的情况下只要拉紧牵线，风筝照样会往上蹿。紧接着再慢慢松线，这时风筝就向后飘同时略下沉，但不会下降很多，然后再拉紧线或收线，风筝又会上升一段，这样反复地松、放、拉，用分段“爬升”的方法，使风筝升高、飘远。

4．跑动

对于行家来说，放飞过程中的跑动并不多，在处理紧急情况或采取应急措施时，常常需要跑动。但对经验不足的放飞者来说，不跑是很难把风筝放上天空的。所以这里要说说怎么跑。

奔跑时一手持线，一手持线轮。要侧着身跑，边跑边看着风筝，绝不能低头猛跑，既不看前面的道路，又不看后面的风筝，要“瞻前顾后”，跑动的速度取决于风筝上升的情况和手中牵线拉力的大小。当风筝上升慢、线的拉力大时，要放慢跑的速度。风筝在空中出现毛病或异常时，应立即停止跑动并及时松线，当风筝恢复稳定后再操纵，使之上升。在跑动的过程中，风筝在上升时，要适当放线，放线太快了风筝上不去；放线太慢了，风筝升不高。快与慢要恰到好处，达到使风筝爬高的目的。

5．长串风筝的起飞

像龙头蜈蚣这种多根拴线的风筝，起飞时，先摆、展开，一人牵头，一人拉尾，中间几个人托过头顶。受风后，先把尾部放开，等后面起来，中部自然由尾部带起，这时再放开头部，接着放线，整个风筝就飞起来了。

另一种串子风筝是拴一根要线的，放飞时先从尾部开始，一节一节地放，直到把全部放完才可以撒线，让风筝自然慢慢升高。

第三节　风筝的回收

在风力为 4 级时，飞行性能很好的大中型风筝，很容易放飞；但要收回，就不是那么容易了。由于风力大，风筝又飞得高，这时作用在牵引线上的拉力是很大的。收回时采取一手向回拉线，一手打轮缠线的方法，不仅回收的速度慢，而且十分困难。下面介绍几种快速的风筝回收方法：

第一种，在无助手的情况下（一个人放飞），可把线桄子放在地上，两只手可以一上一下交替往回拉、倒线。这样既增加了手的拉力，又提高了速度。但必须要注意，要不停地向前或向左右走动，边走边收线。这样就会使收回的线单摆在地上，而不至于叠成一堆。等风筝着地后，先收好风筝，再捡起缠线工具绕线，因线单摆在地上，绕线时不会出现结在一起择不开的现象。如果回收时，人站在原地不动，只知往回拉线，这时收回的线就会堆叠在一起，理不清、择不开，造成线的报废；在有助手帮忙的情况下，两个人收就轻松了。一人双手往回倒线，一人在旁边打轮绕线，很快就能收回风筝。（图 4-6）

图 4-6　第一种方法

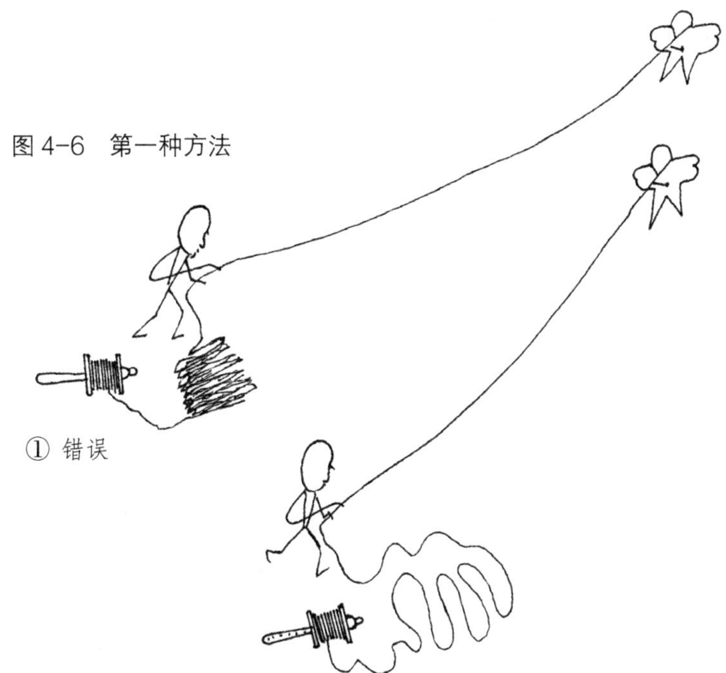

① 错误

② 正确，边走动边收线，使线单摆在地上不堆在一起

第二种，跟进法。收线者朝风筝走去或跑去，也就是放飞者顺着风向前进，风筝会失去拉力而自动下降。牵线也就松了。要快速绕线，边跟进边绕线，能很轻松地把风筝收回。（图 4-7）

第三种，在助手的帮助下回收。放飞者手拿绕线轮绕线，另一人从线轮处开始下压牵线，边压边往前走，绕线者边绕边跟进。这样很快就将风筝收回了。（图 4-8）

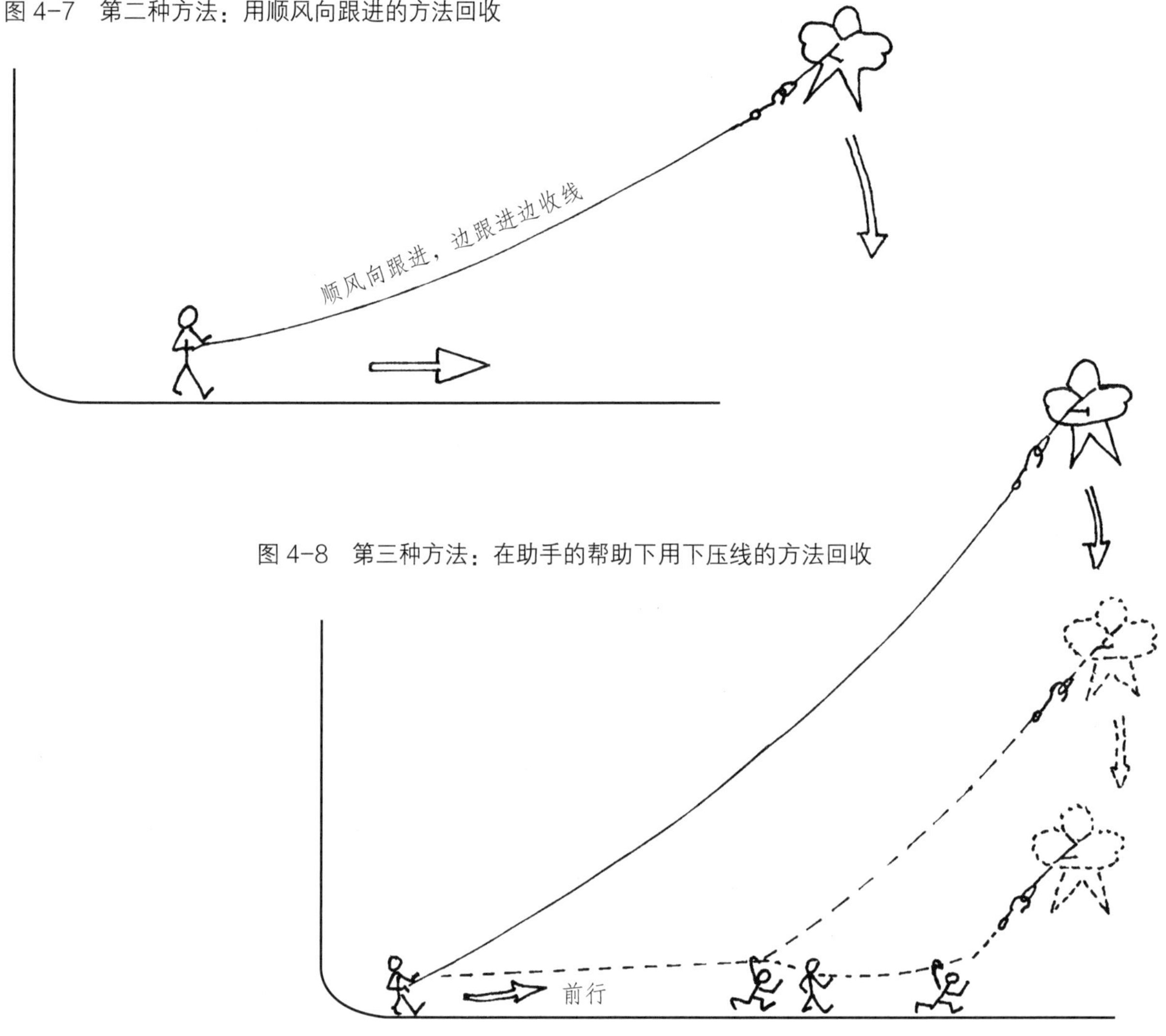

图 4-7 第二种方法：用顺风向跟进的方法回收

图 4-8 第三种方法：在助手的帮助下用下压线的方法回收

1．风筝要线的拴法

风筝拴线至关重要，拴不好，风筝是很难起飞的。要线位置的高低决定风筝升力的大小。风筝的要线有拴一根的，有拴两三根的，还有拴多根的。拴多少取决于风筝的类型。一般来说拴两根和三根的居多。

第一种，将两个线头分别绑结在一条较长的线上，使 AD = BD。再从 C 点绑一条线，与 D 点的引出线绑结在 E 点，线 CE 要略长于 AE、BE。这时，风筝就会获得足够的升力。（图 4-9）

第二种，把 A、B、C 三点的引出线绑结在一起于 E 点，但一定要使 AE、BE 略短于 CE，这样风筝才会有足够的升力。这种拴法的优点是 AE、BE 相对长些，一旦出现偏歪现象可调整线 AE、BE 的长短来纠正偏歪现象，但这种拴法并不常用。（图 4-10）

第三种，先拴上 A 点、B 点，然后在线 AB 的中点 D 处引出一条长线，与C点的引出线绑结于E点后结环。这种拴法只适合于一尺以下的小型风筝。一旦风筝出现偏、歪现象，可将线 DE 向左或向右拉动来纠正，比较方便。纠

图 4-9　第一种拴线方法

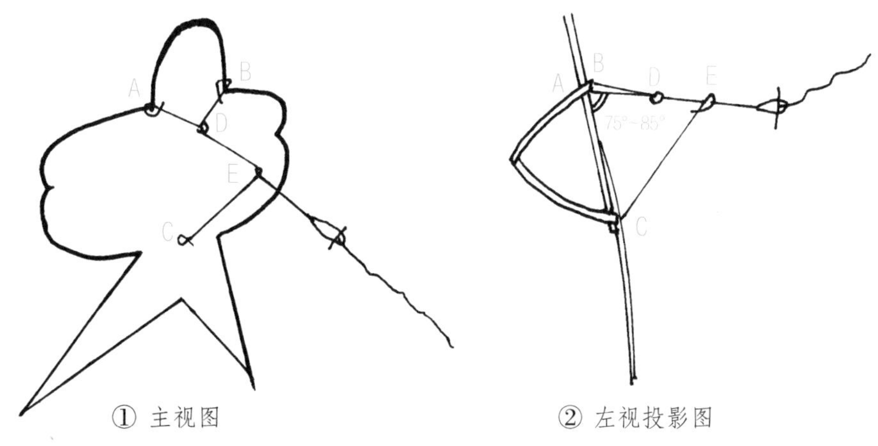

① 主视图　　② 左视投影图

图 4-10　第二种拴线方法

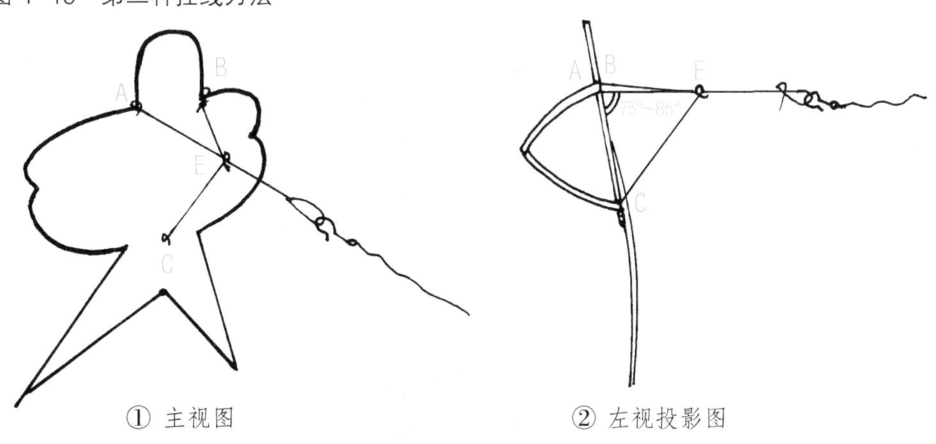

① 主视图　　② 左视投影图

图 4-11　第三种拴线方法

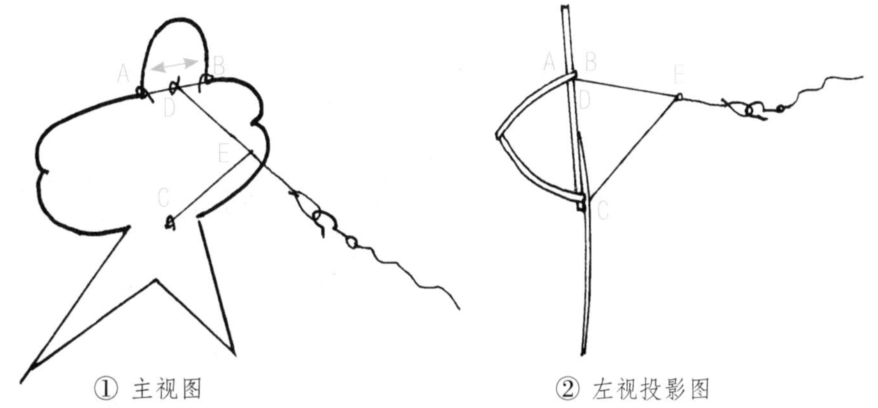

① 主视图　　② 左视投影图

正偏、歪现象的方法是一旦风筝向一边倒，可用细而短的竹条或火柴棍的一小截，把线 AE 别上一两圈来调整。如果向 B 的方向倒，则把线 BE 别短一些。（图 4-11）

以上三种拴线方法不是一次就能拴到恰到好处的，还需要在试飞时反复调整。但对于经验丰富的行家来说，基本上一次就能找到拴线的最佳位置。

拴两根线的一般是拍子风筝，当然拍子风筝也有三根线的，没有严格的区分，如图 4-12、4-13。拴一根要线的多是打盘老鹰、小燕子等软翅类风筝。一根拴线的关键是找到重心，找重心的方法是将风筝的迎风面朝下，平放于一根竖起的手指上，如风筝停在手指不歪、不偏、不动，处于平衡、静止状态，那么这个点就是它的重心点，如图 4-14 所示，A 点就是盘鹰的重心点，从重心点 A 向上 1 厘米处的 B 点就是拴线最佳点。在这个点拴要线，风筝的起飞是没有问题的。也可以在 A 点以上多拴两个线头，在现场试飞时供选择，以便于最后确定最佳拴线。老鹰风筝也有拴上下两根线的，拴两根线的是不会

图 4-12

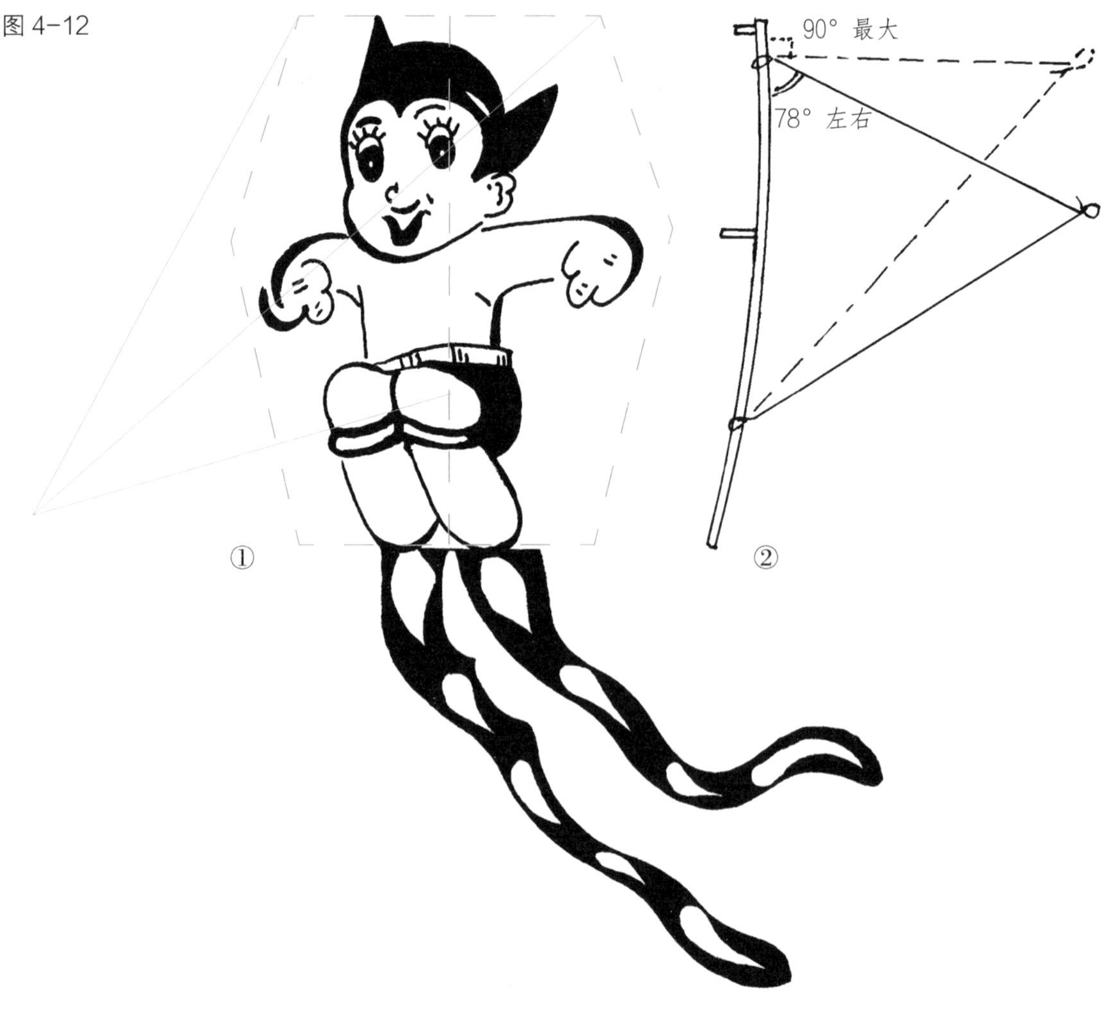

图 4-13 叉字骨架

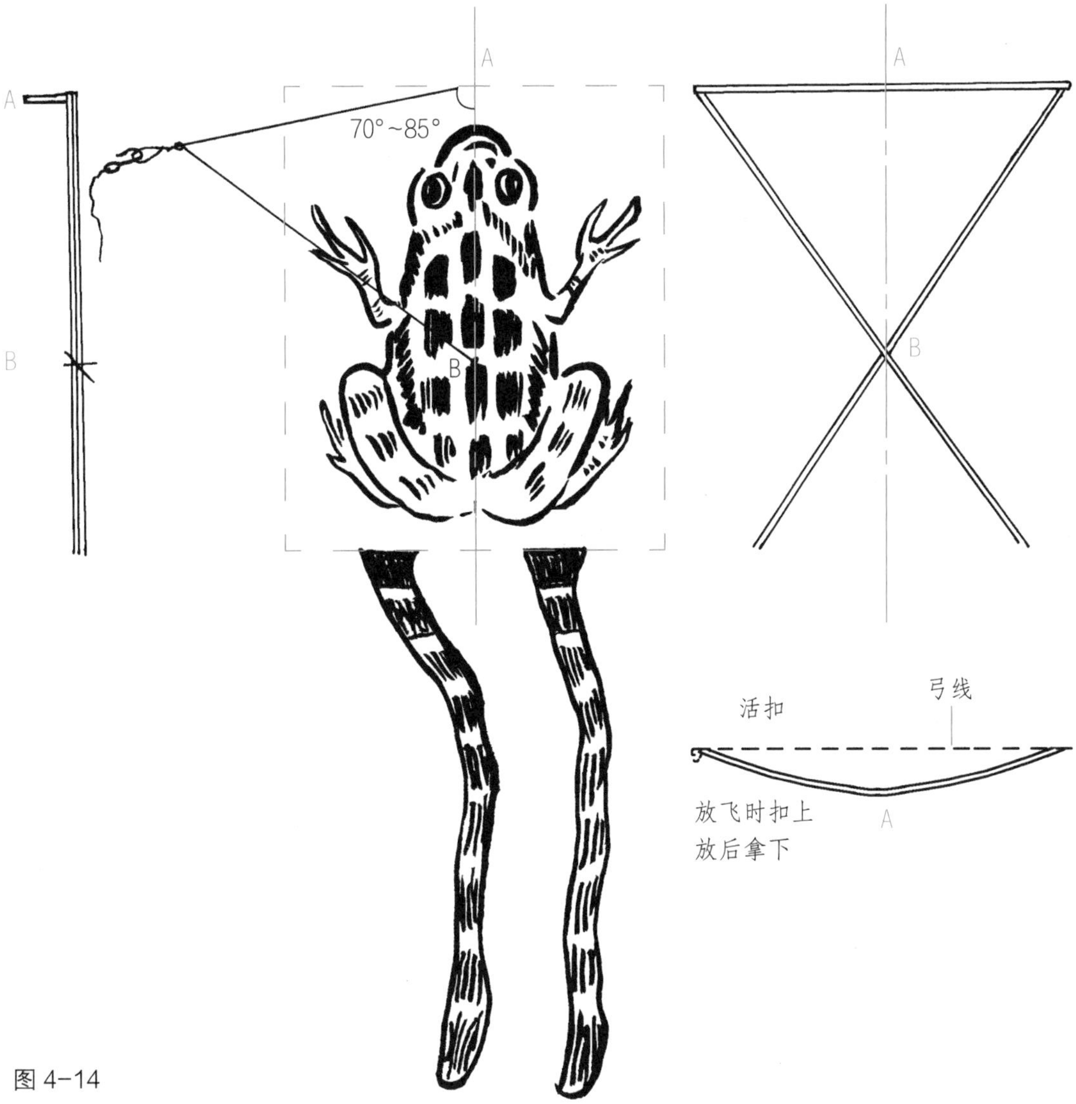

图 4-14

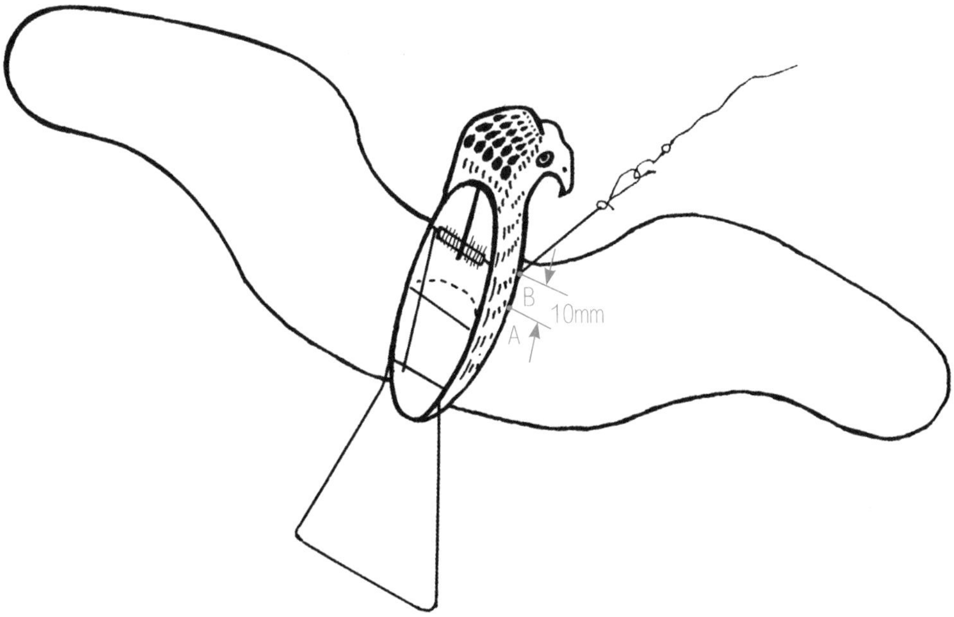

打盘的，这种鹰被称作“呆鹰”。它升空后只能飞而不会盘。拴一根线的还有立体、圆柱形的筒形风筝。把要线拴在筒形风筝上沿的任何一点均可，这样起飞后筒形就呈 45° 的倾斜状，风进入圆筒内从下部泄出。

拴四根线以上的风筝多是字型、宝塔型等大型风筝。因风筝较大，适于在大风时放飞，所以要线要多，才能使其具备足够的升力。多要线风筝的拴线难度较大，拴好后需要在试放现场慢慢而耐心地进行调整。

2. 风筝要线与线轮的连接形式

风筝要线拴好后，放飞时还要和绕线轮上的牵线进行连接，连接有几种形式：（1）打活结连接；（2）别棍法连接；（3）弹簧钩连接；（4）活纽转钩连接；（5）打死结连接。这种方法常用。（图 4-15）

图 4-15 连接形式

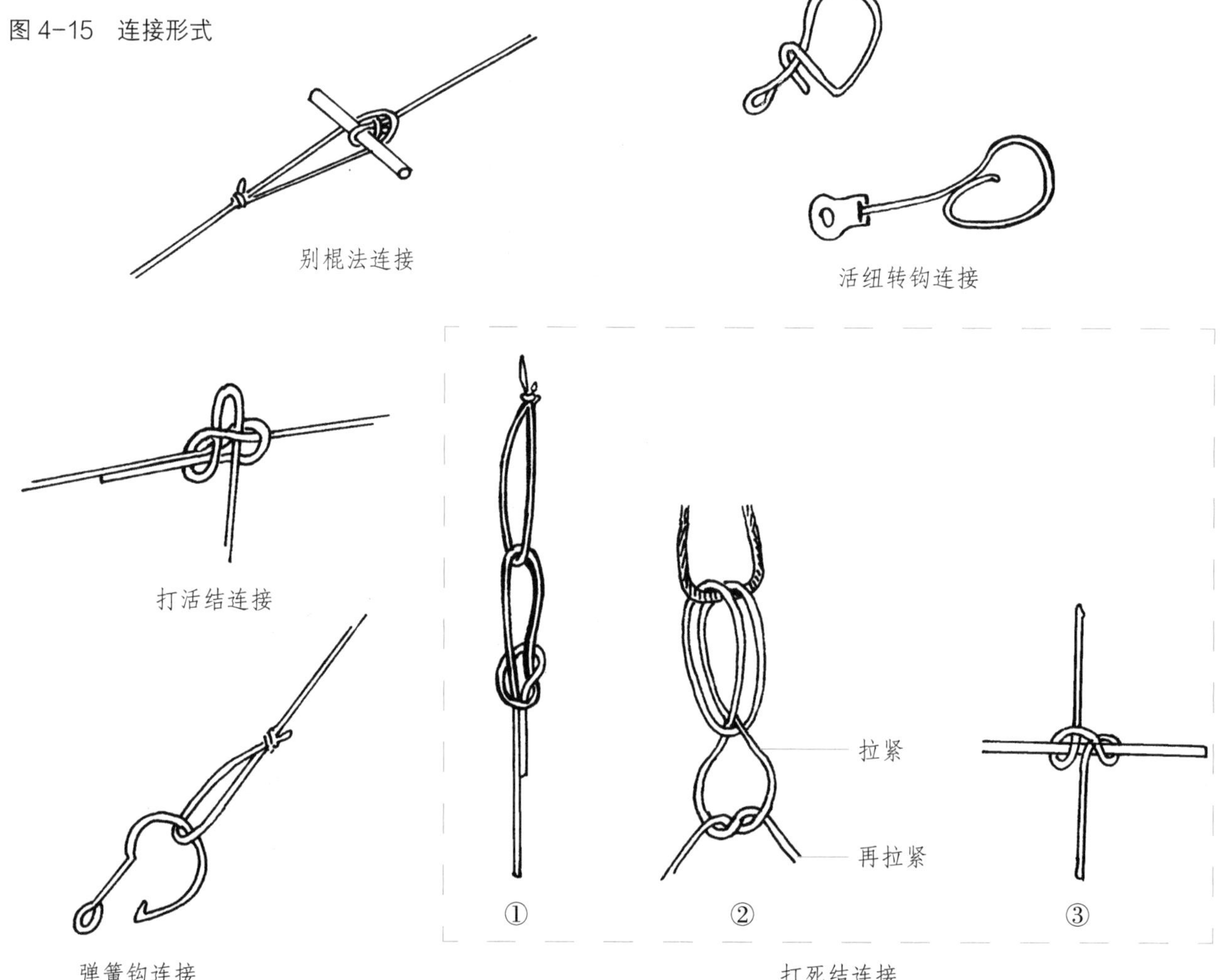

3．风筝线的选择

放风筝要用合适的线，才能做到风筝不断线。风筝线必须结实，具有高强度。常用的线有很多种，这里只介绍几种：

（1）多股尼龙线。它的规格、品种很多，是放飞风筝使用最多的。其优点是抗拉强度大，耐磨性能好，空气阻力小；缺点是扭转弹性大。可使用钓鱼用的活动弹簧钩，可消除牵线的扭转弹性。

（2）单股钓鱼线。它的特点是光滑，所以气流阻力很小，几乎趋于零。其有很多种规格供选择。放飞 8 寸的小型沙燕风筝选择 0.2 毫米的线最为理想。

（3）装订线。有很多规格。它的特点是光滑、阻力小、坚韧，也是放飞风筝的理想用线。

（4）蜡线。是涂过蜡的线。它的特点是不起毛，耐磨，空气阻力小，弹性小。

总之线的种类很多，可根据实际情况进行选择。

第四节　风筝的轮线

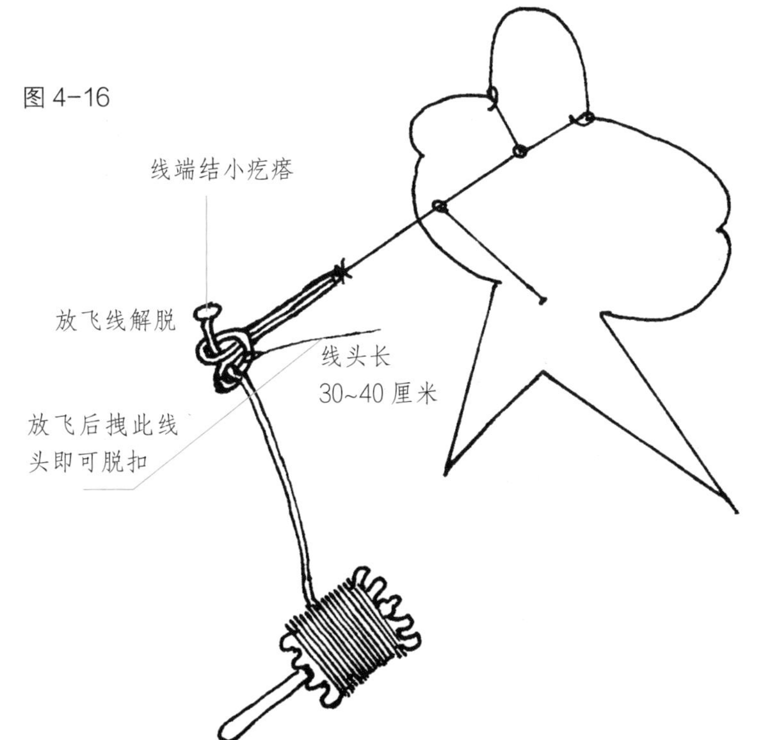

图 4-16

图 4-17

风筝升力不足或向一边偏斜时可用此拴法进行调整

图 4-18 简易绕线轮

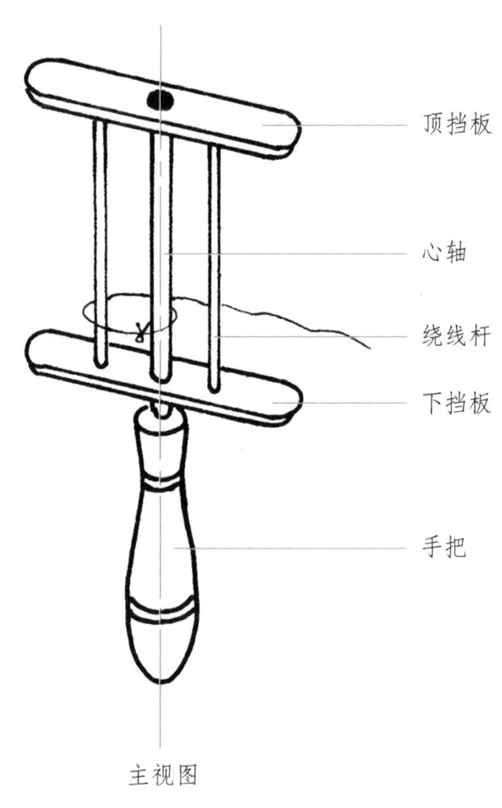

顶挡板
心轴
绕线杆
下挡板
手把

主视图

上下挡板材料
可选择厚竹板
或酚醛胶木

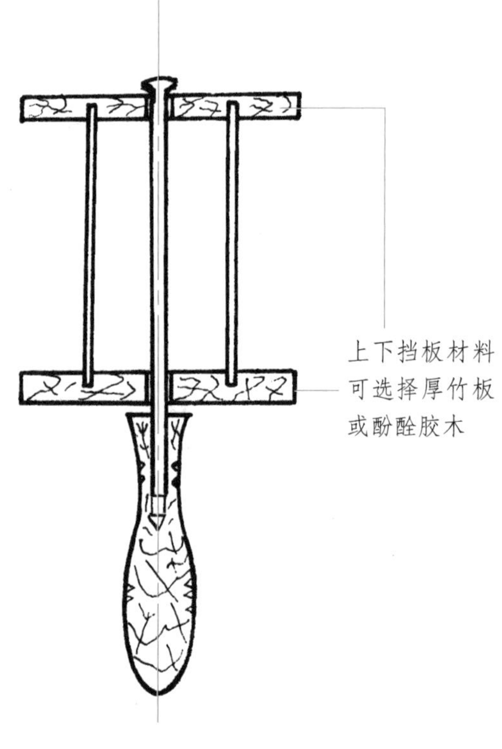

剖视图

图 4-19 十字绕线轮

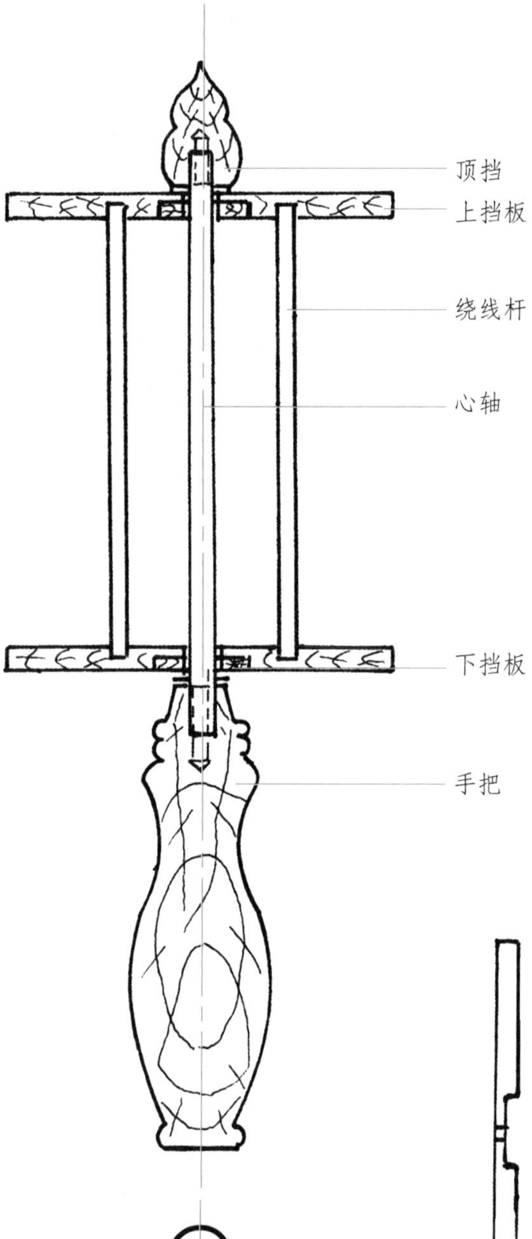

顶挡
上挡板
绕线杆
心轴
下挡板
手把

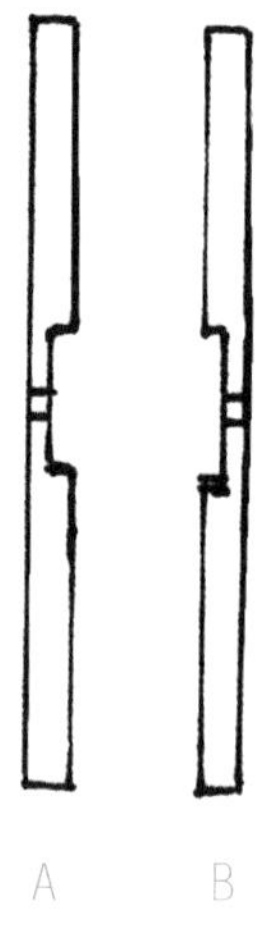

A
B

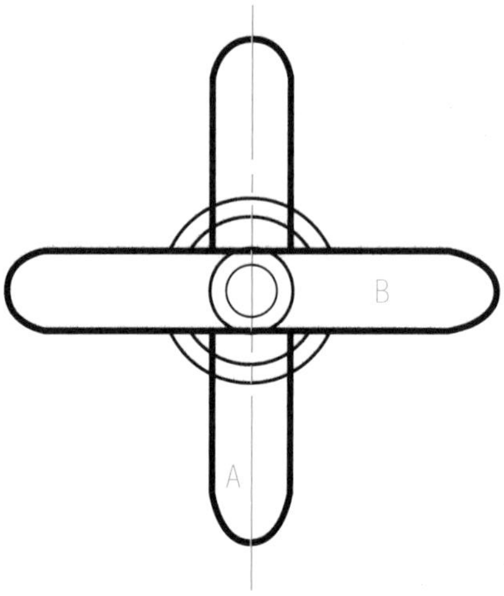

B
A

将 B 件翻转 90°与 A 件在中间缺口处紧密配合在一起

挡板材料：厚竹板

图 4-20　四齿绕线轮

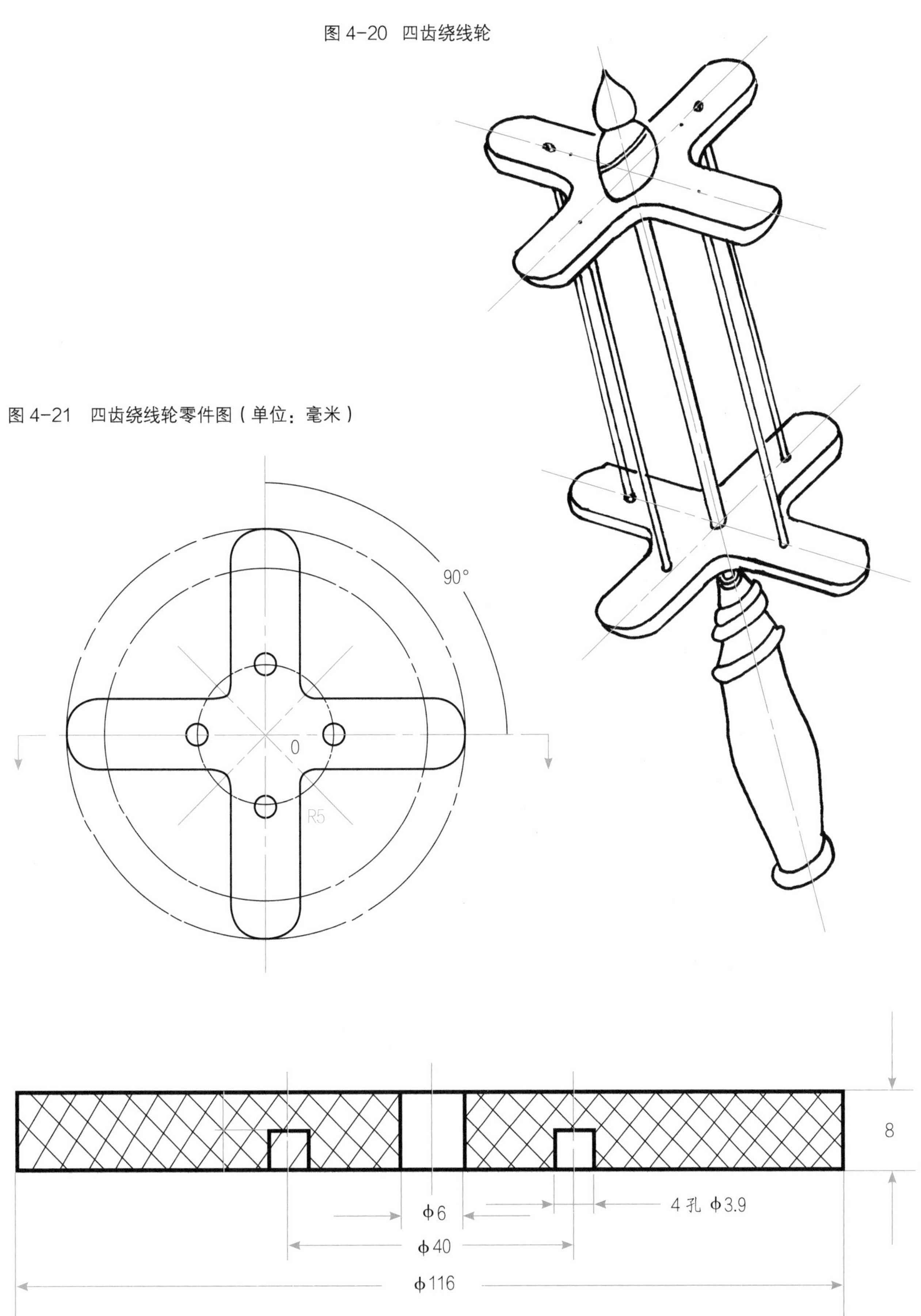

图 4-21　四齿绕线轮零件图（单位：毫米）

图 4-22　梅花线桄子装配图（材料：有机玻璃或胶木板）

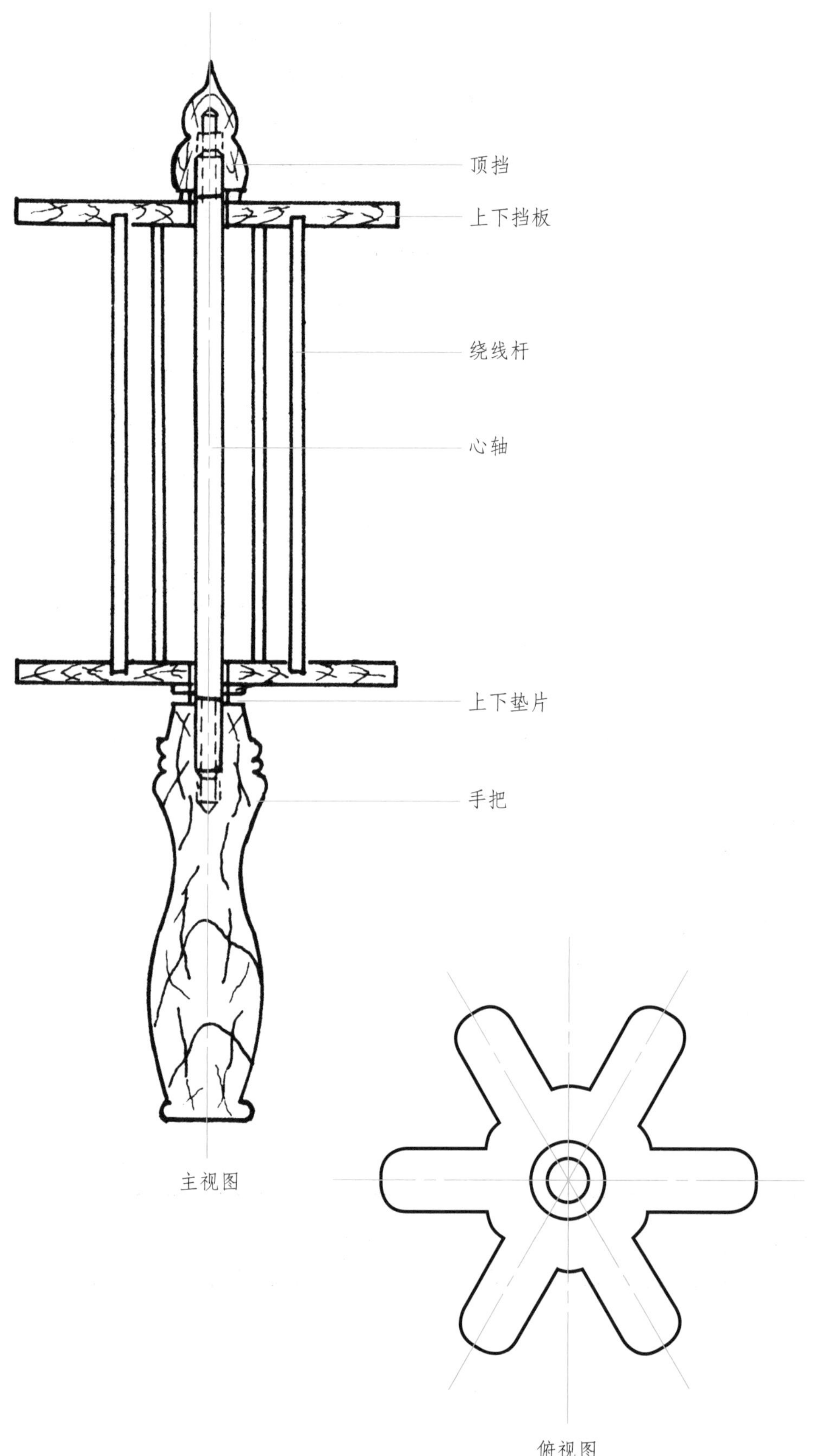

图 4-23 梅花绕线轮零件图

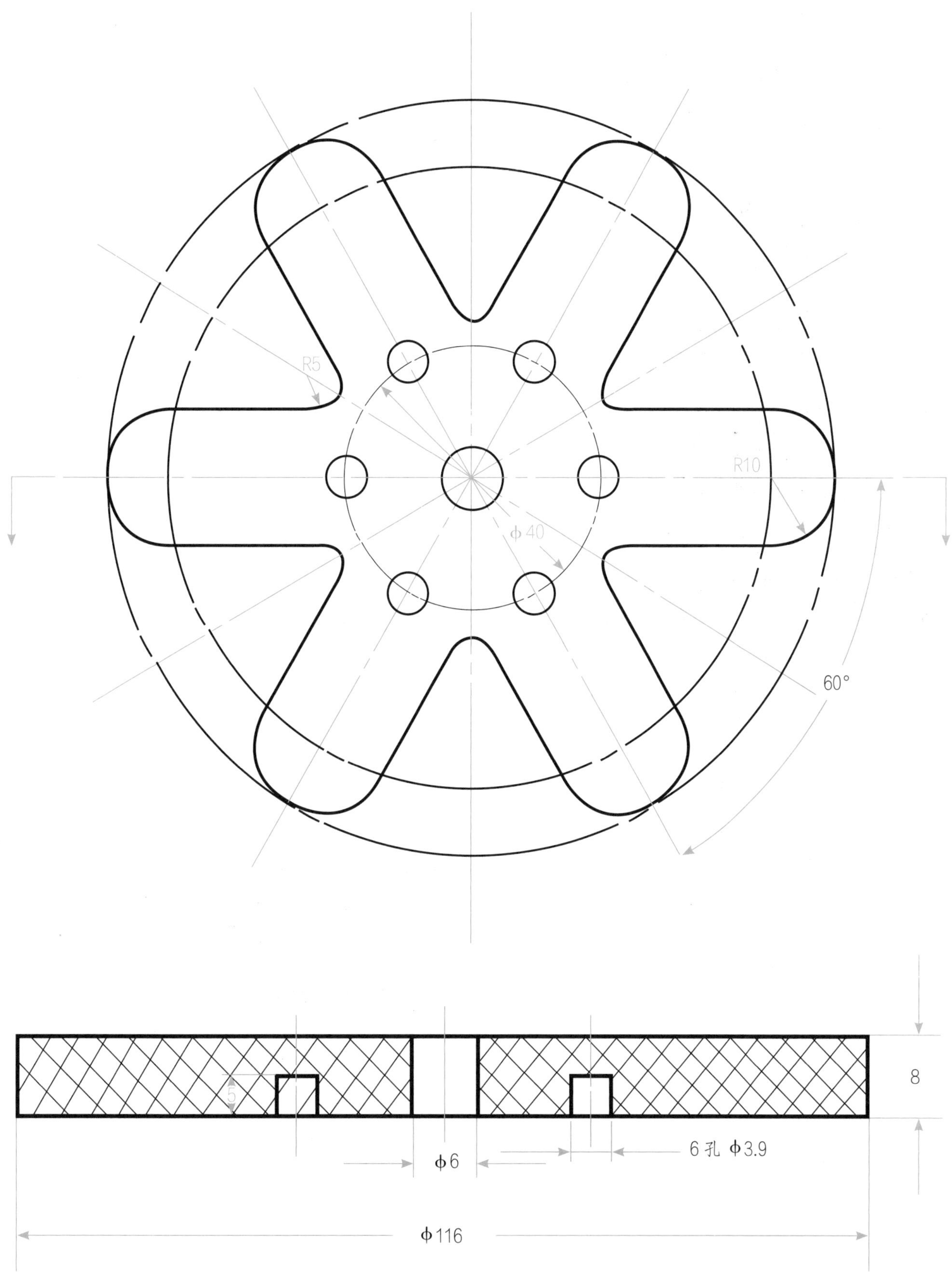

图 4-24　梯形线桄子

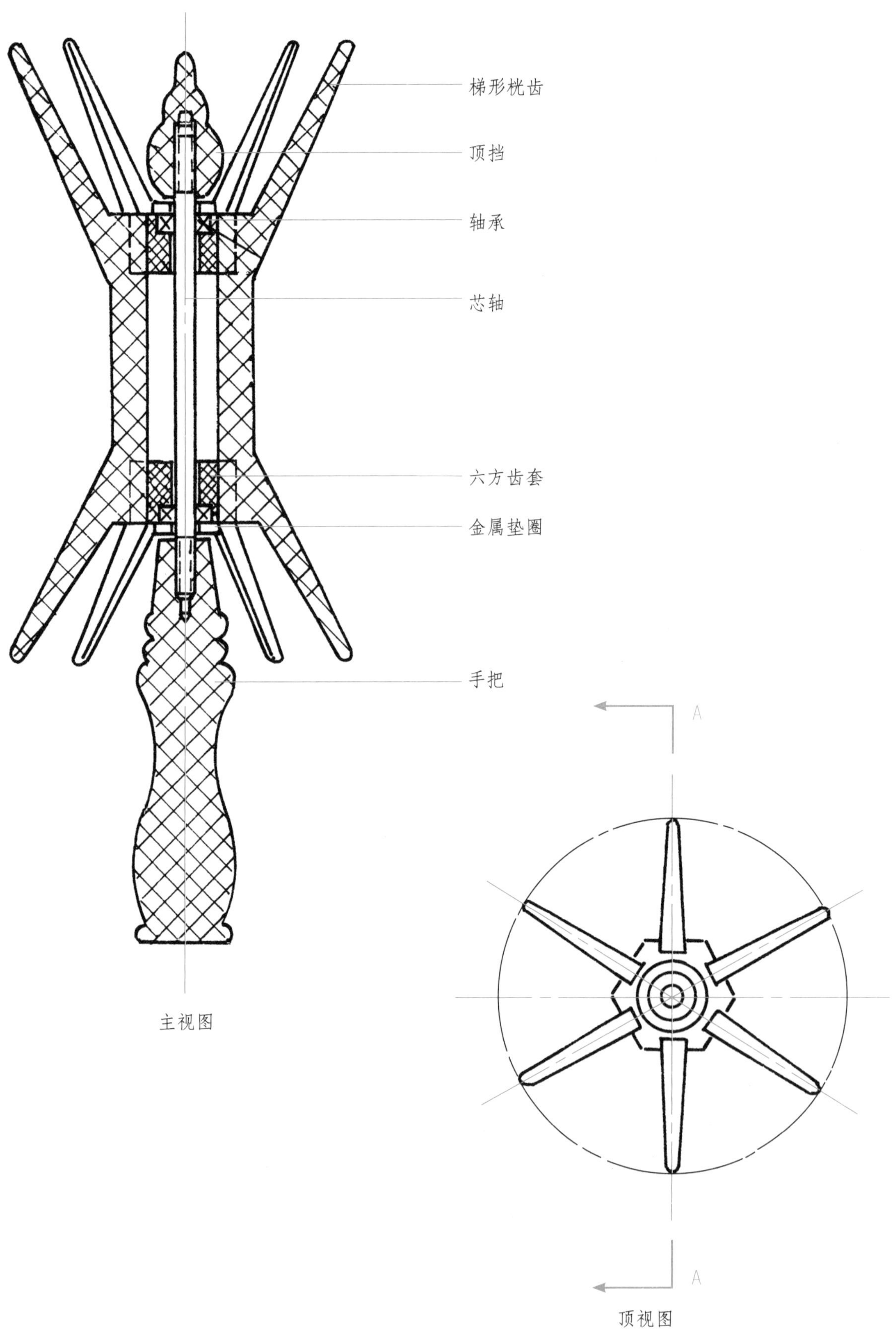

图 4-25

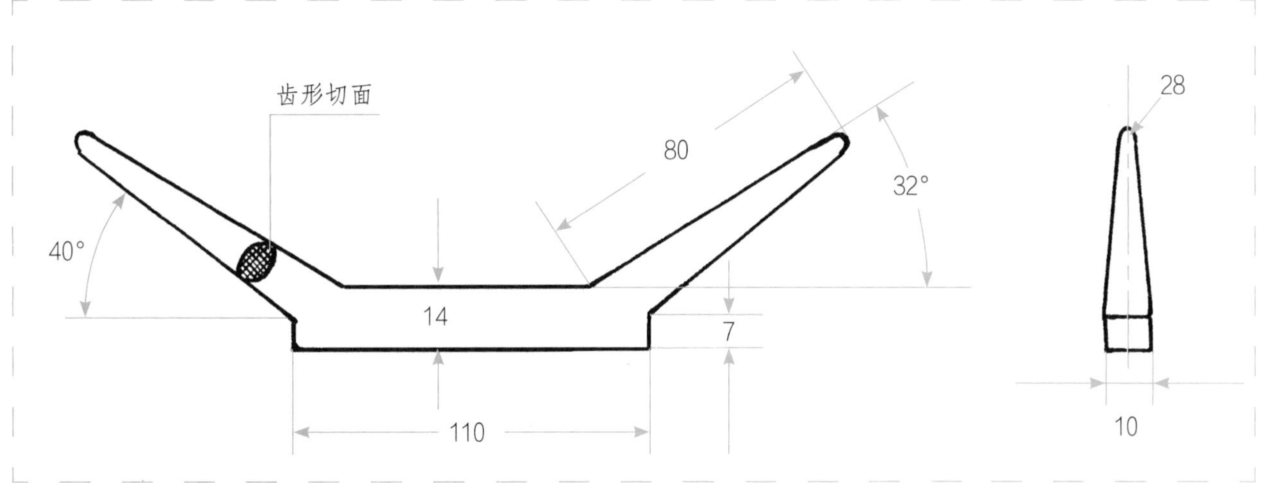

① 枕齿零件图（材料：酚醛胶木）

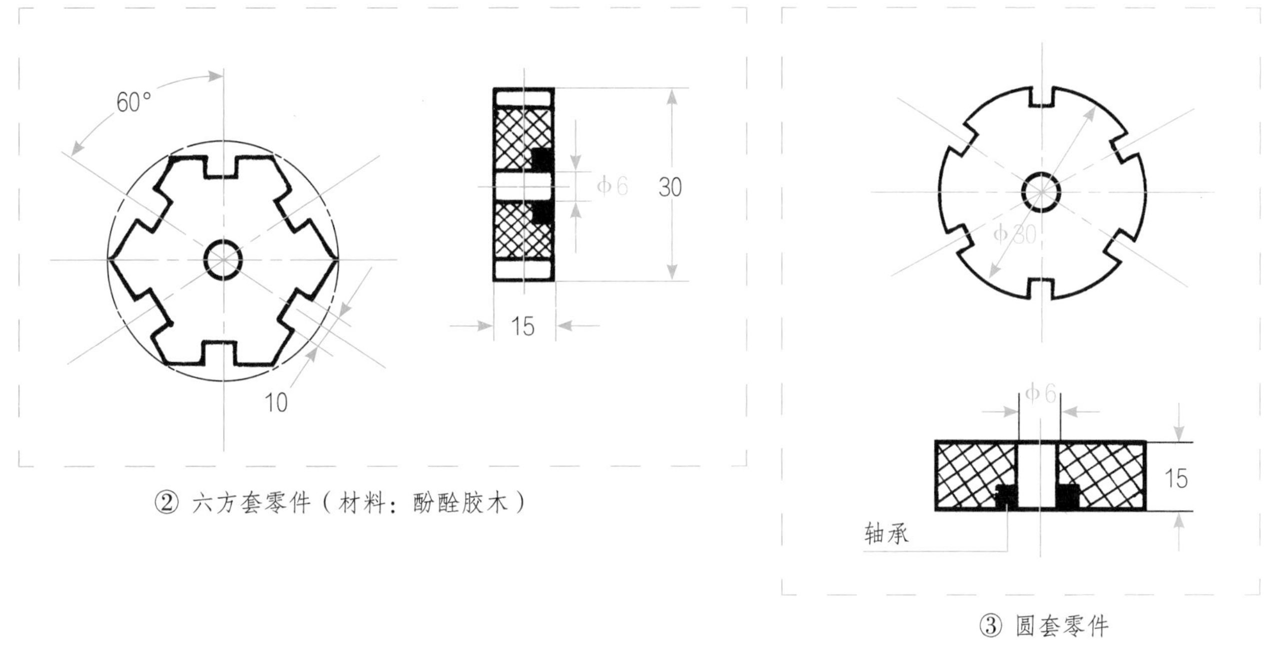

② 六方套零件（材料：酚醛胶木）

③ 圆套零件

图 4-26　梯形齿下料图

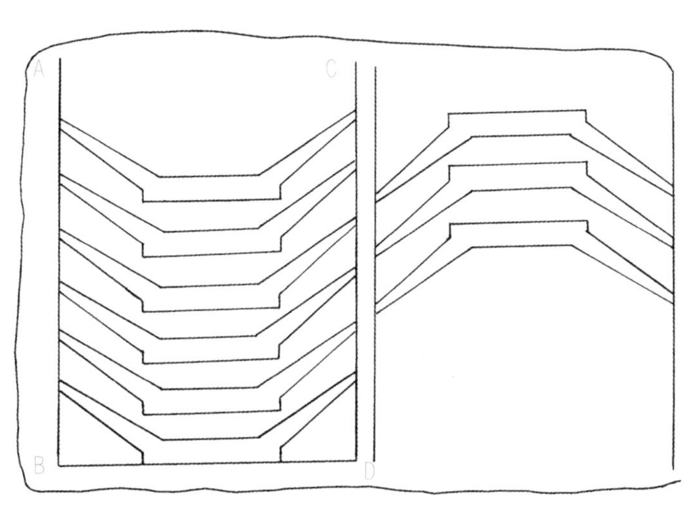

图 4-27 绕线轮通用零件一

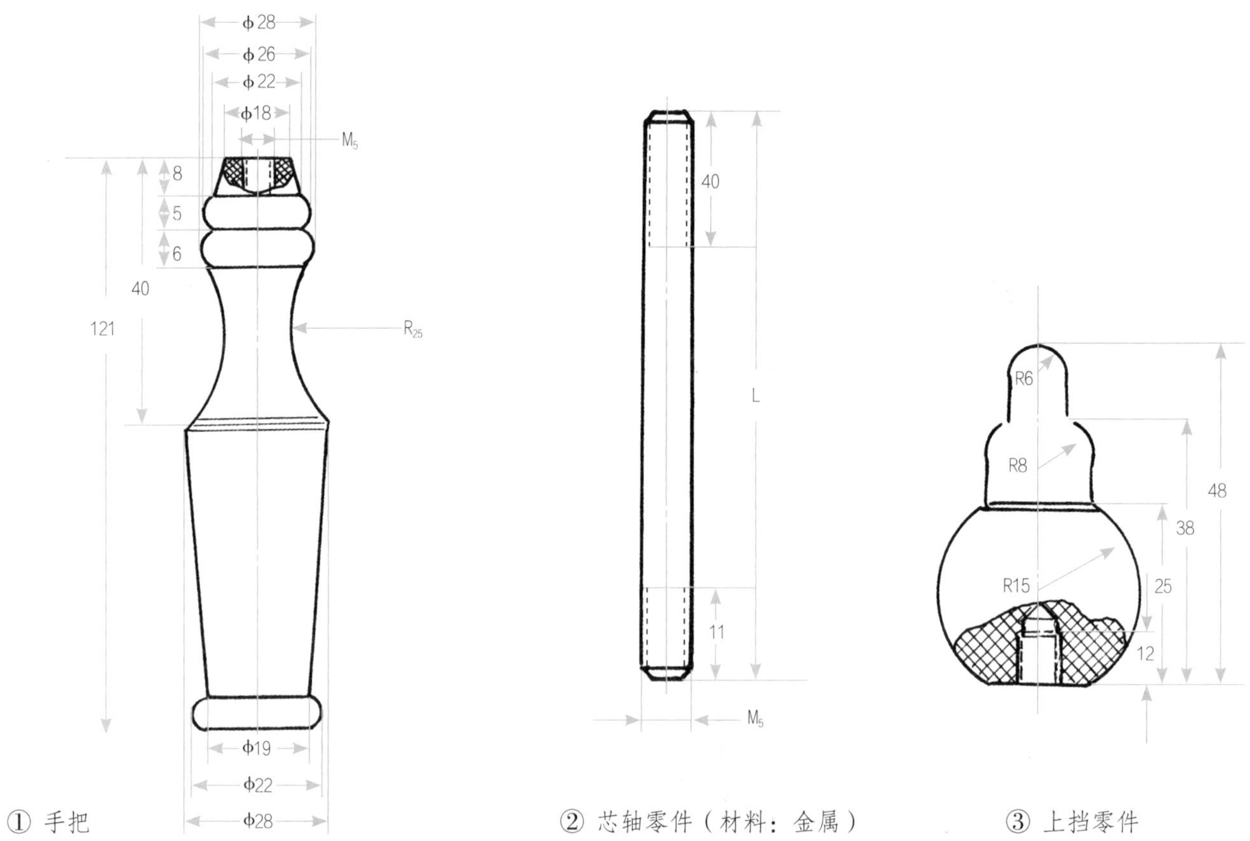

① 手把 ② 芯轴零件（材料：金属） ③ 上挡零件

图 4-28 绕线轮通用零件二（手把材料：酚醛胶木）

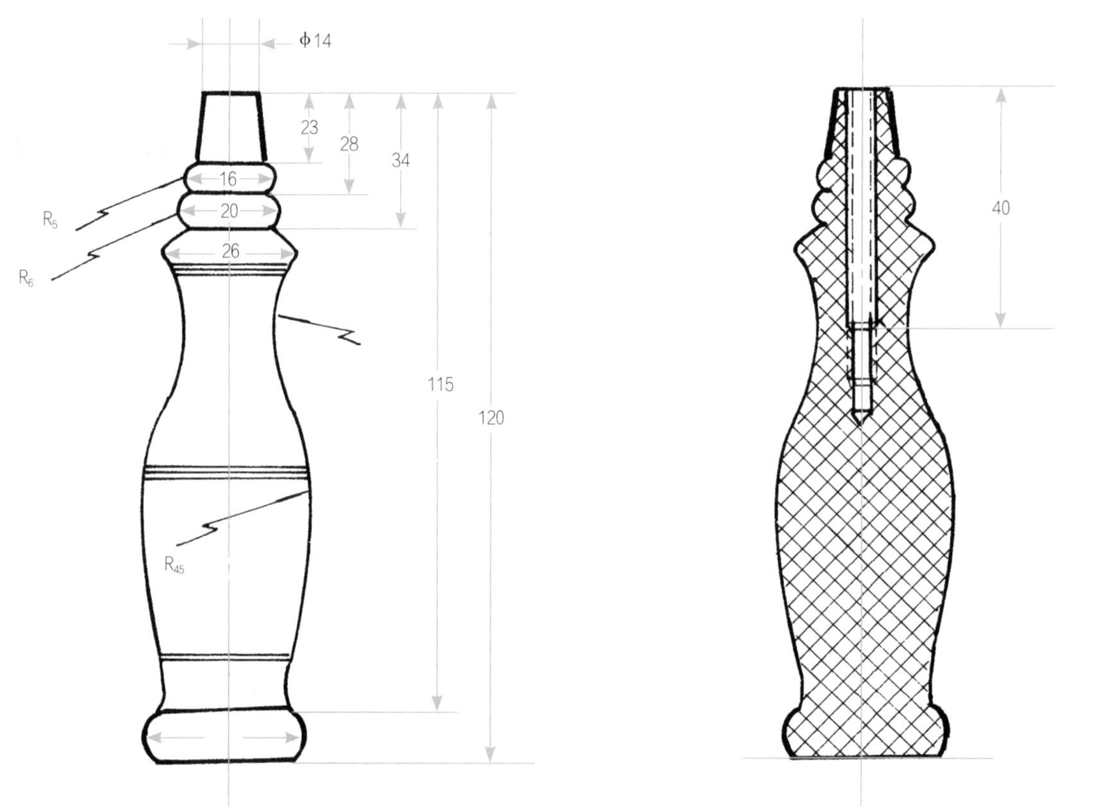

图 4-29　轮把（材料：黄花梨木、乌木、紫檀木、酚醛胶木）

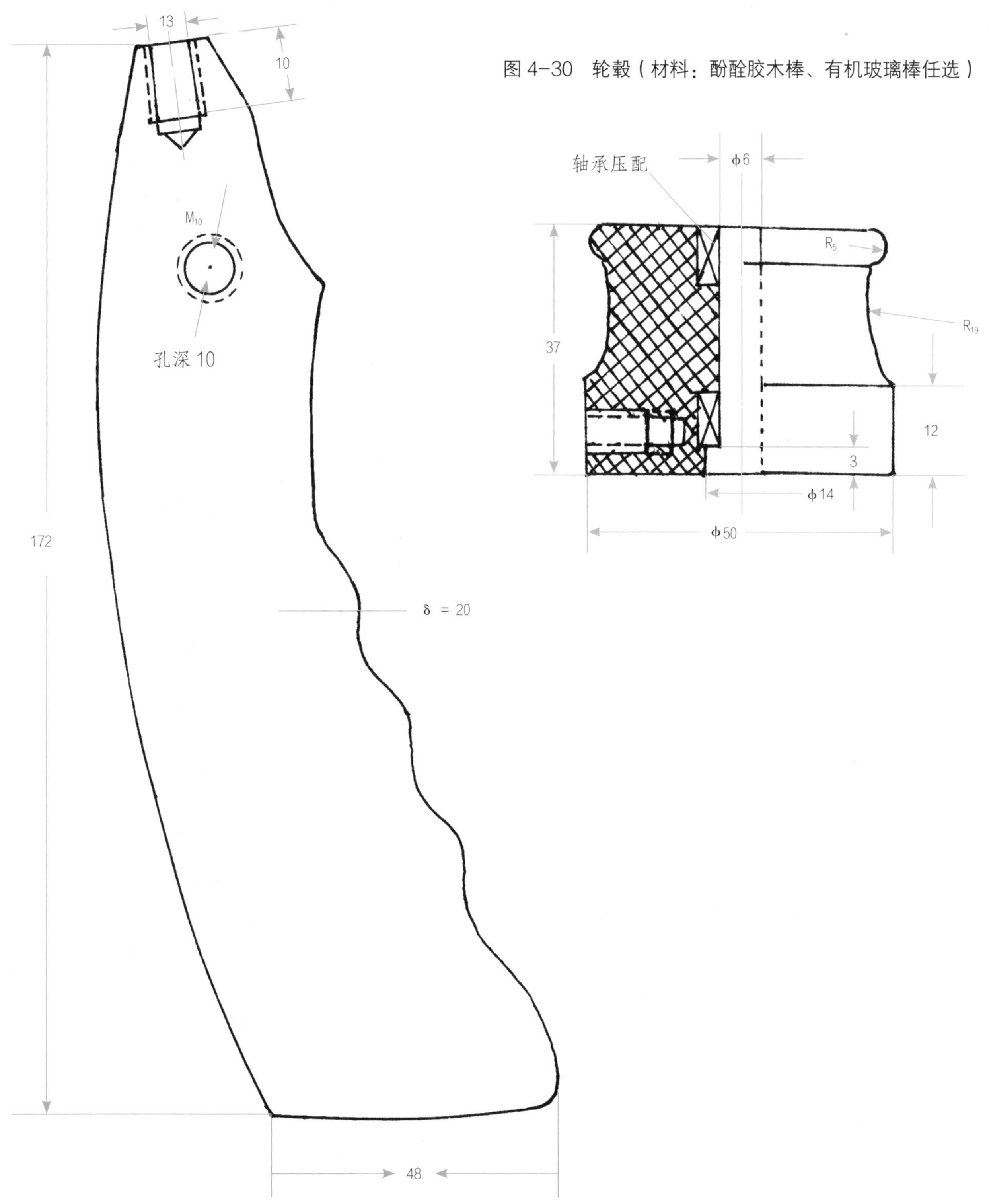

图 4-30　轮毂（材料：酚醛胶木棒、有机玻璃棒任选）

图 4-31 轮齿（材料：酚醛胶木 6 毫米板或有机玻璃板，数量：9 个）

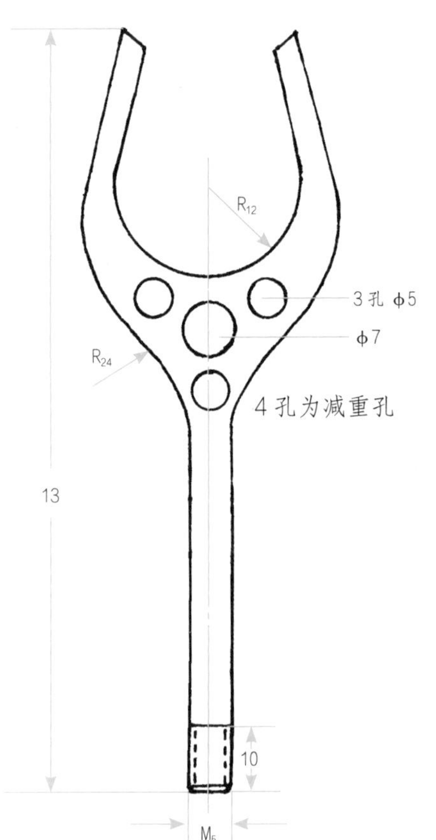

图 4-32 A-A-A 剖视图

1
2
3
R13
R20
4
局部剖视
5
6
20
左视图

图 4-32 盘鹰绕线轮总装图明细表

序号	零件名称	材料	件数
1	轮杆	黄铜	1
2	瓷环	白瓷	1
3	轮齿	酚醛胶木	9
4	轮毂	有机玻璃	1
5	轮轴	黄铜	1
6	轮把	紫檀	1
备注	5 号轮轴为标准件，可购		

图 4-33　轮杆（材料：ϕ6 黄铜棒）

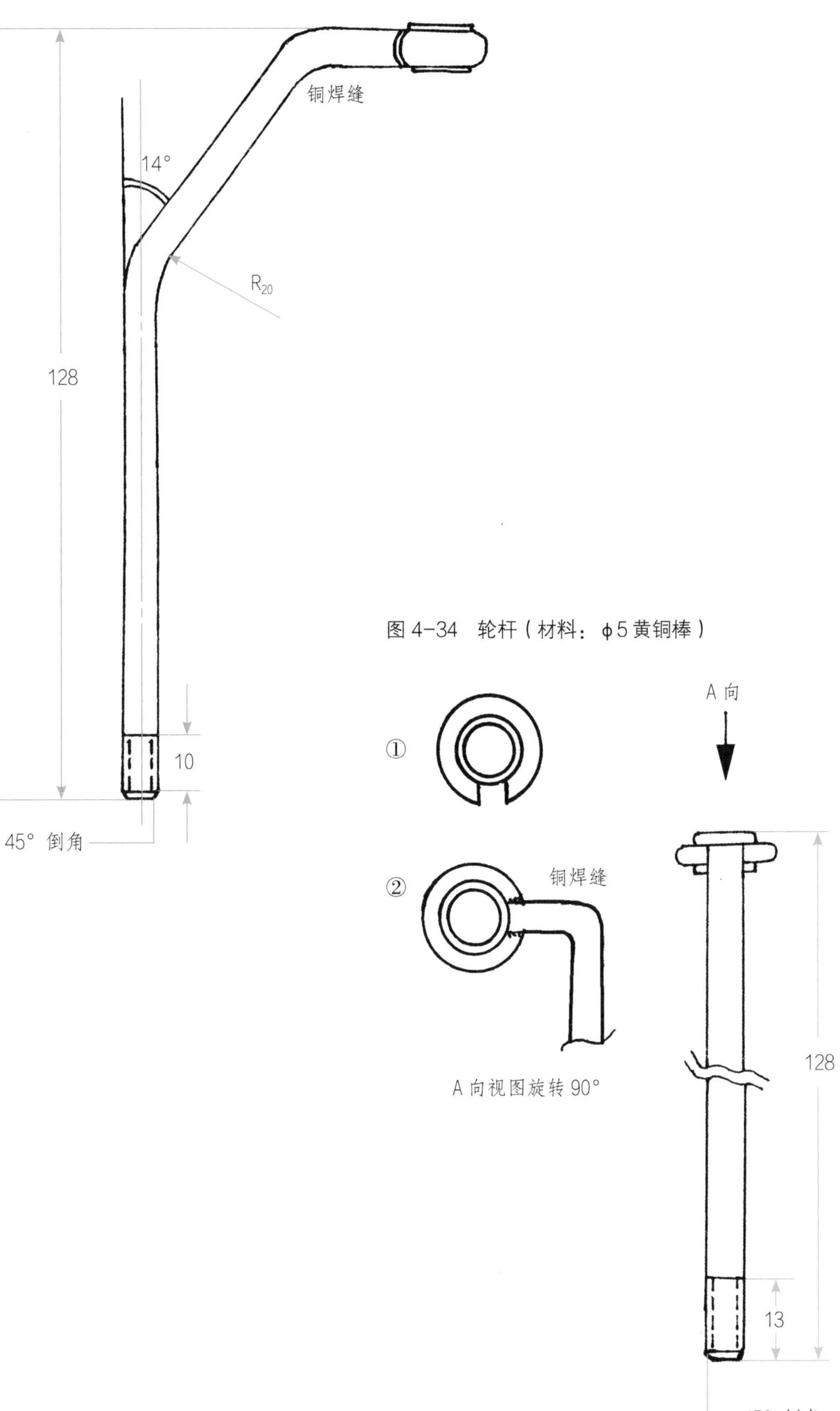

图 4-34　轮杆（材料：ϕ5 黄铜棒）

图 4-35 盘鹰绕线轮

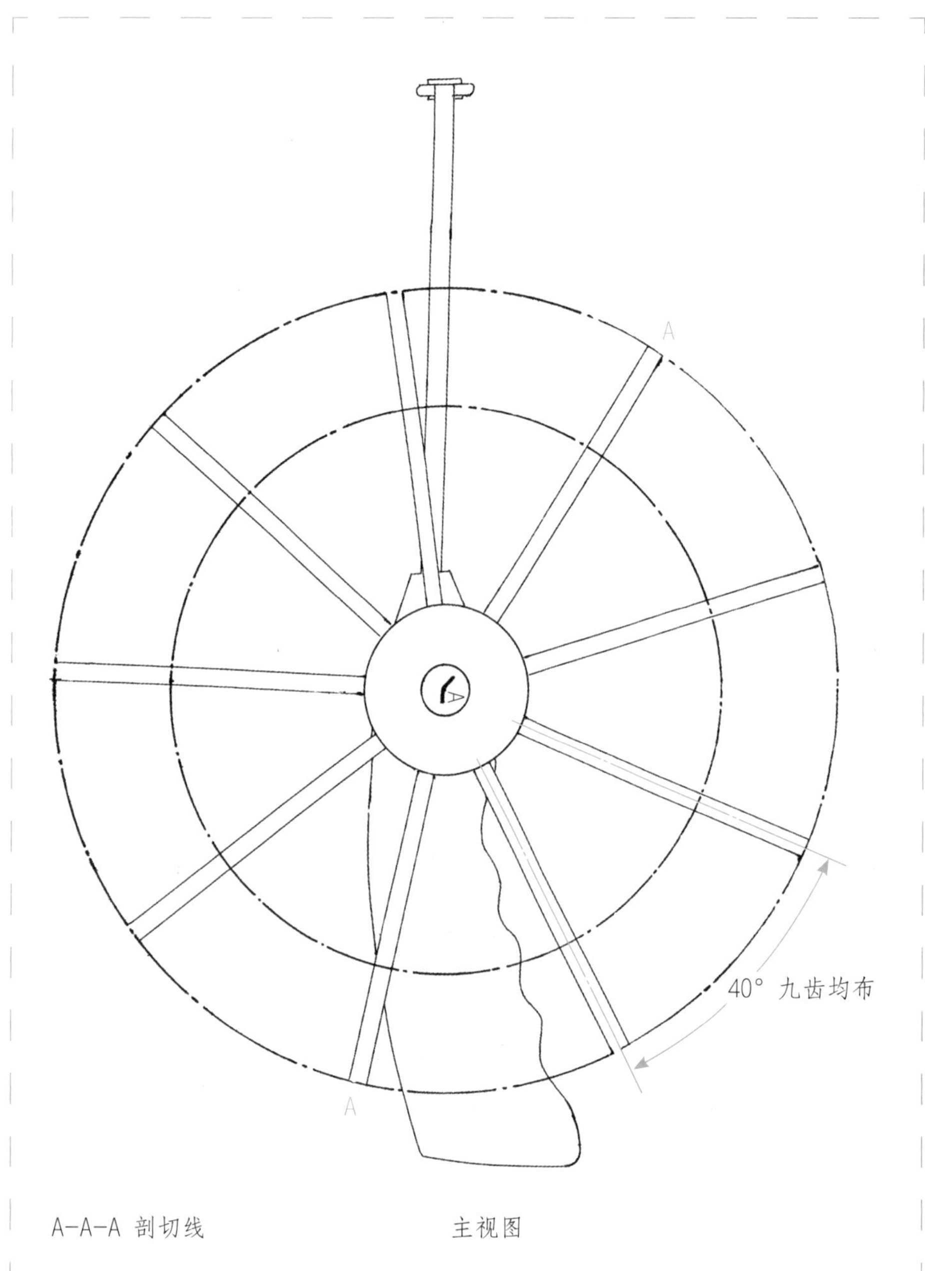

第五章　常见风筝图

这一章为大家提供一些常见的风筝外形图、骨架结构三视图，作为扎制的样式资料。在制作时可根据需要进行缩小或放大。

第一节　参考图样的使用

1．风筝大小的确定

风筝到底做多大合适，可根据各人的喜好。但风筝的大小，也不是毫无根据的，例如燕子风筝就小，做大了，其体小、灵活的特点也就失去了。

风筝的大小是以米及尺、寸等长度单位来表示的。风筝的大小确定后就可以动手制作了。根据骨架的大小，将竹条尺寸计算好，就可以按骨架图扎制。外形图案，按比例放大或缩小成适合骨架的尺寸。

缩放的三种方法：

（1）象形缩放法：这种方法是仿照图样来放大或缩小。是模拟描画（即临摹），只要画得与原图样相似或相近就可以了。因为是徒手临摹，所以很难做到精准。它的优点是简便、省时、省力。但要求具有一定的运笔功力和美术基础。

（2）坐标缩放法：以方框图的形式放大或缩小。采用这种方法得到的图样和原样基本上是一致的，图形的精确度高。放大的方法是先在原图样上用铅笔画大小相等的、密度合适的方格。然后再在比所做风筝稍大的纸上，画

图 5-1

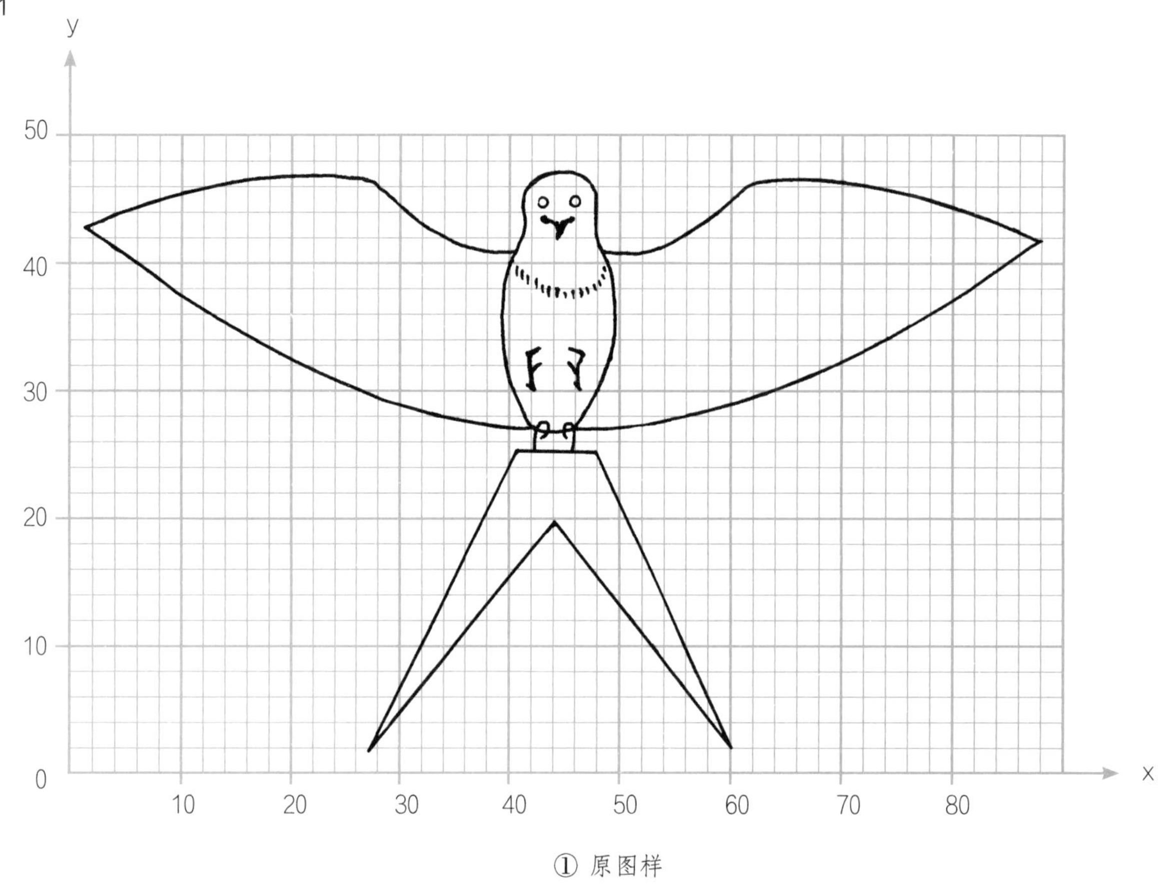

① 原图样

与图样上数量相等的方格，图样需要放大多少倍，方格的大小也相应地是原图样上方格的多少倍，例如：原图样上的方格边长 10 毫米，需要将原图放大 10 倍，那么在纸上画的方格就应该是原图样上方格的 10 倍，即边长 100 毫米。

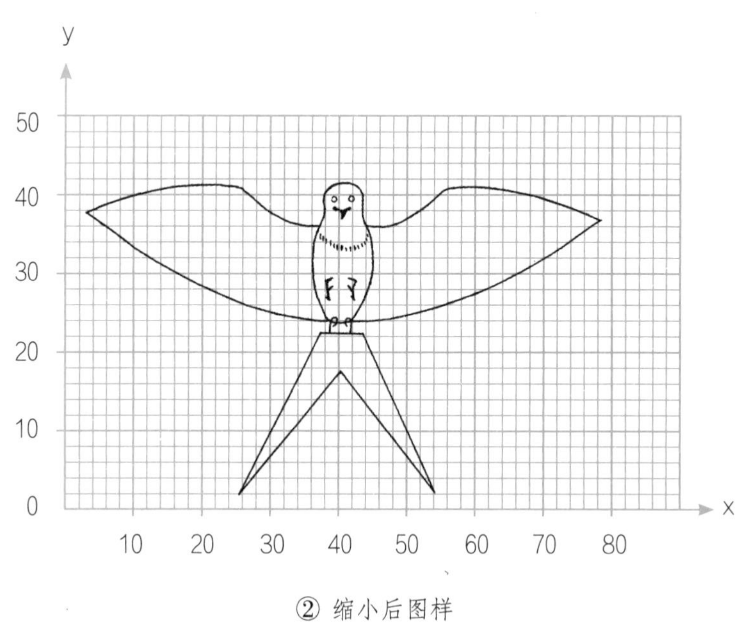

② 缩小后图样

方格画好后，按照原图样的线条，通过某一方格的坐标位置，在与它相对应的大方格的坐标位置上描出放大后的轨迹点，再用曲线板将这些点连接起来。注意过渡要自然。

缩小图样的方法和放大法正好相反，即在图样上画出大方格，再画出要缩小到原来几分之一的小方格，对照大方格上的图样找出小方格上的对应坐标点，即可构成缩小后的图样。（图 5-1、5-2、5-3）

在生活中，只要发现精美的图案，都可以用放大或缩小的方法，把这些图案移植到风筝上。

（3）比例尺放大法：这种方法也很准确，但是现在已经很难买到平行四边形的放大尺了。已不常用。

图 5-2

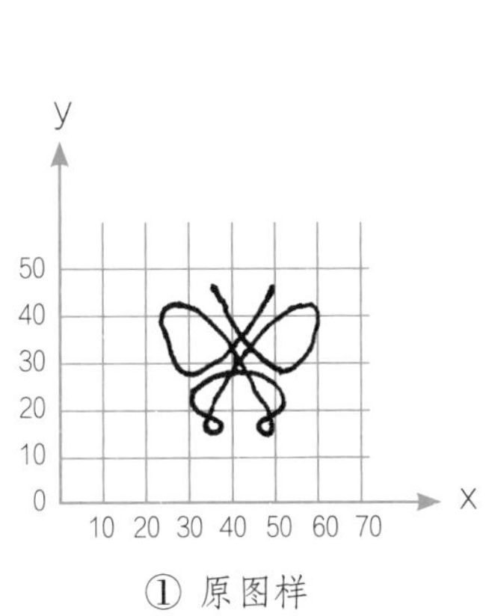

① 原图样

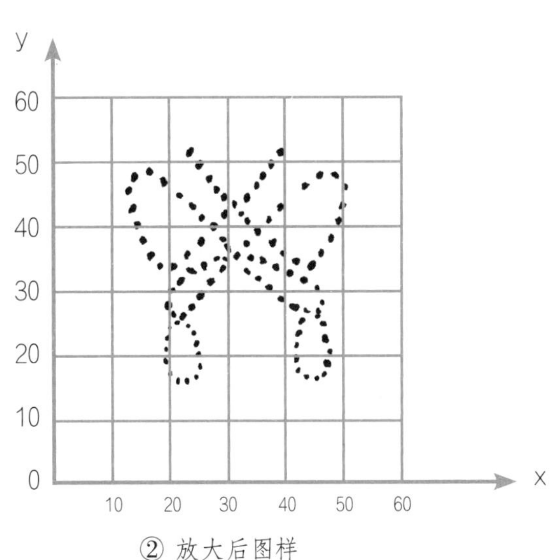

② 放大后图样

图 5-3

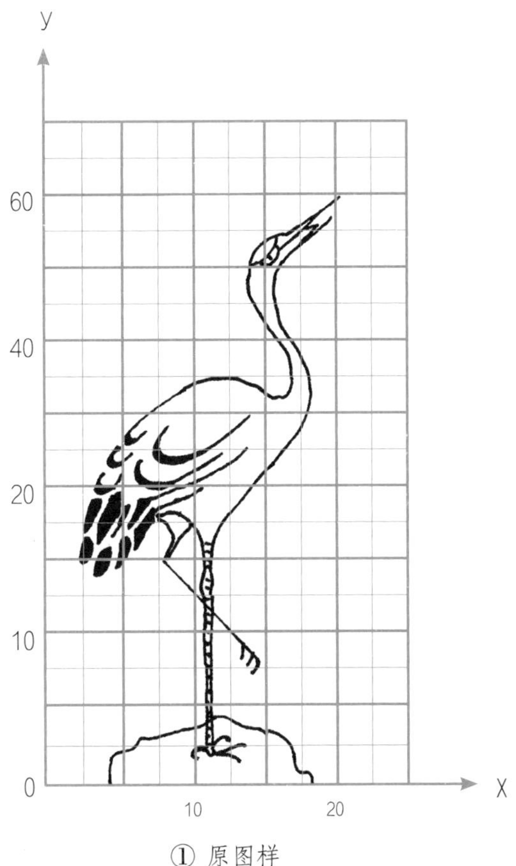

① 原图样

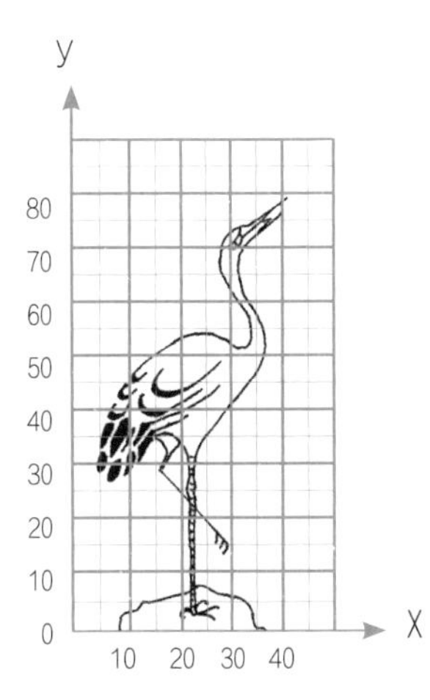

② 缩小后图样

第二节 拍子风筝

1. 软拍子风筝

软拍子风筝的骨架结构是最简单的。如果能把同一种图案和骨架做出好多个，再把它们串起来放飞，也很有气势。

图 5-4 拍子风筝三种骨架图、九种外形图

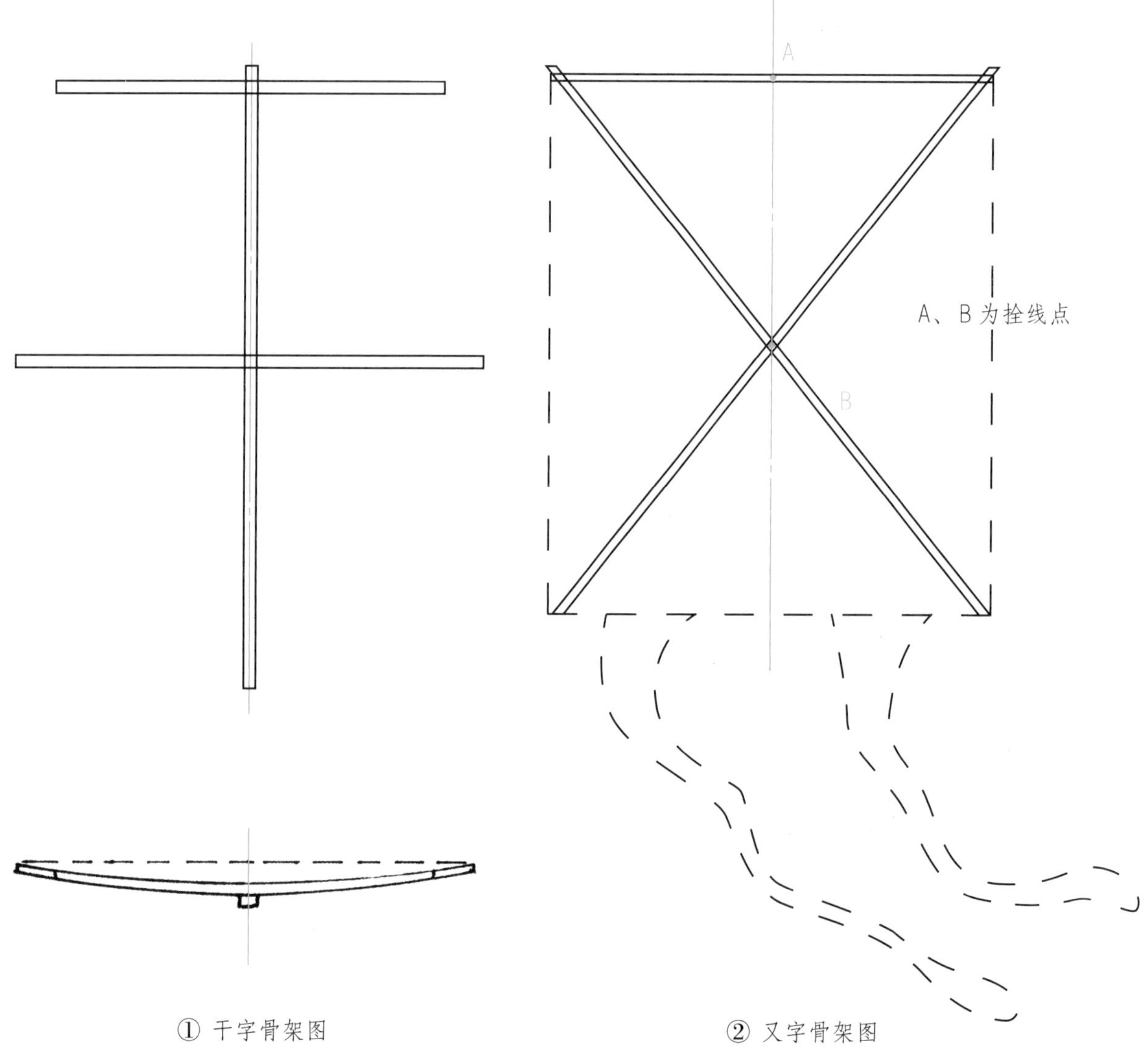

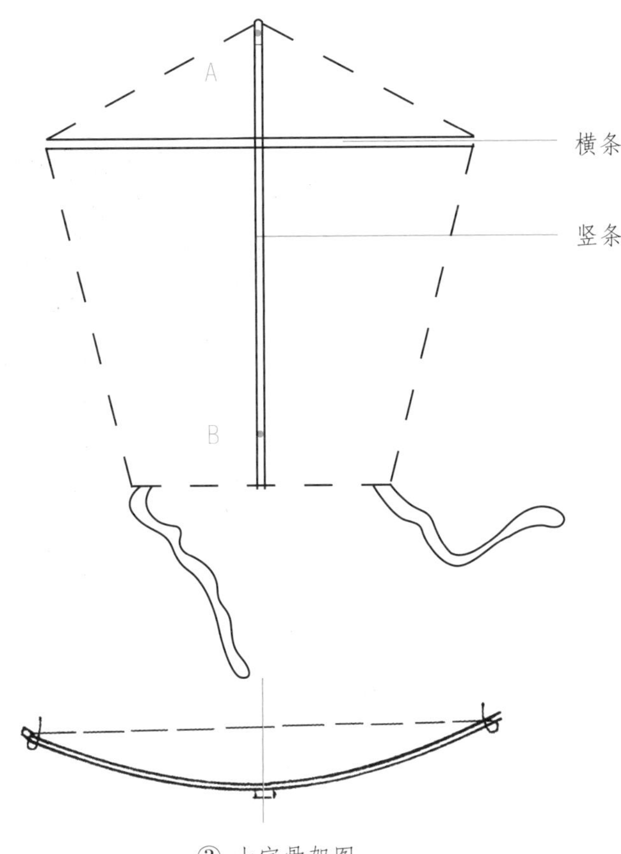

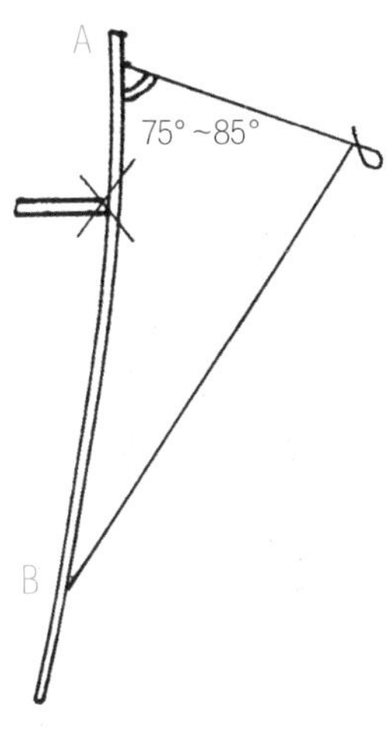

③ 十字骨架图

④ 外形图之一

⑤ 外形图之二

⑥ 外形图之三

⑦ 外形图之四

⑧ 外形图之五

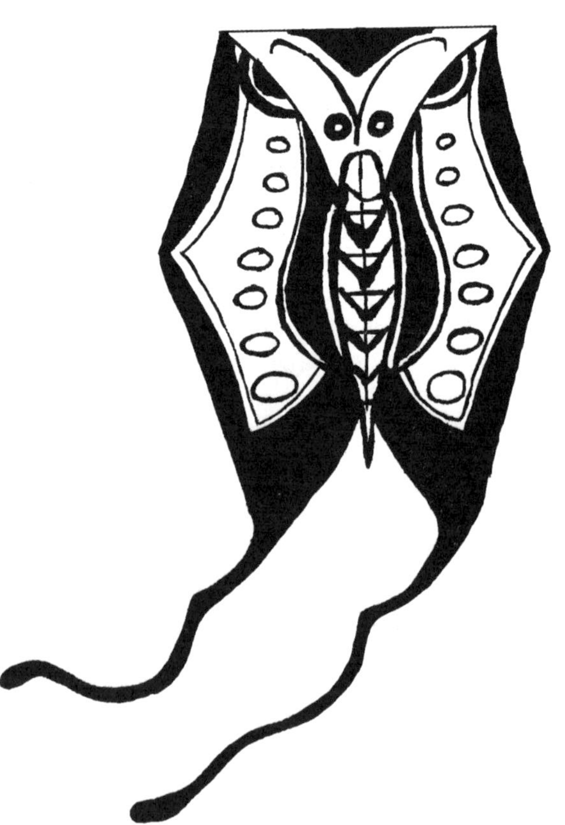
⑨ 外形图之六

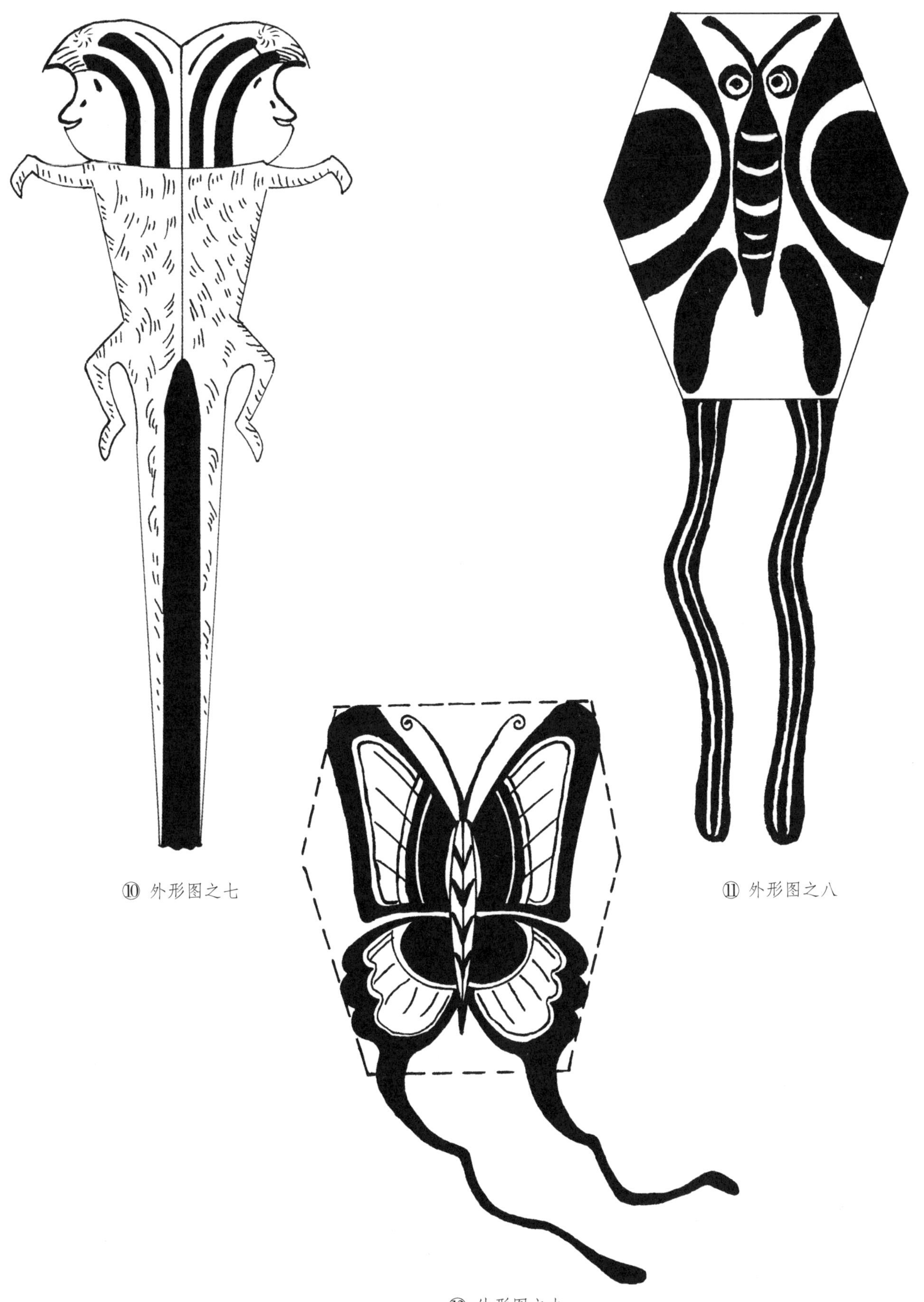

⑩ 外形图之七

⑪ 外形图之八

⑫ 外形图之九

图 5-5 娃娃脸一种骨架图、两种外形图

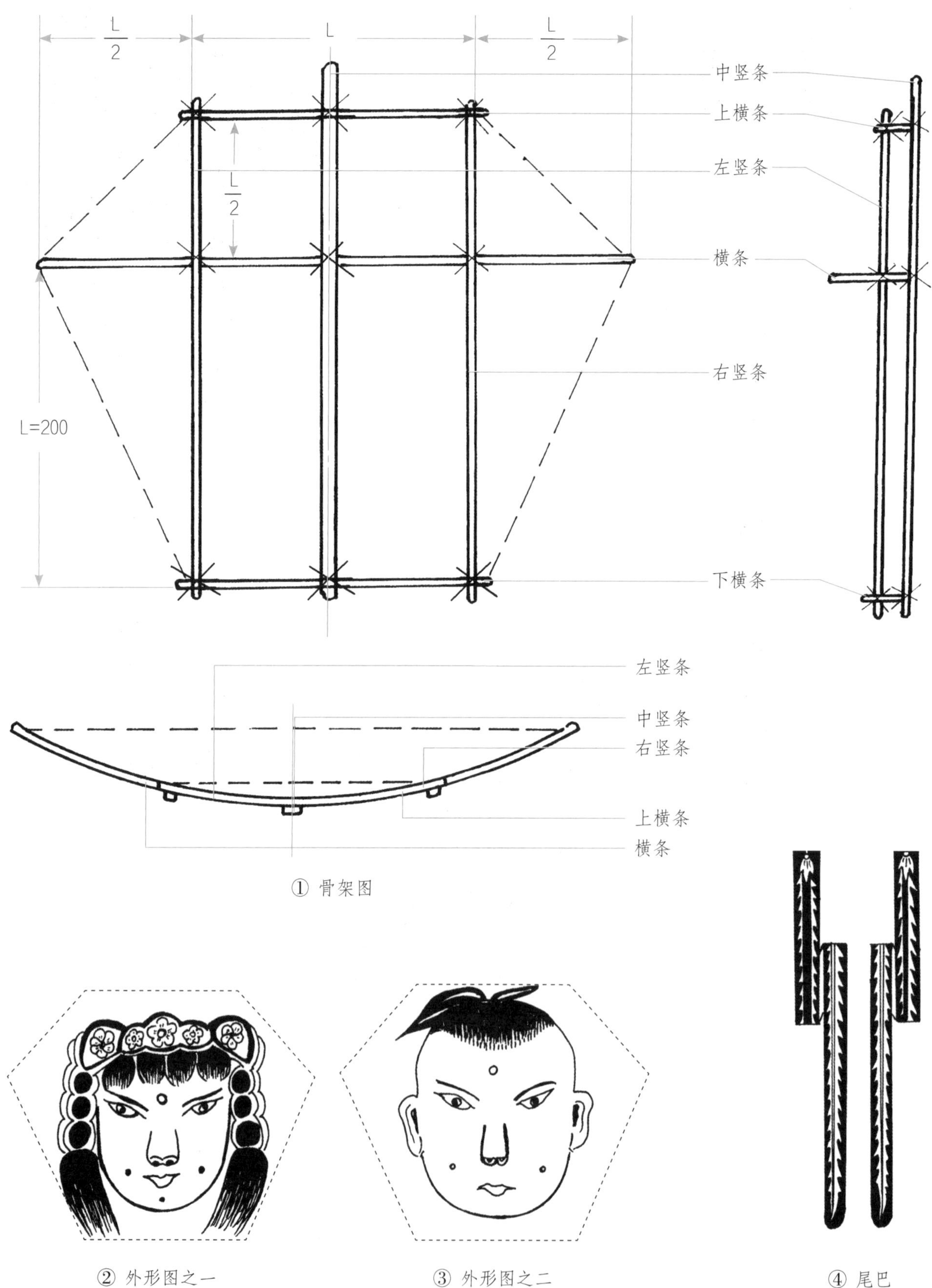

① 骨架图

② 外形图之一

③ 外形图之二

④ 尾巴

戏剧脸谱，大都具有生动明快、性格突出的特点。一般说来，勾红脸的是忠勇之士；勾白脸的表示其刁滑和奸诈；勾黑脸的是粗鲁、暴戾的象征；金色脸谱则往往代表神怪……深受广大人民群众的喜爱。

脸谱的绘制讲究“勾、抹、揉、描”。其常以蝙蝠、燕翼、蝶翅为图案勾勒眉眼、面颊，结合夸张的鼻窝、嘴窝，表情形象生动。凡表示开朗乐观的脸谱，舒眉展眼；曲眉合目，多表现悲戚、暴戾。

常用“鱼尾纹”的高低、曲直来表现年龄，用“法令纹”的上下开合反映气质。丑角的脸谱多为滑稽、幽默的情态。为了衬托和表现其形象，鼻、眼处勾染成白色。

图 5-6　戏剧脸谱风筝一种骨架图、十种外形图

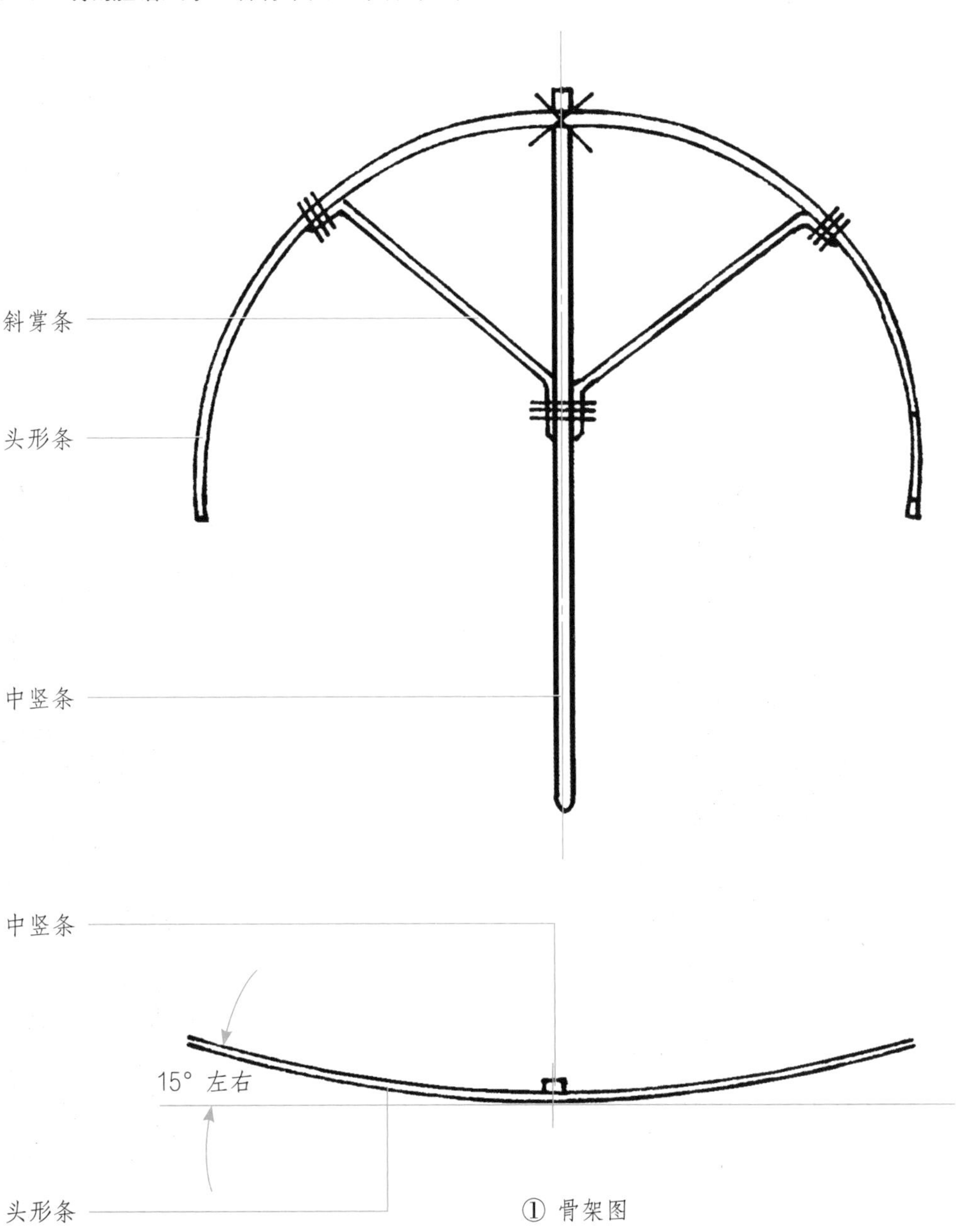

① 骨架图

② 外形图之一

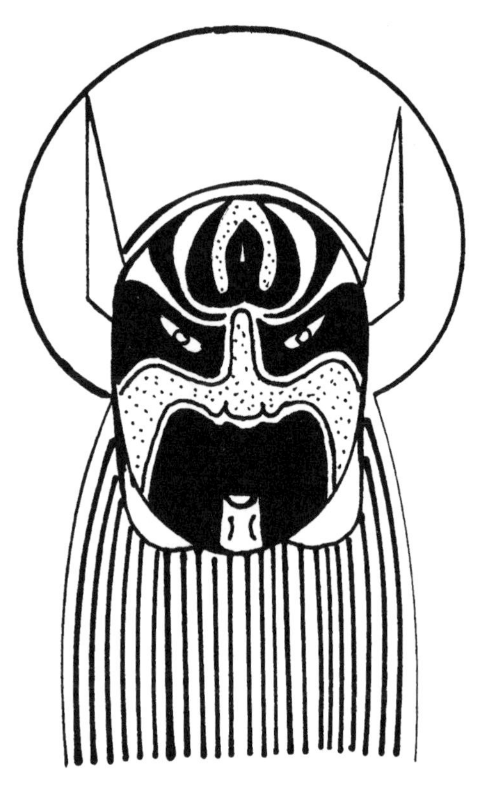

③ 外形图之二

④ 外形图之三

⑤ 外形图之四

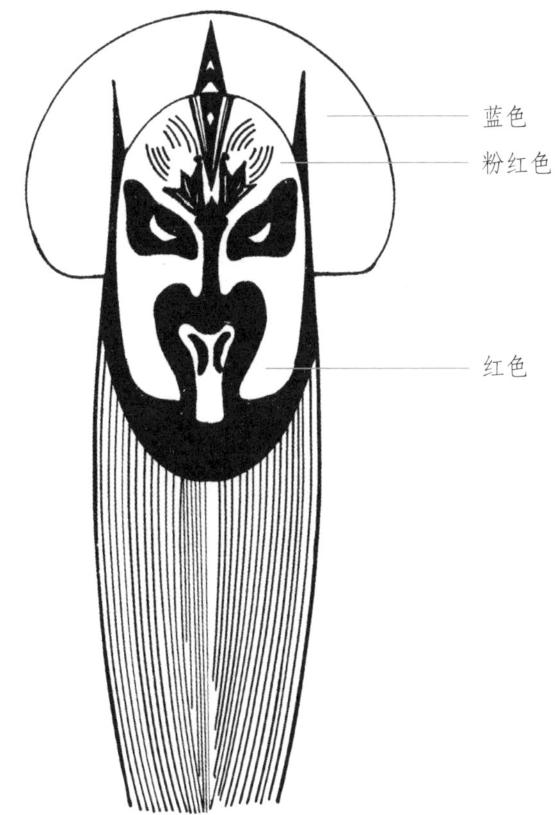

⑥ 外形图之五

⑦ 外形图之六

⑧ 外形图之七

⑨ 外形图之八

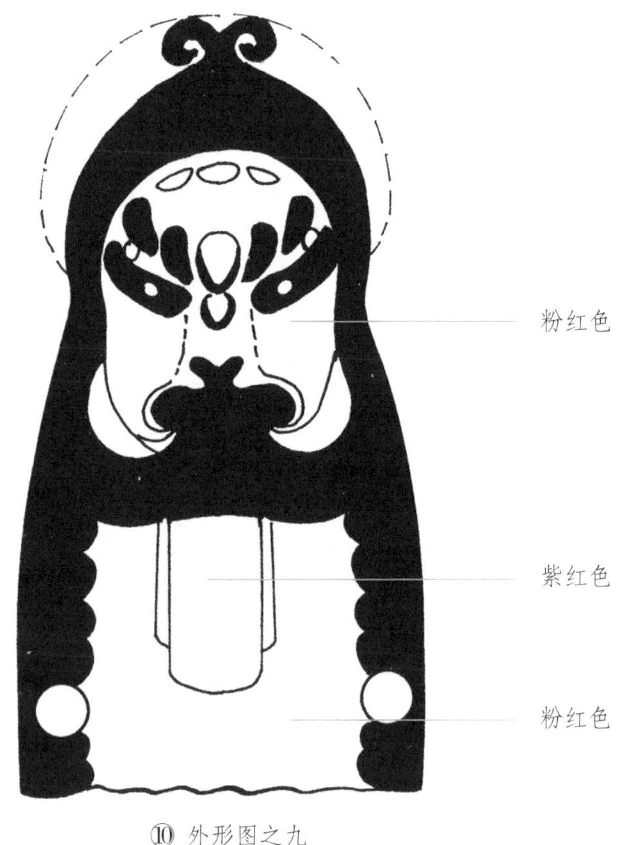

⑩ 外形图之九

⑪ 外形图之十

图 5-7 老寿星风筝骨架图、外形图

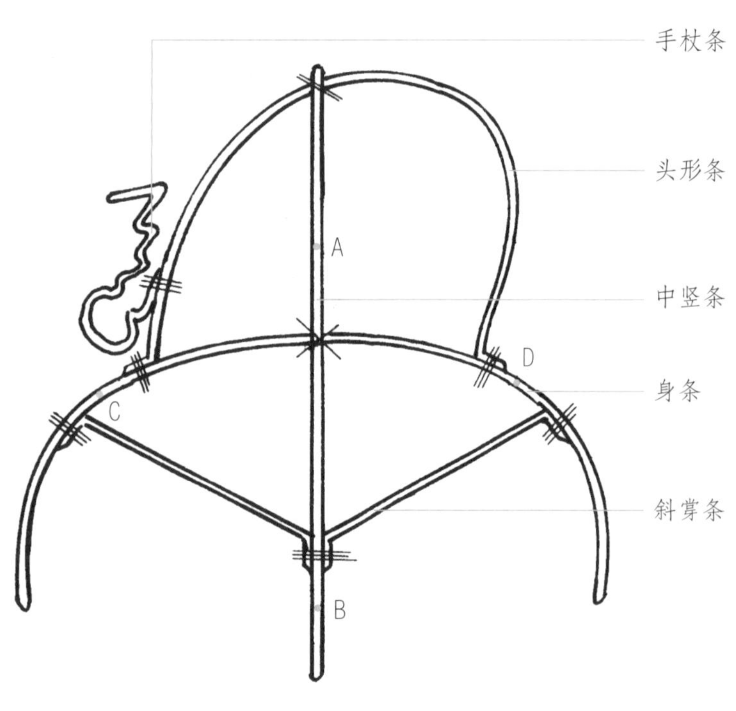

① 骨架图

② 外形图

图 5-8 猪八戒风筝骨架图、外形图

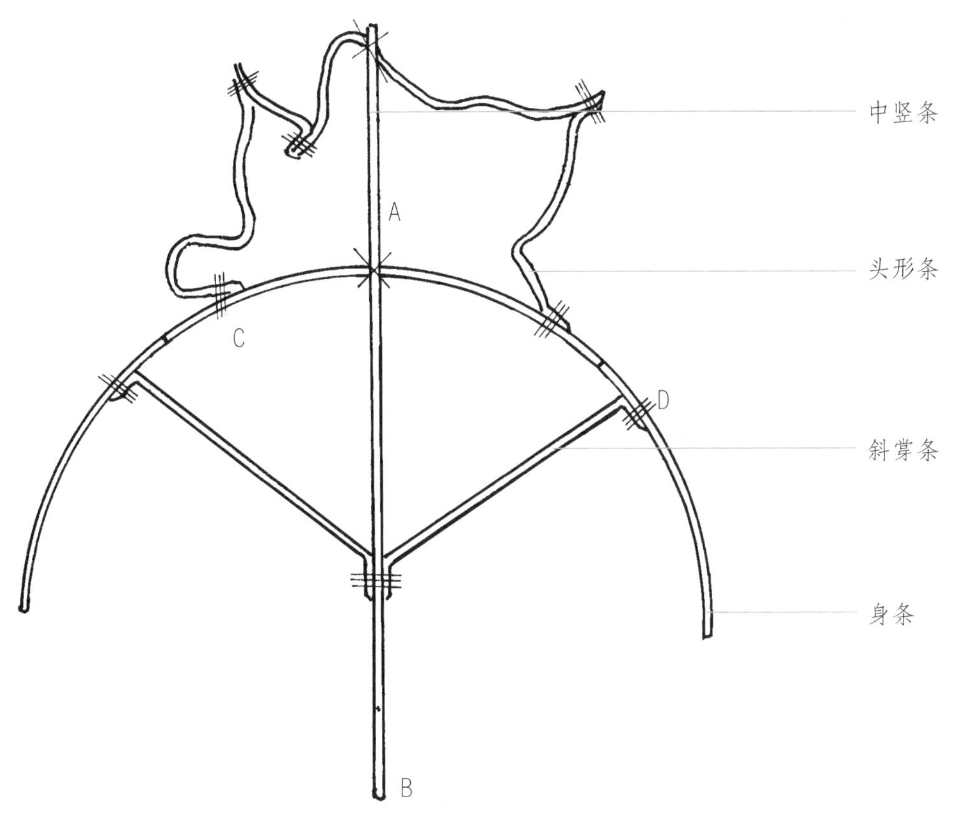

① 骨架图

② 外形图

2．硬拍子风筝

所谓硬拍子是指风筝的四周均有竹条，比较抗风。因它下部大都有坠穗，所以适合在四五级风速下放飞。它的骨架结构也比较简单，需注意的是要把竹条尽量削薄、削窄，以减轻质量而有利于飞行。

图 5-9 钟形风筝骨架图

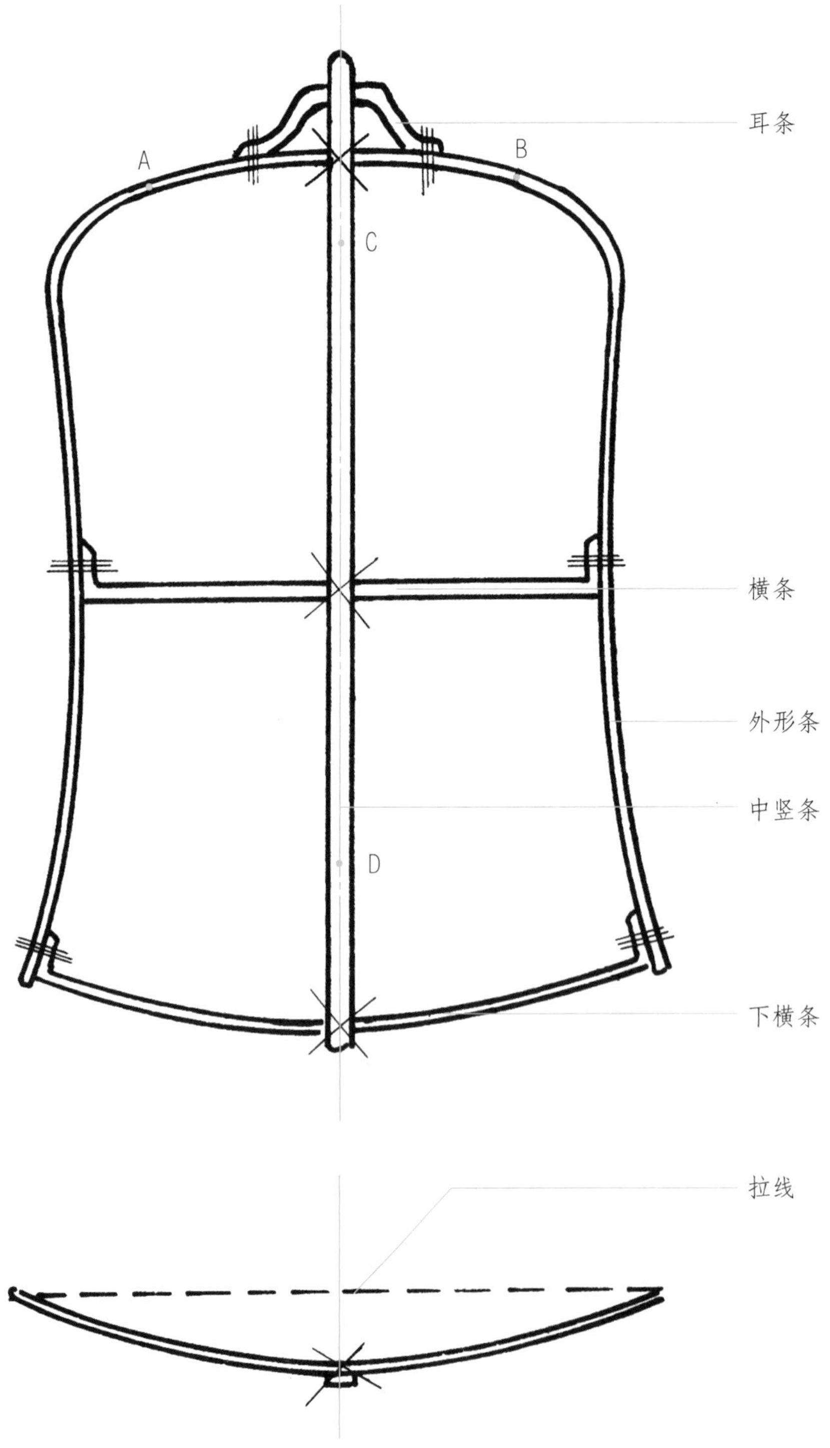

图 5-10 可拆卸钟形风筝骨架图

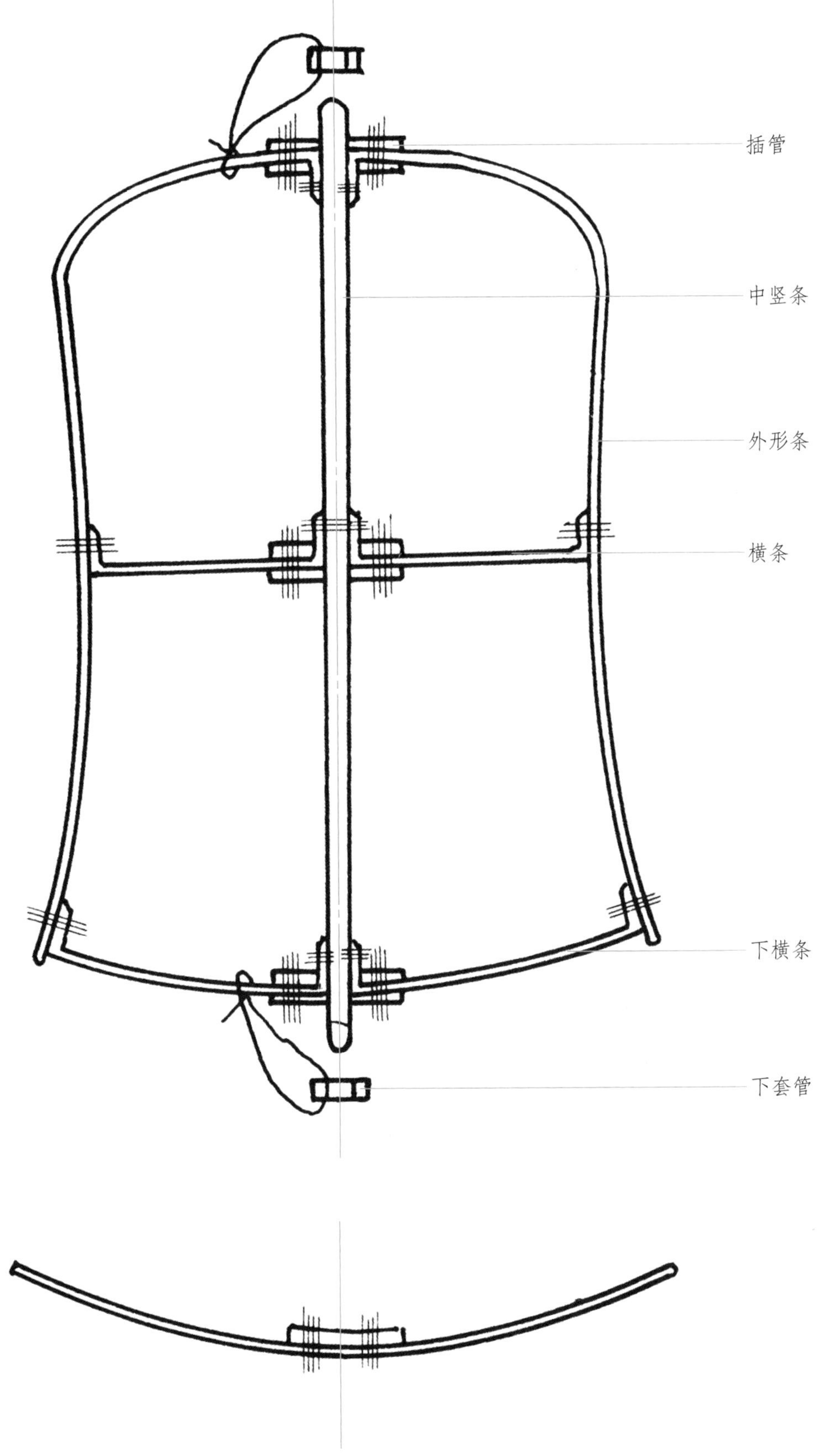

图 5-11 可拆卸钟形风筝骨架扎制步骤图

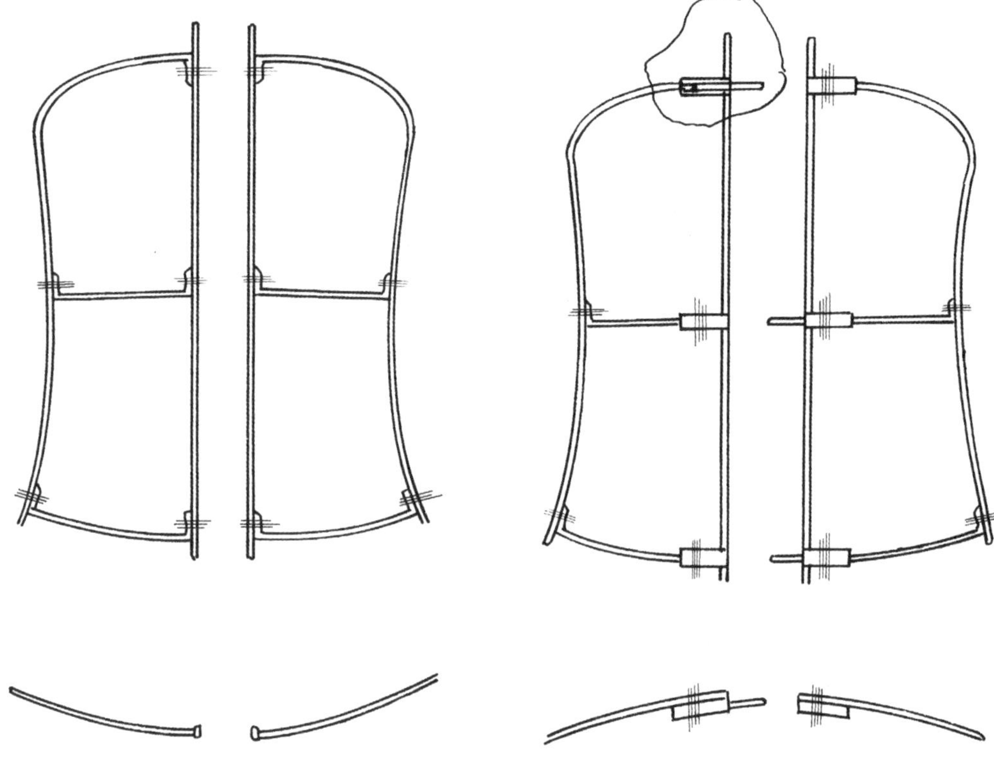

图 5-12 钟形风筝外形图

八卦风筝的骨架是很简单的，只要加工好竹条，扎制是很容易的。其骨架是由 10 根等宽、厚的竹条扎成。在这 10 根竹条中，有 8 根竹条的长度相等，它们就是八卦风筝骨架的 8 条边。另外 2 根竹条的长度要比 8 根边条长一些。下面，以 500 毫米 ×500 毫米的中型八卦风筝为例，讲解扎制骨架的步骤：第一步，把竹条刮、削成宽度 5 毫米、厚度 3 毫米，校正平直，按 500 毫米长截取 8 根，留出 800 毫米长的两根中竖条。第二步，用 8 根竹条扎两个大小相等的正方形，需要注意的是，扎制时竹条的竹面（光表皮面）朝同一方向，不能一正一反。第三步，分别将扎好的两个正方形的每个边四等分，并用笔在每边上定出 A、B、C、D、E、F、G、H 八个点。第四步，将两个正方形骨架组合在一起，注意竹皮光面朝向一致，并使 AA、BB、CC……各点重合，然后，用线在 8 个重合点位置扎结。第五步，以两根长 800 毫米的竹条作为横中竖条和竖中竖条，两条相互垂直，横中竖条扎在八角形骨架的前面，竖中竖条扎在八角形骨架的后面。并用线拴在横中竖条的左右两端拉成弓形，以利于泄风起飞。八卦风筝拴线有两种方法：一种方法是拴三根要线，见图 5-13，M、N、P 三个点为拴线点，上部拴两根，即给 M 点和 N 点拴上两根线，之后与下部 P 点上的线结在一起，再打结绕出一个环套，以便和缠线工具上的放飞线连接。上面的两根线和下面的 P 点引出线应有一定的夹角，一般情况下，角度在 75° ～ 90° （以风筝吃风不同来选择）。另一种方法是在竖中竖条的 W、P 两点拴两根线，调好上线与风筝面的夹角，把它们结出一个套环。

八卦，相传是太古时期伏羲氏，根据黄河龙马所献的《河图》而创造的。它以“—”代表阳，以“- -”代表阴。

图 5-13 八卦风筝骨架图

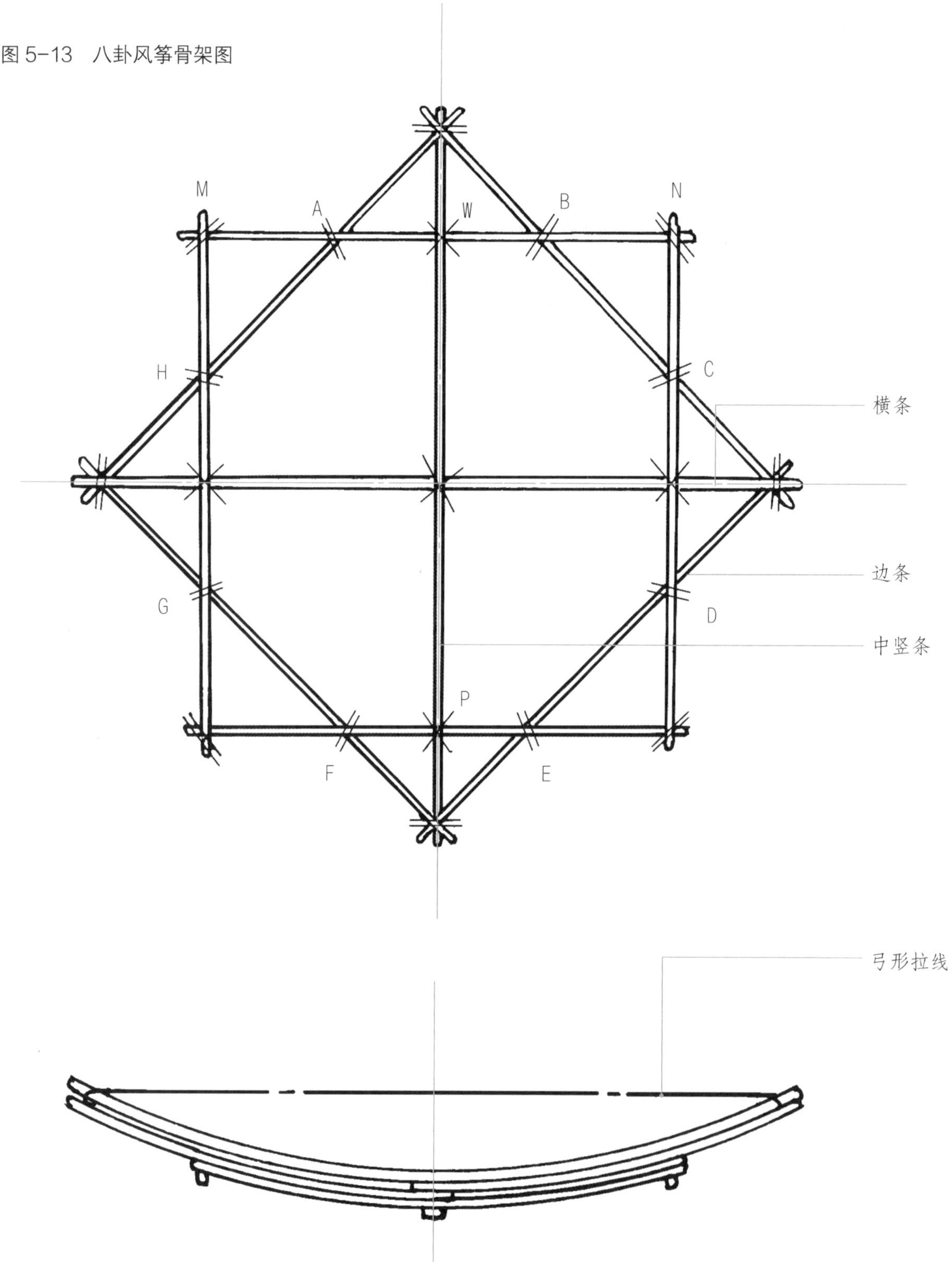

图 5-14 八卦风筝外形图

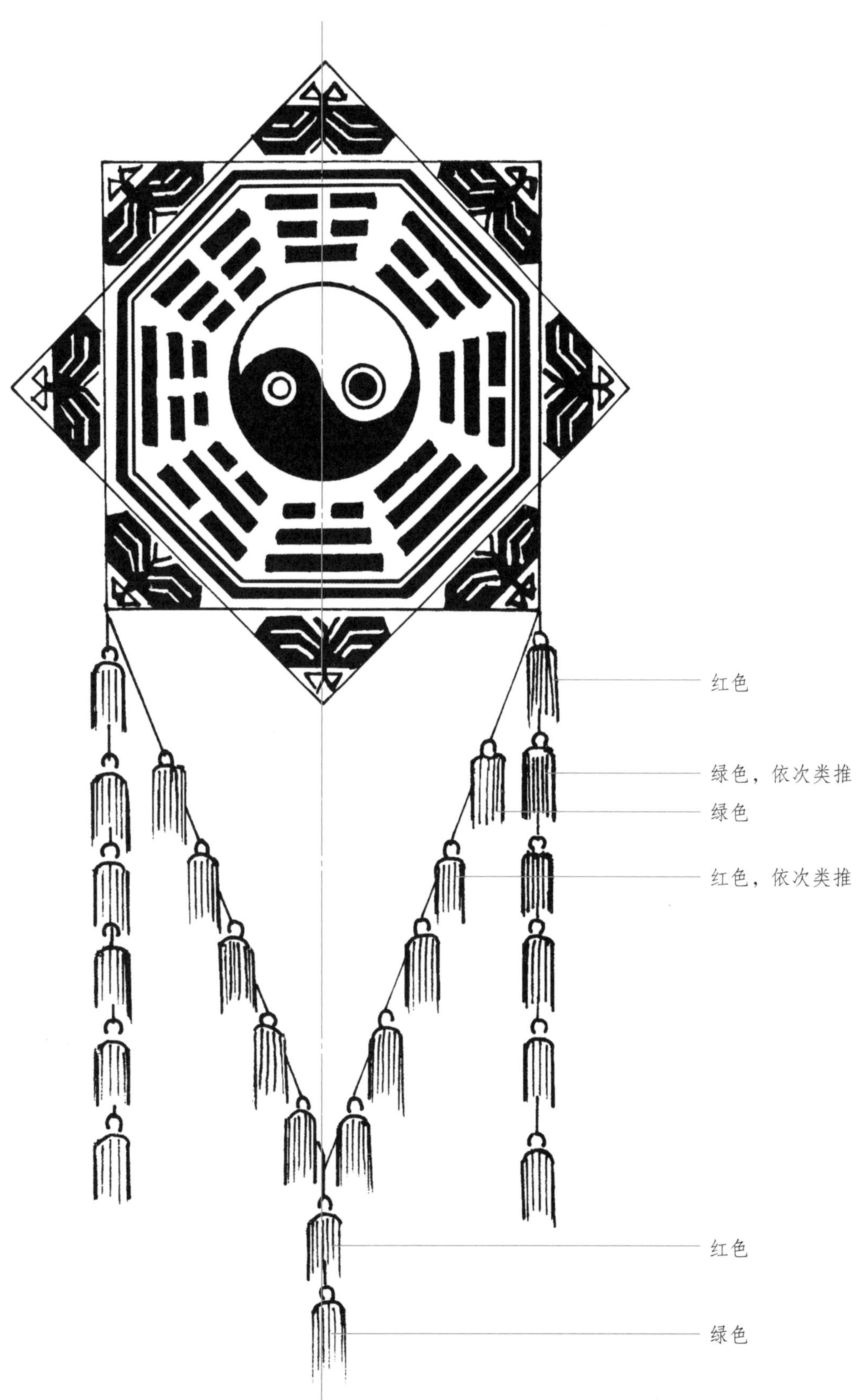

子母八卦风筝是单个八卦风筝的延续和发展。它的尺寸相对要大一些，图案也要复杂一些。它的中间是一个大八卦，称作母八卦，母八卦的八个顶角各有一个子八卦，从而形成“以母为心、八子绕母”的阵势。这种风筝一般要做得很大，放到高空后，图案清晰可现，显得很有气势，给人以美的享受。

子母八卦风筝的骨架扎制和一般八卦风筝的骨架扎制基本一样。因其尺寸比较大，所以对竹条硬度和强度的要求要高一些，竹条的宽度、厚度也相应加大。还有一点不同，子母八卦风筝会在八个顶角上扎纤细的U形细条，起到固定作用。

子母八卦的绘制复杂，稍一粗心就会造成画面不对称。

图 5-15　子母八卦风筝骨架图

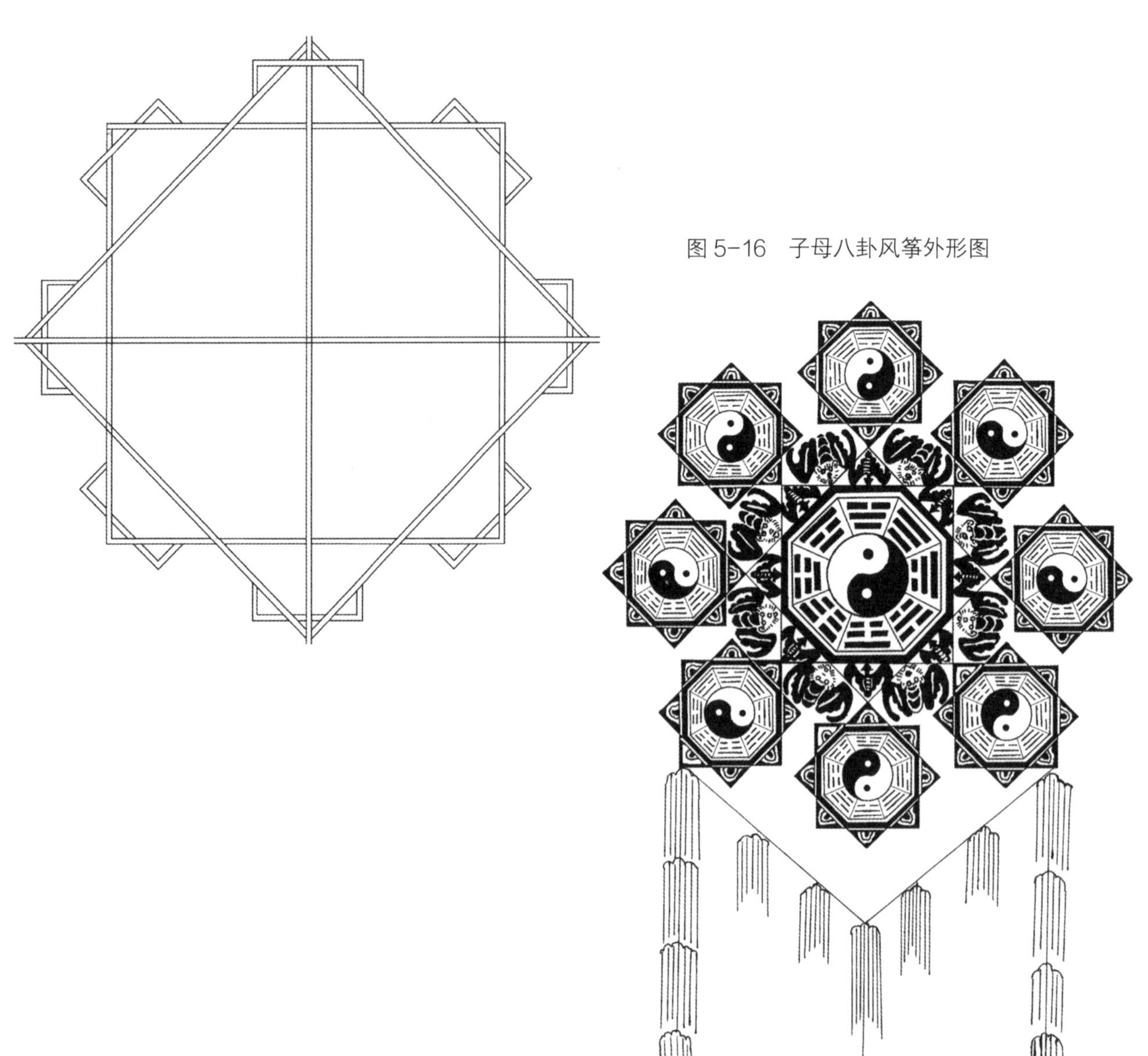

图 5-16　子母八卦风筝外形图

图 5-17　子母八卦风筝绘画工艺图一

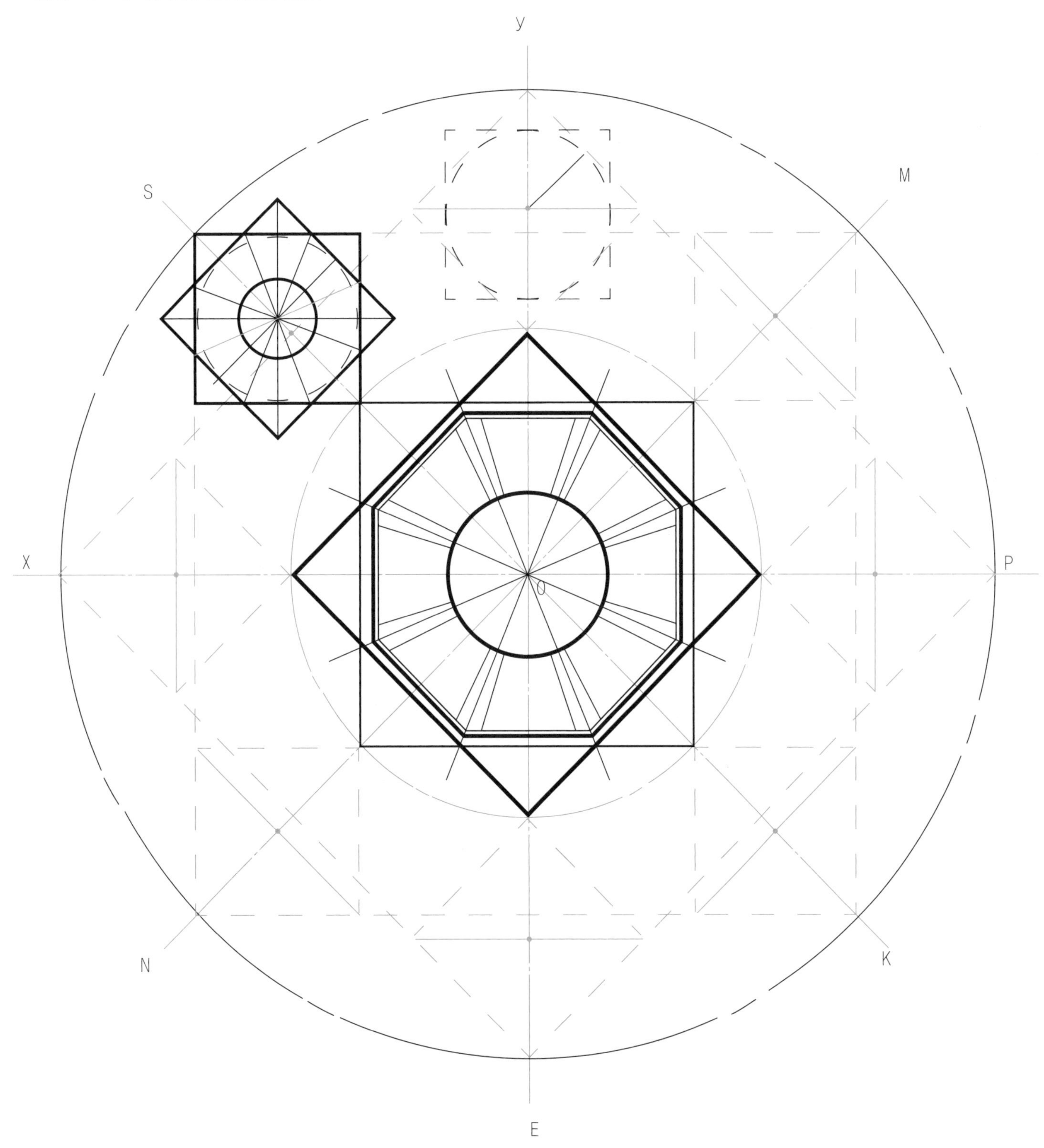

图 5-18 子母八卦风筝绘画工艺图二

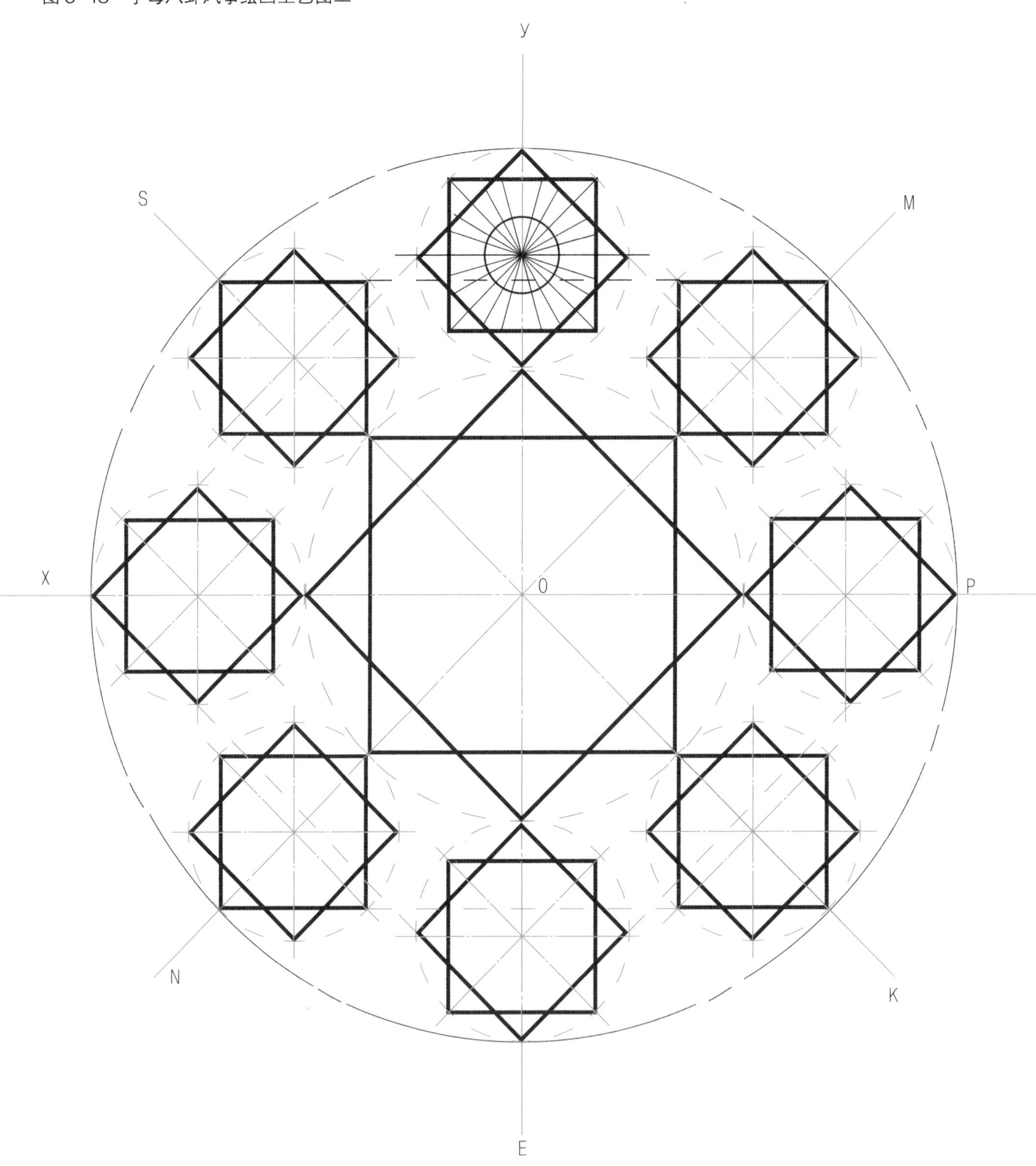

图 5-19 白菜风筝骨架图、外形图

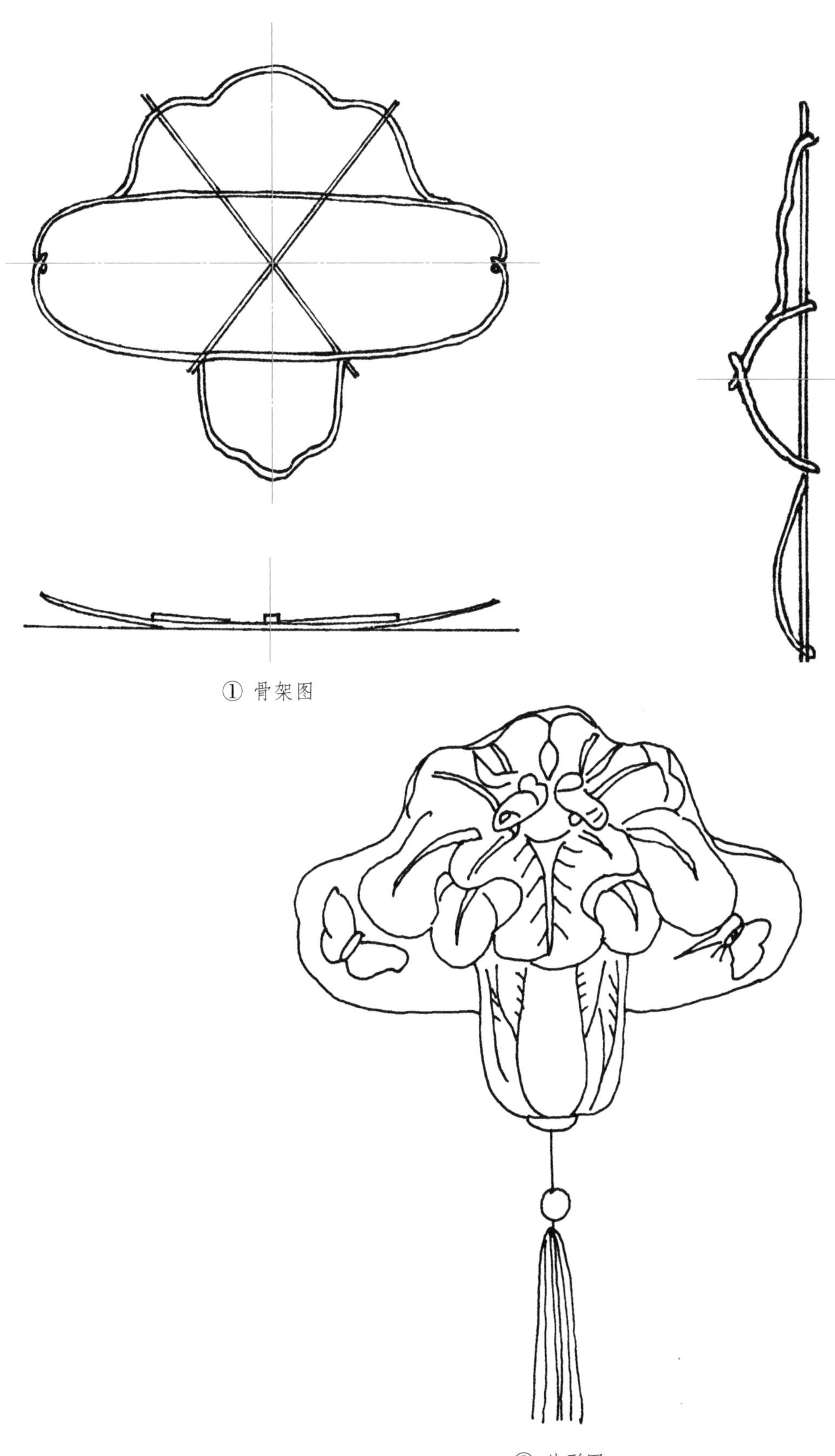

① 骨架图

② 外形图

图 5-20 花篮风筝骨架图、外形图

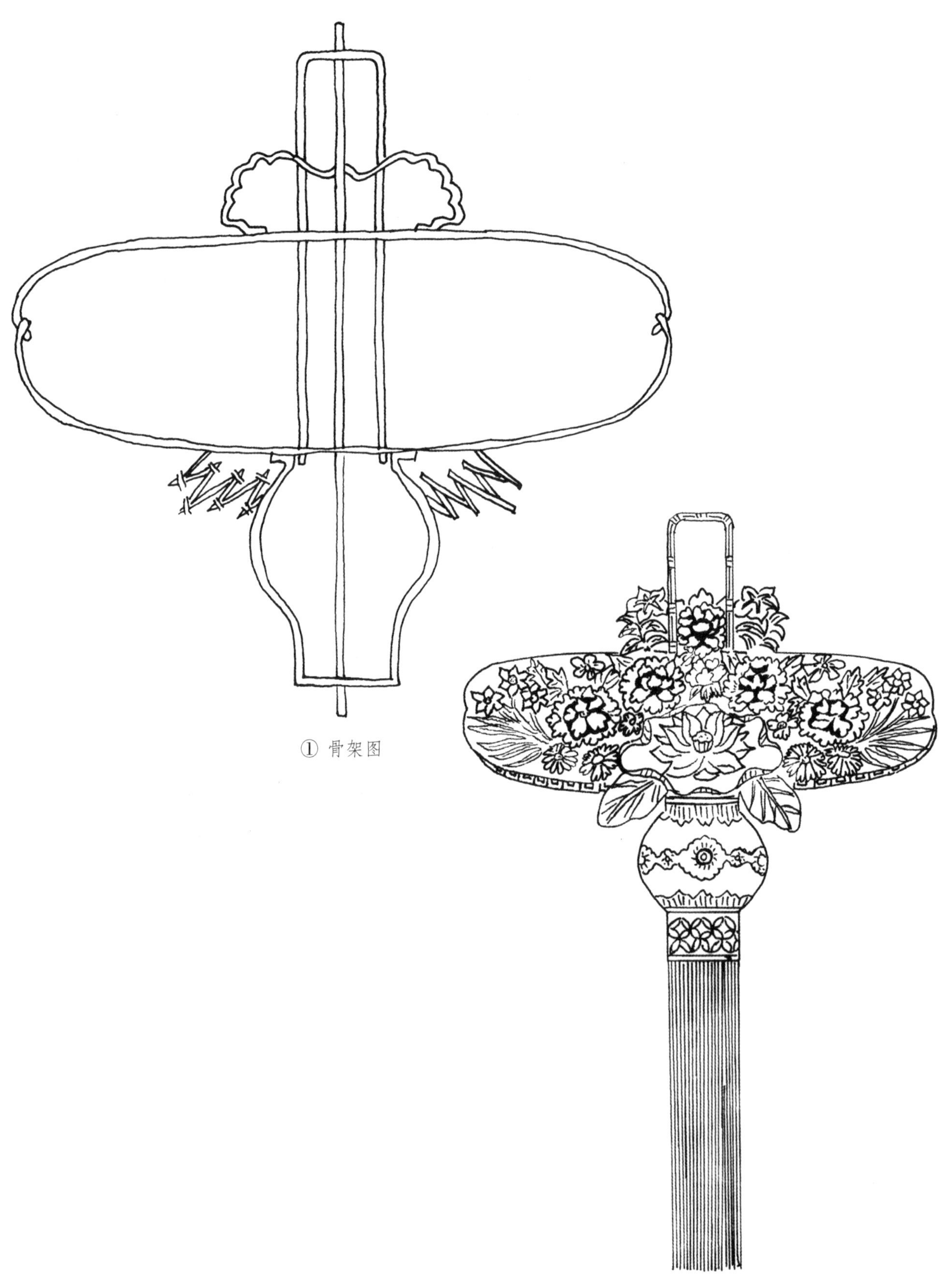

① 骨架图

② 外形图

图 5-21　萝卜风筝骨架图、外形图

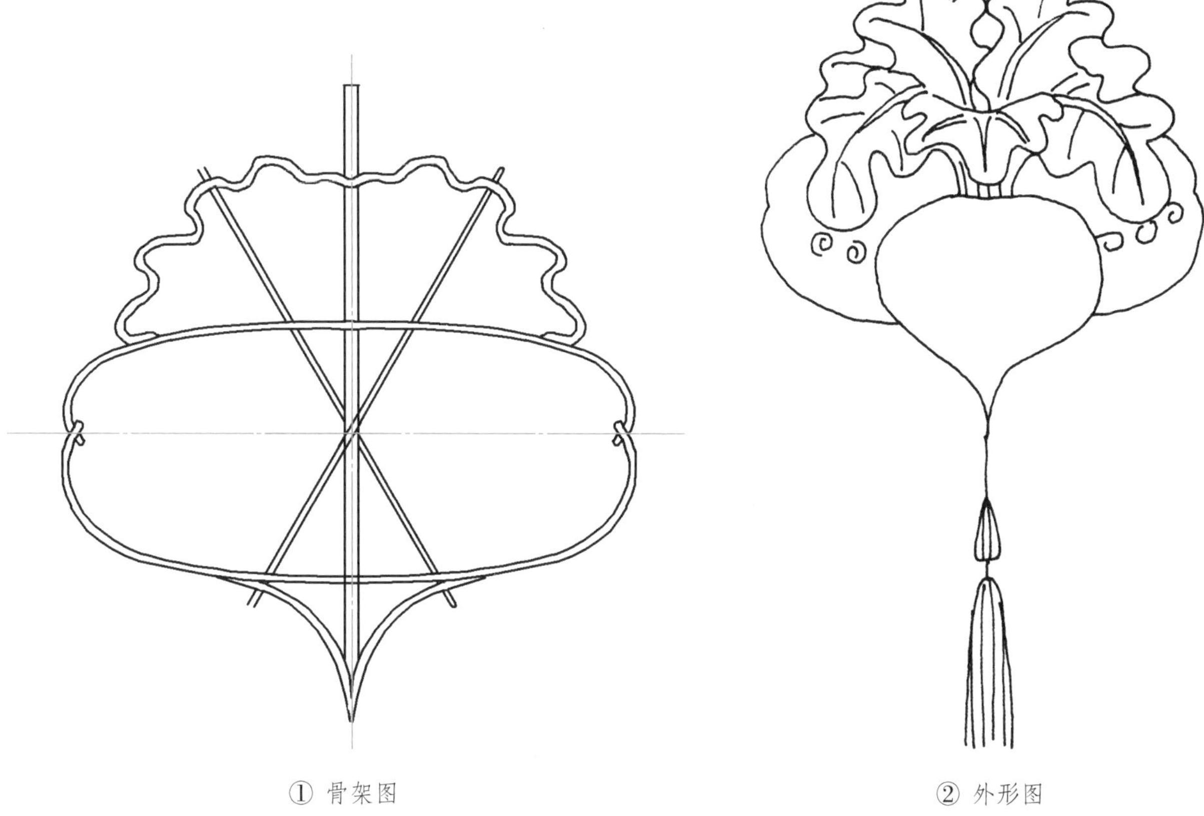

① 骨架图　　② 外形图

图 5-22　足球风筝骨架图、外形图

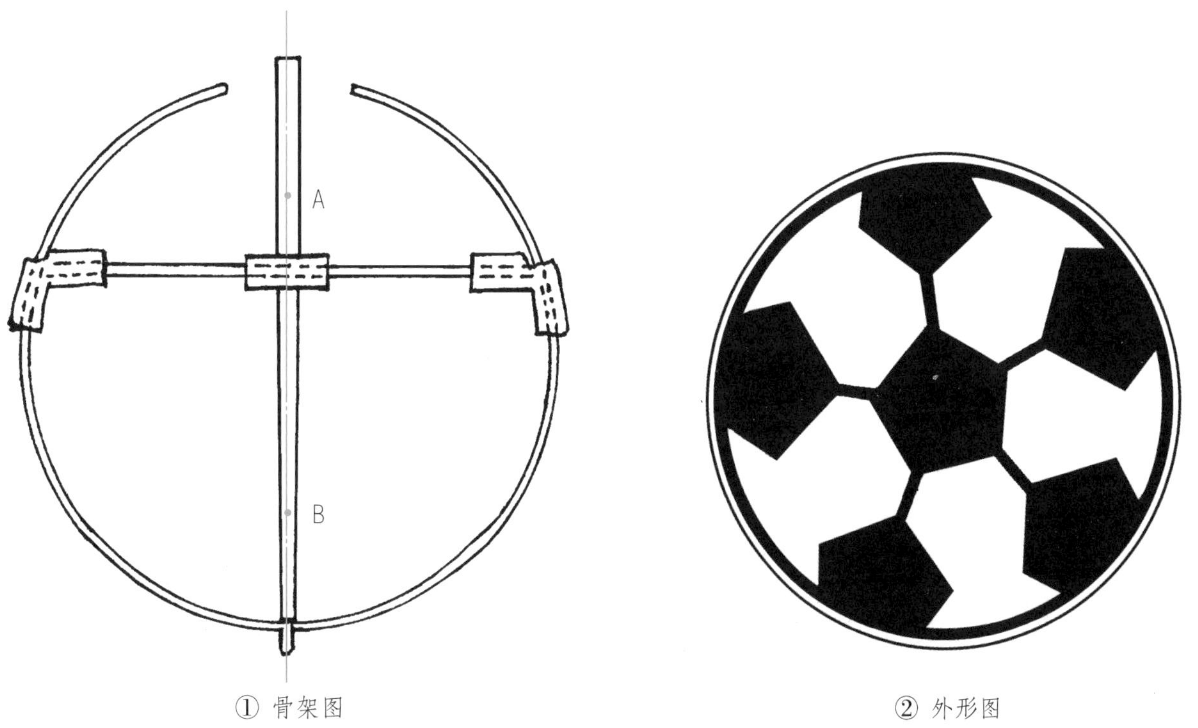

① 骨架图　　② 外形图

注：A、B 两点为拴线处

图 5-23 战斗机风筝骨架总装

长 × 宽 = 590×86

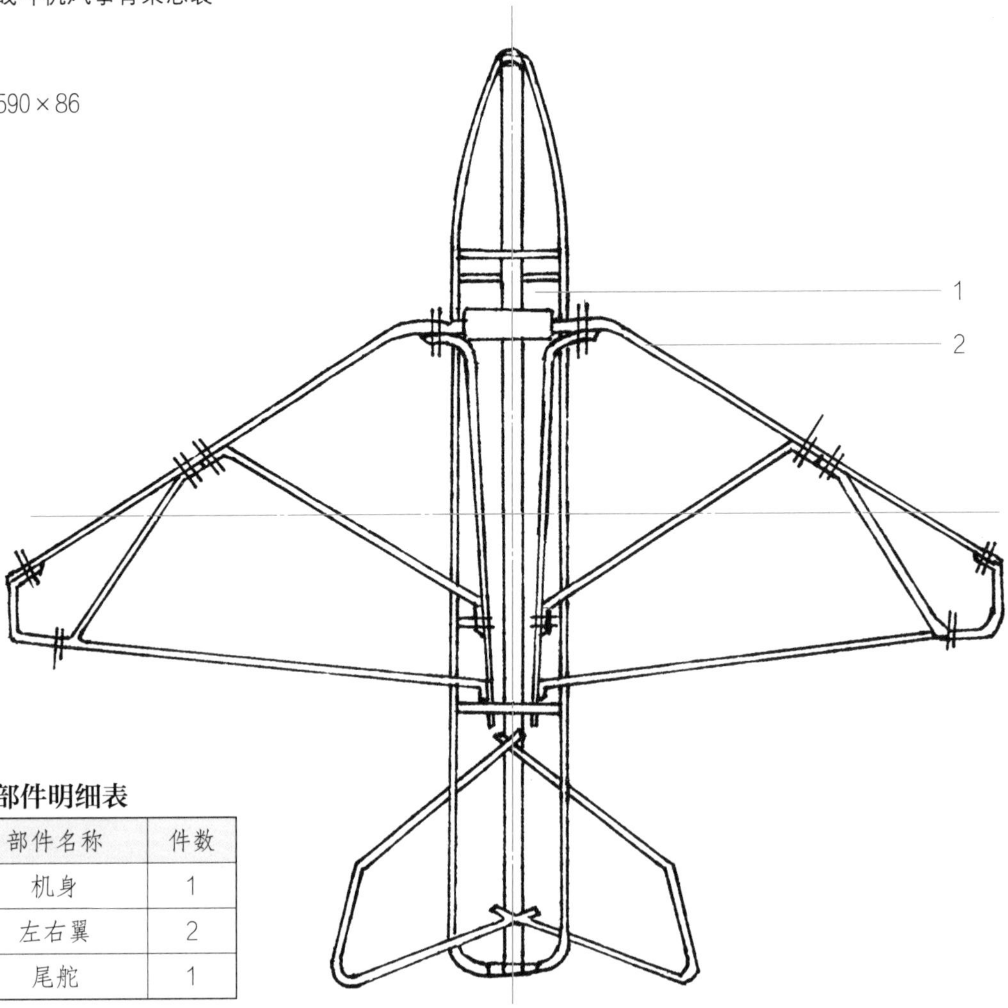

1

2

部件明细表

序号	部件名称	件数
1	机身	1
2	左右翼	2
3	尾舵	1

主视图

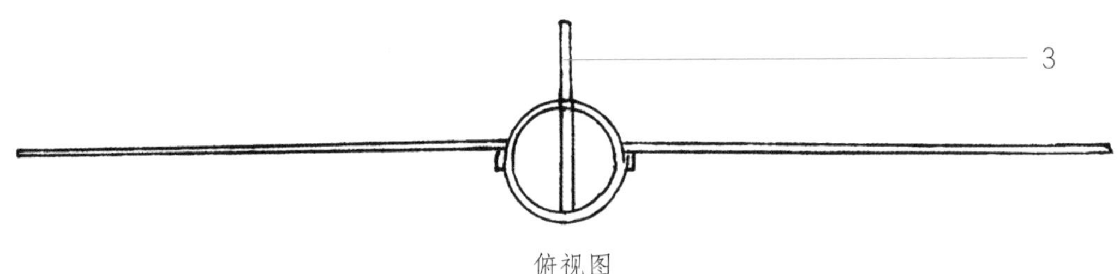

俯视图

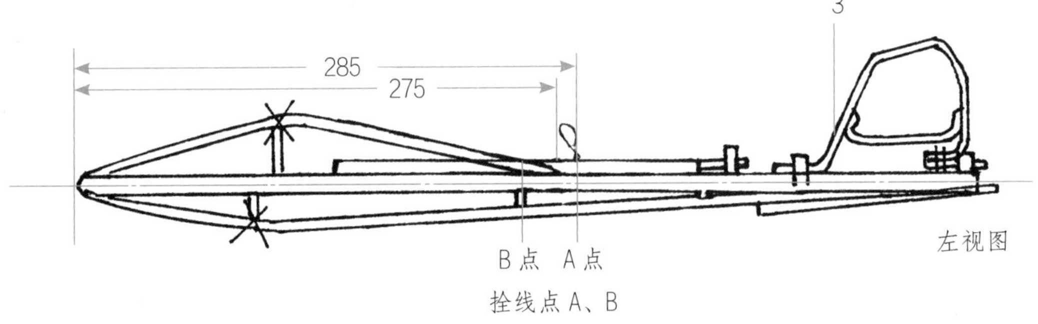

左视图

拴线点 A、B

图 5-24　战斗机风筝机身部件两视图

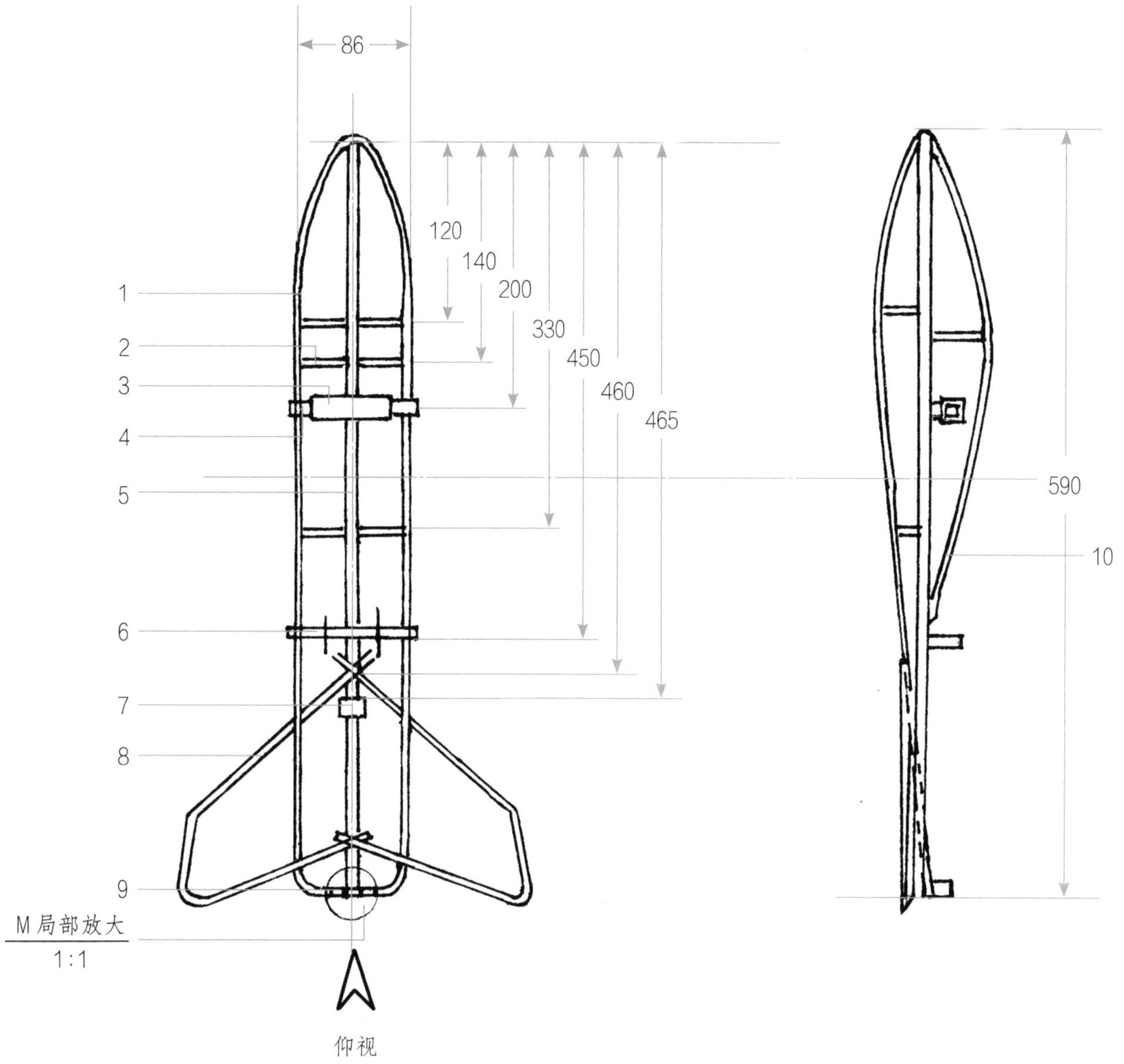

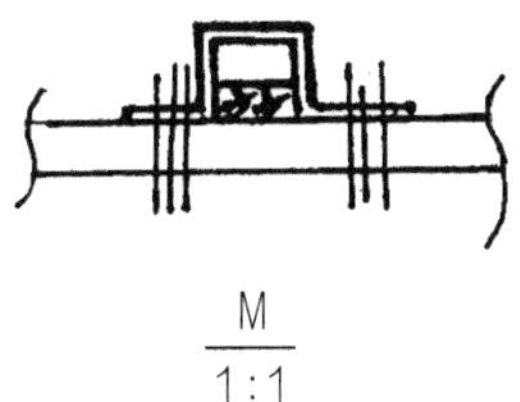

机身骨架零件明细表

序号	零件名称	材料	件数
1	机身条	竹	2
2	弧形支撑	竹	3
3	方孔插套	易拉罐外皮	1
4	插套固定条	竹	1
5	中坚条	竹	1
6	机翼插板	竹	1
7	尾舵插套	易拉罐外皮	1
8	尾翼	竹条	2
9	尾舵下插套	易拉罐外皮	1
10	造型竹条	竹	1

图 5-25 零件图

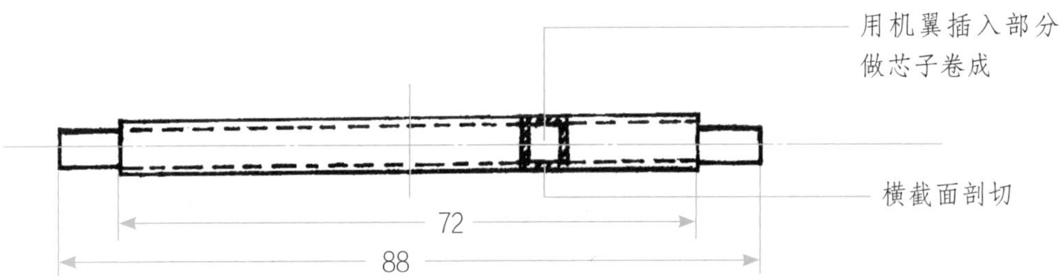

① 方孔插套零件图

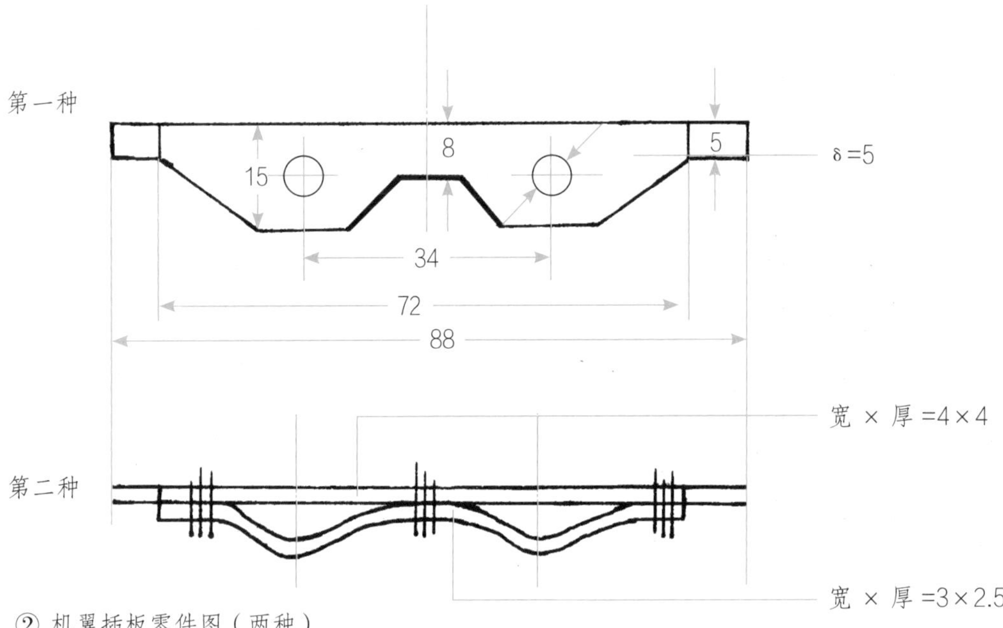

② 机翼插板零件图（两种）

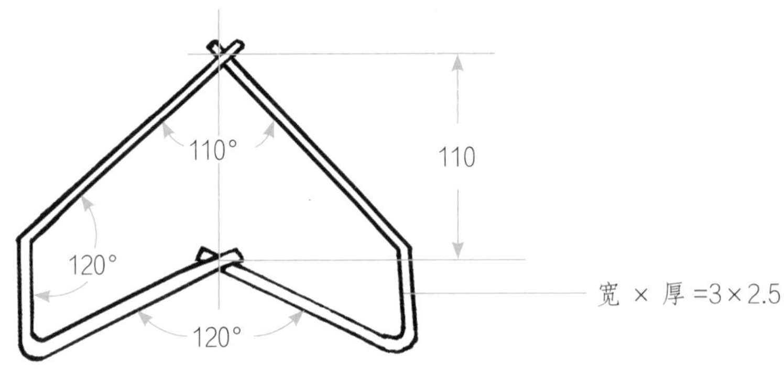

③ 尾翼

图 5-26 尾舵组件图

竹条尺寸：宽 × 厚 =4×3

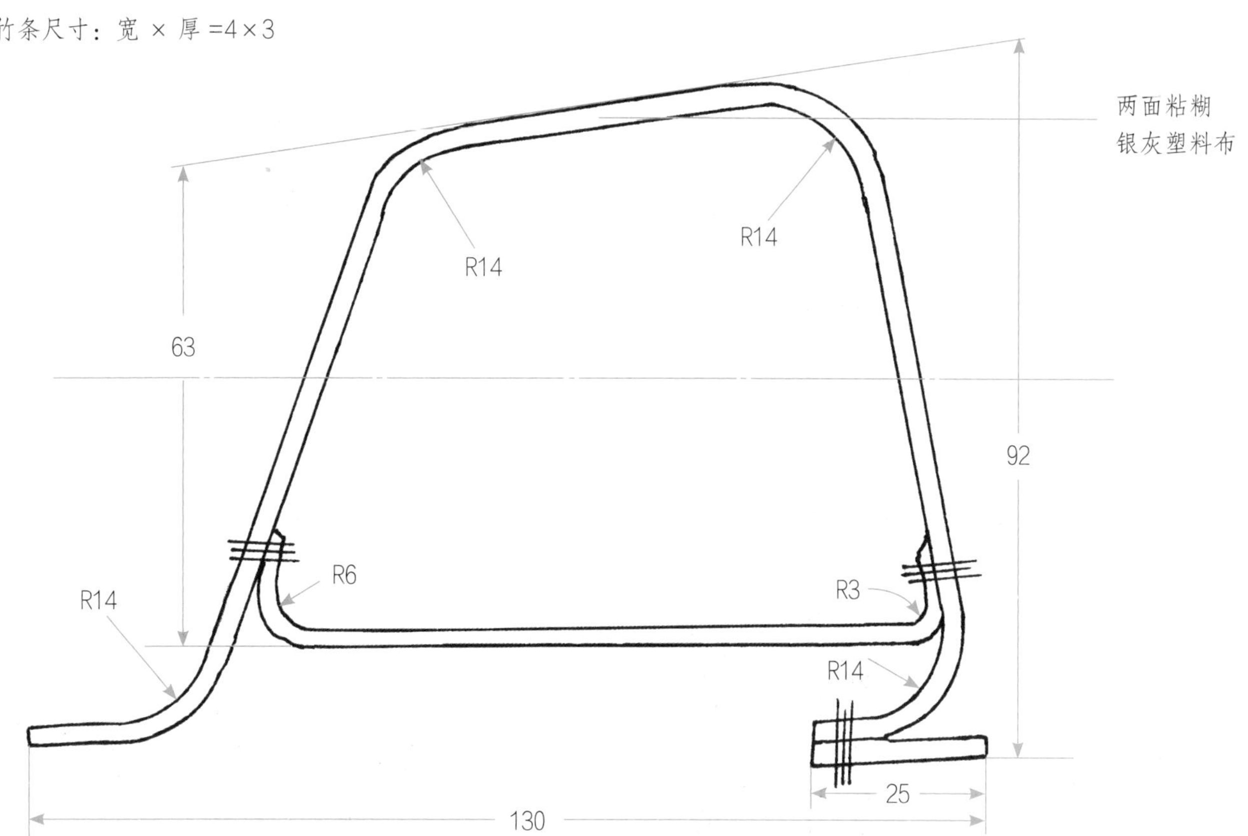

图 5-27 两翼骨架图

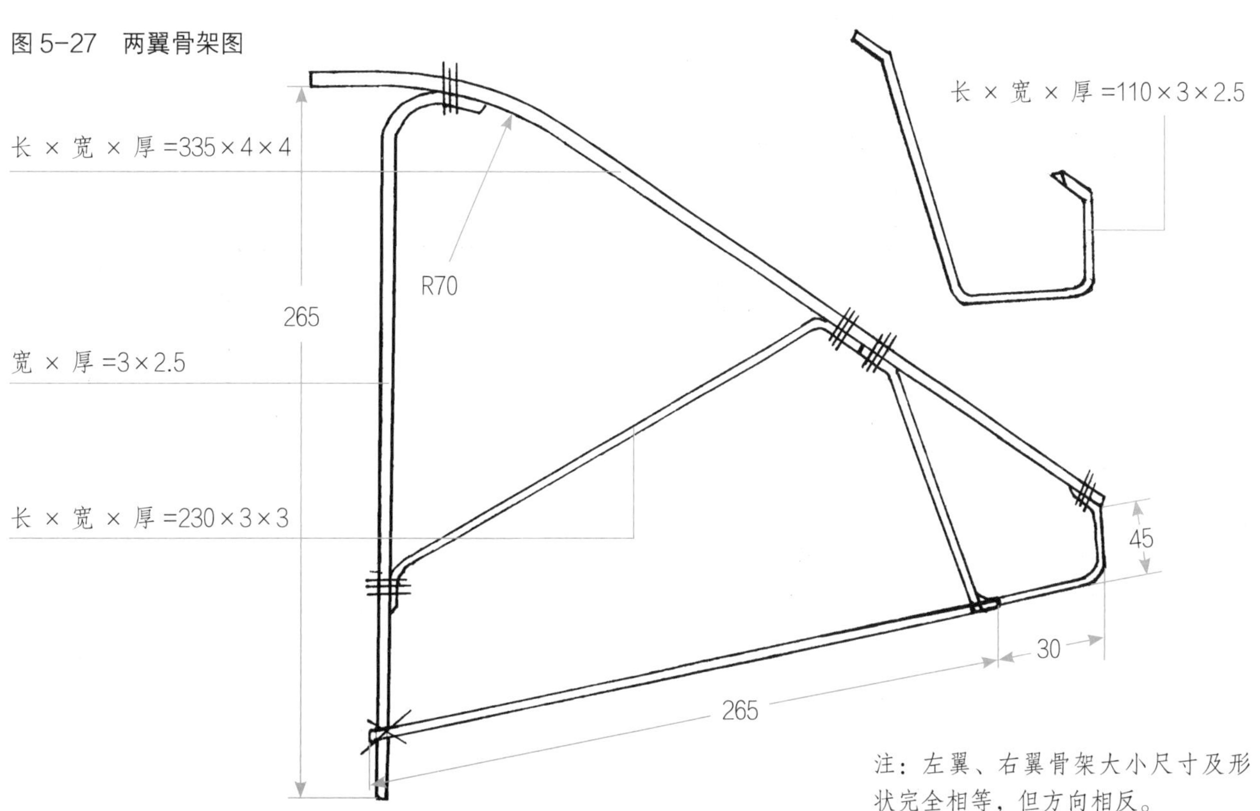

注：左翼、右翼骨架大小尺寸及形状完全相等，但方向相反。

图 5-28 无人驾驶飞机风筝总装配图

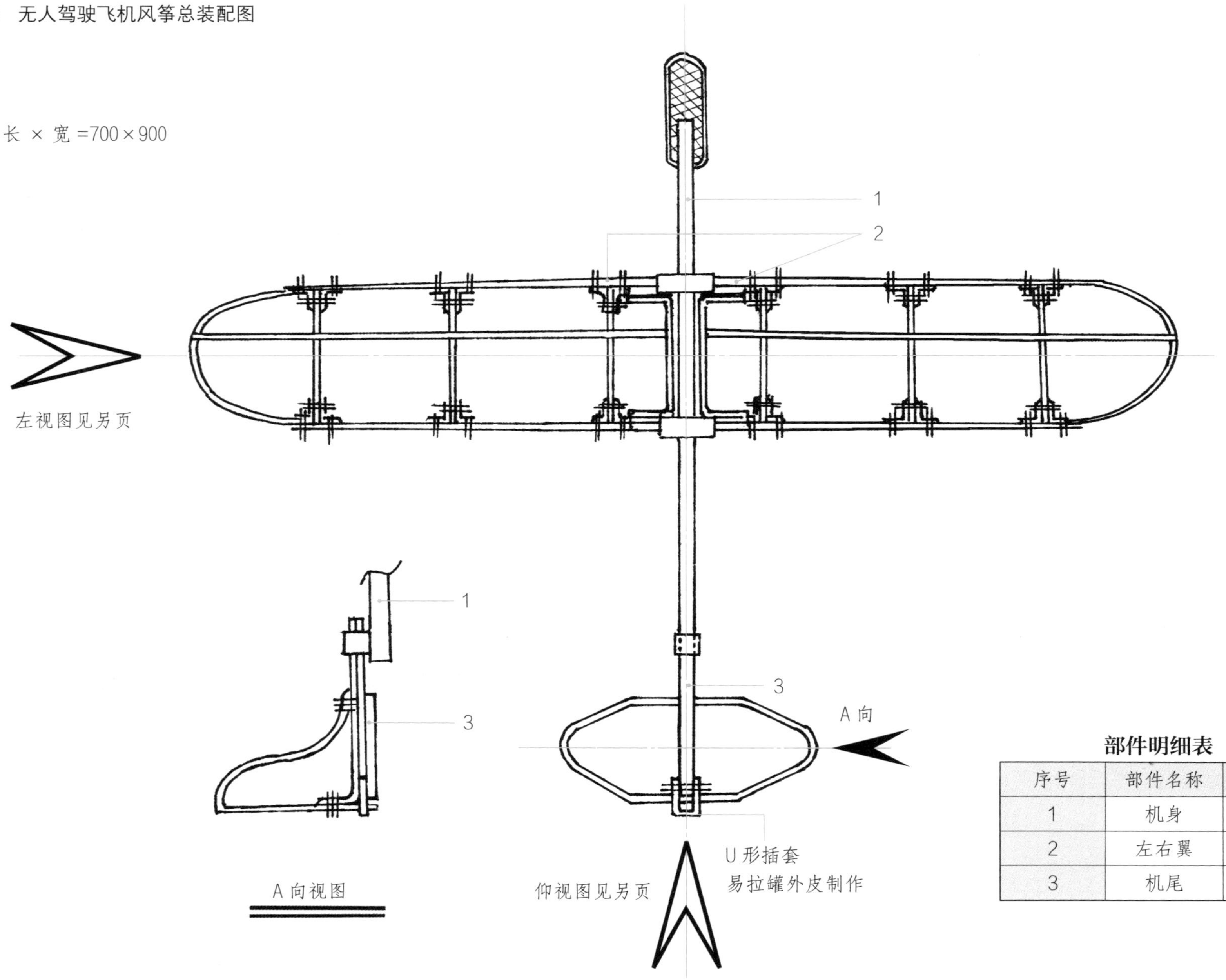

长 × 宽 =700×900

1
2
左视图见另页
1
3
A 向
A 向视图
仰视图见另页
U 形插套
易拉罐外皮制作

部件明细表

序号	部件名称	件数
1	机身	1
2	左右翼	2
3	机尾	1

图 5-29 无人驾驶机尾舵

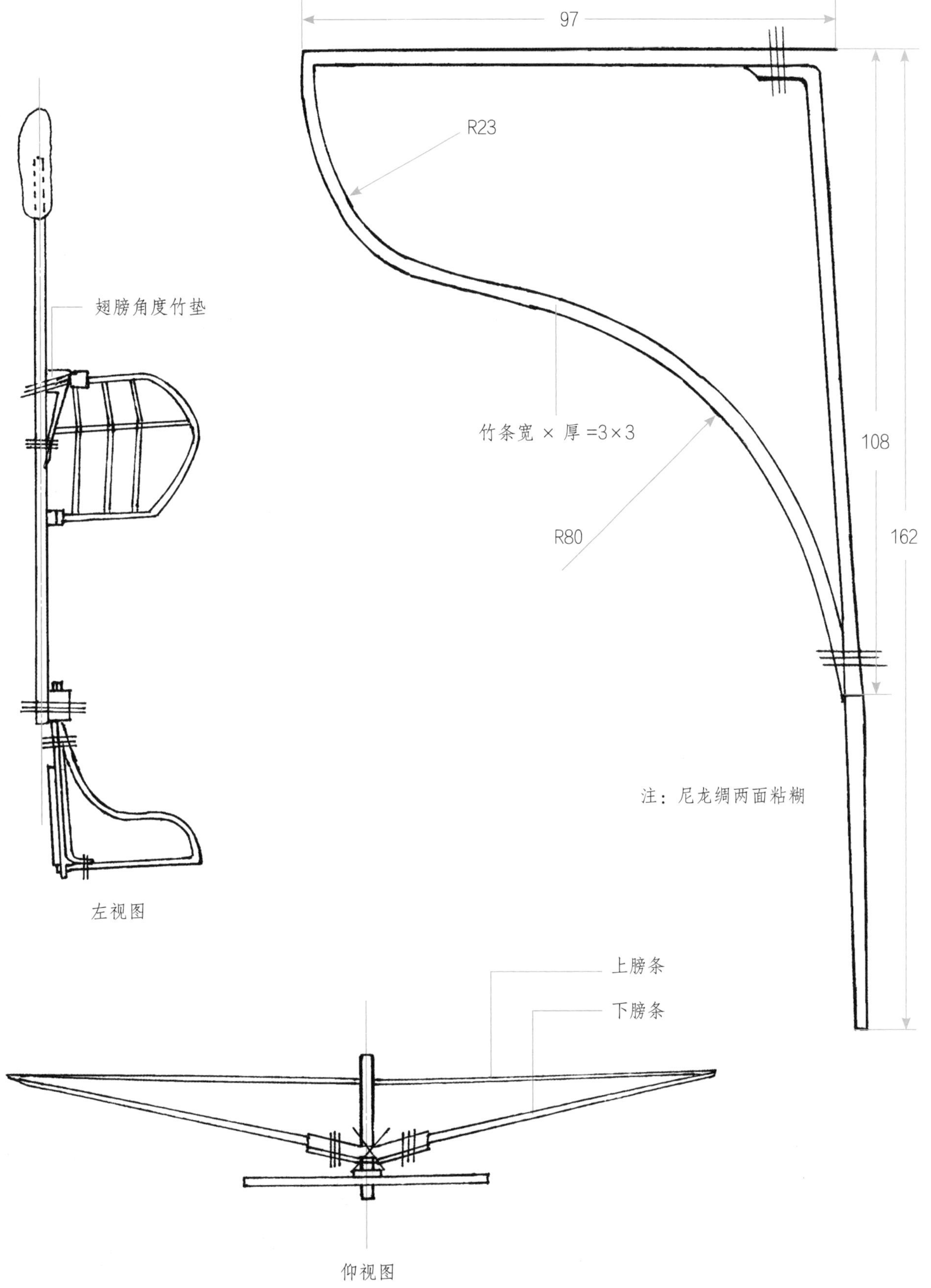

图 5-30 无人驾驶机机尾组件

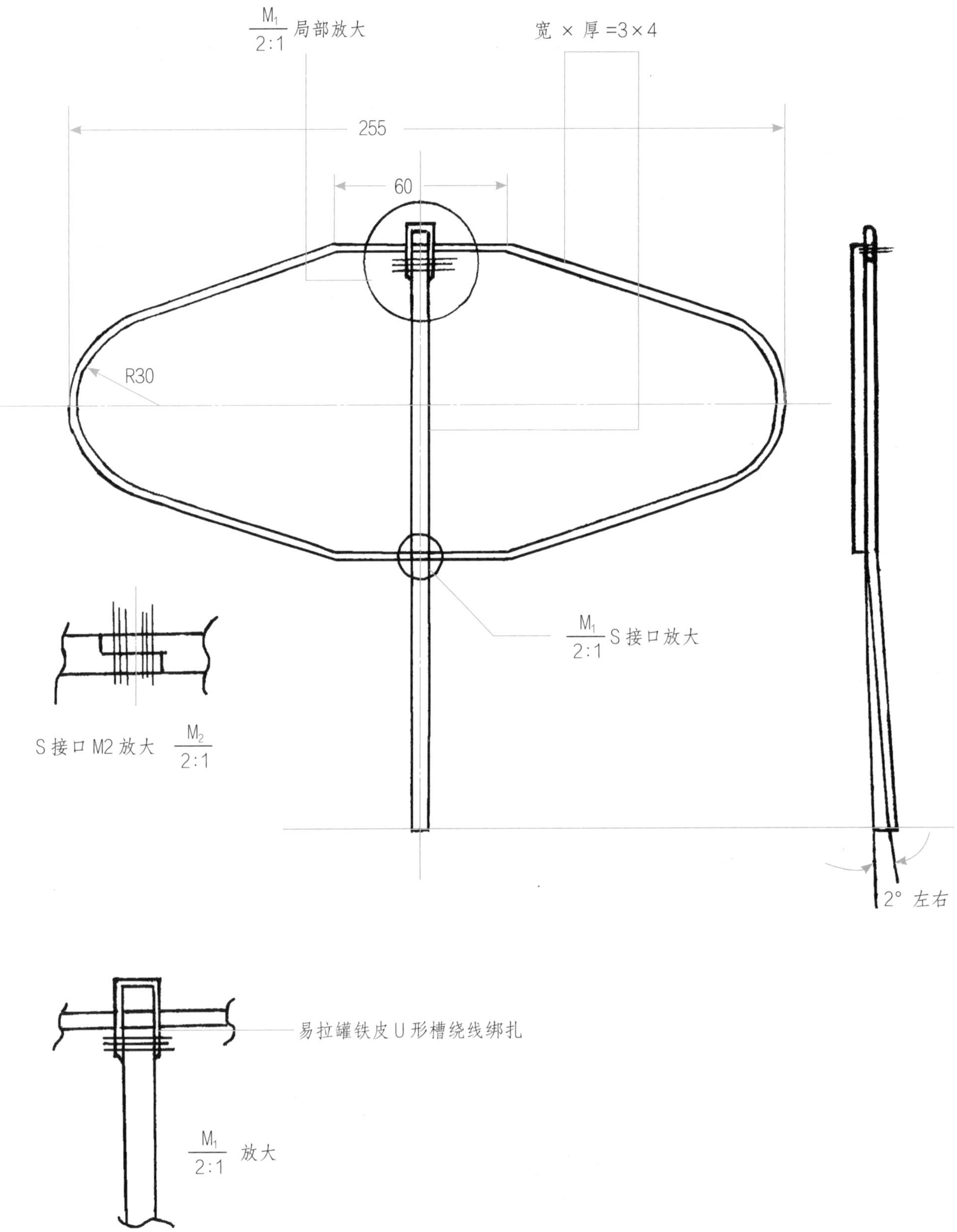

M1 / 2:1 局部放大
宽 × 厚 =3×4
255
60
R30
M1 / 2:1 S 接口放大
S 接口 M2 放大 M2 / 2:1
2° 左右
易拉罐铁皮 U 形槽绕线绑扎
M1 / 2:1 放大

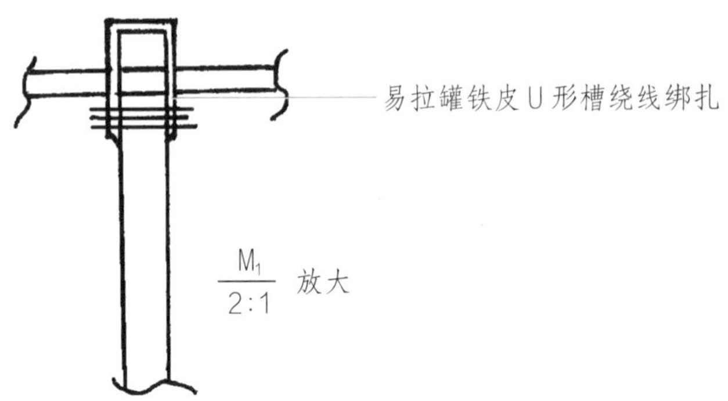

图 5-31 机翼俯视图

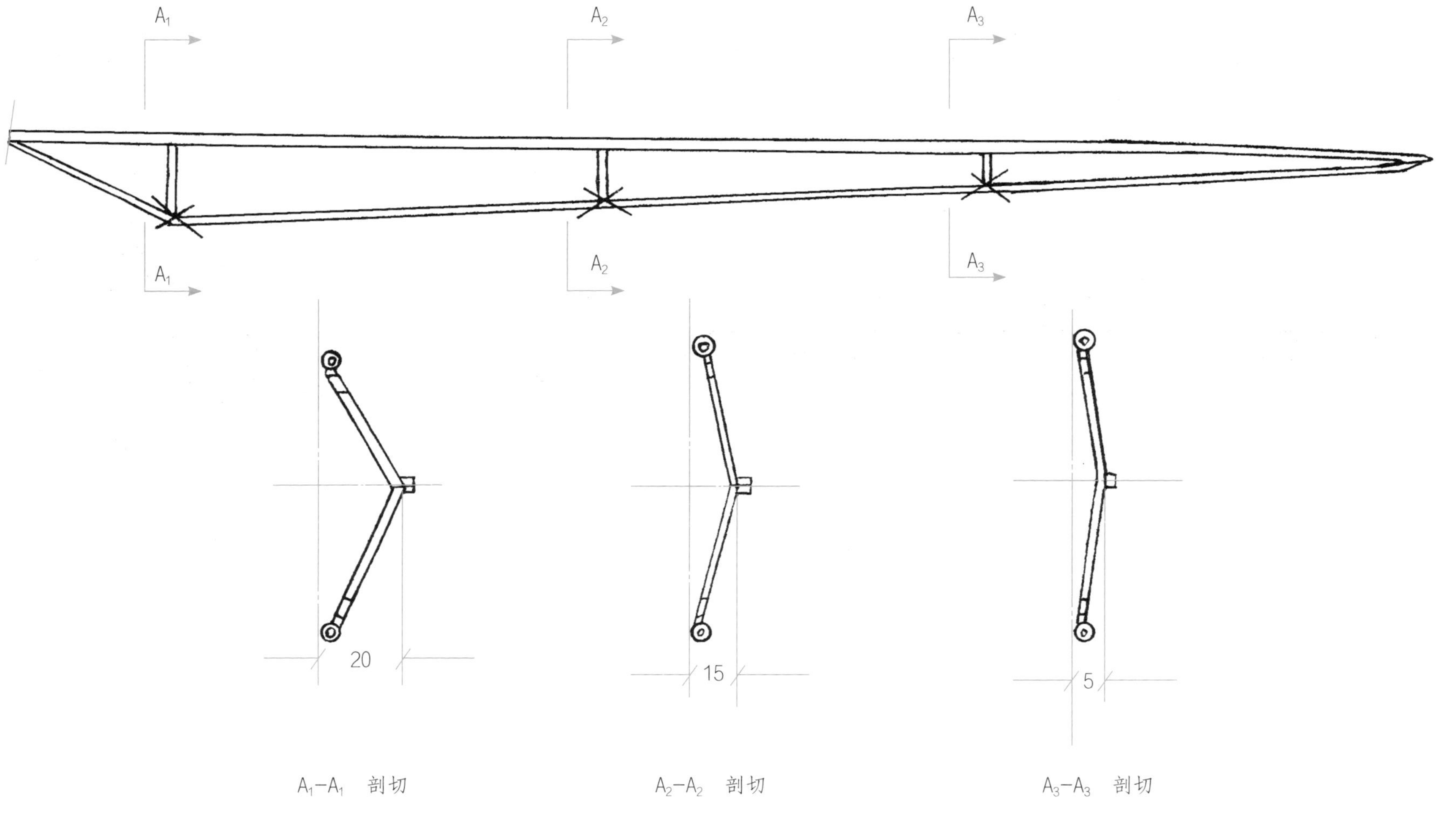

图 5-32 机身

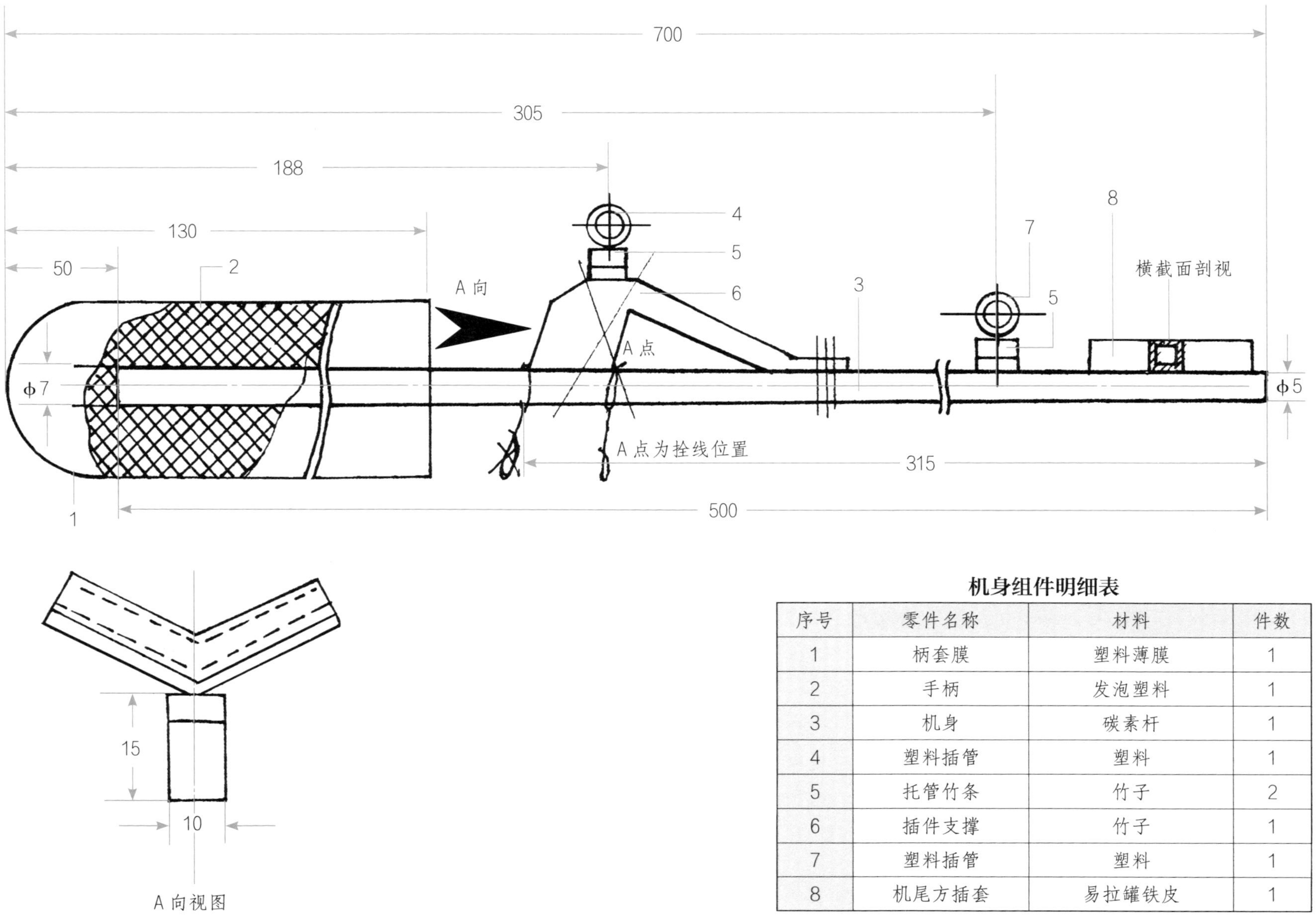

机身组件明细表

序号	零件名称	材料	件数
1	柄套膜	塑料薄膜	1
2	手柄	发泡塑料	1
3	机身	碳素杆	1
4	塑料插管	塑料	1
5	托管竹条	竹子	2
6	插件支撑	竹子	1
7	塑料插管	塑料	1
8	机尾方插套	易拉罐铁皮	1

图 5-33　机翼主视图

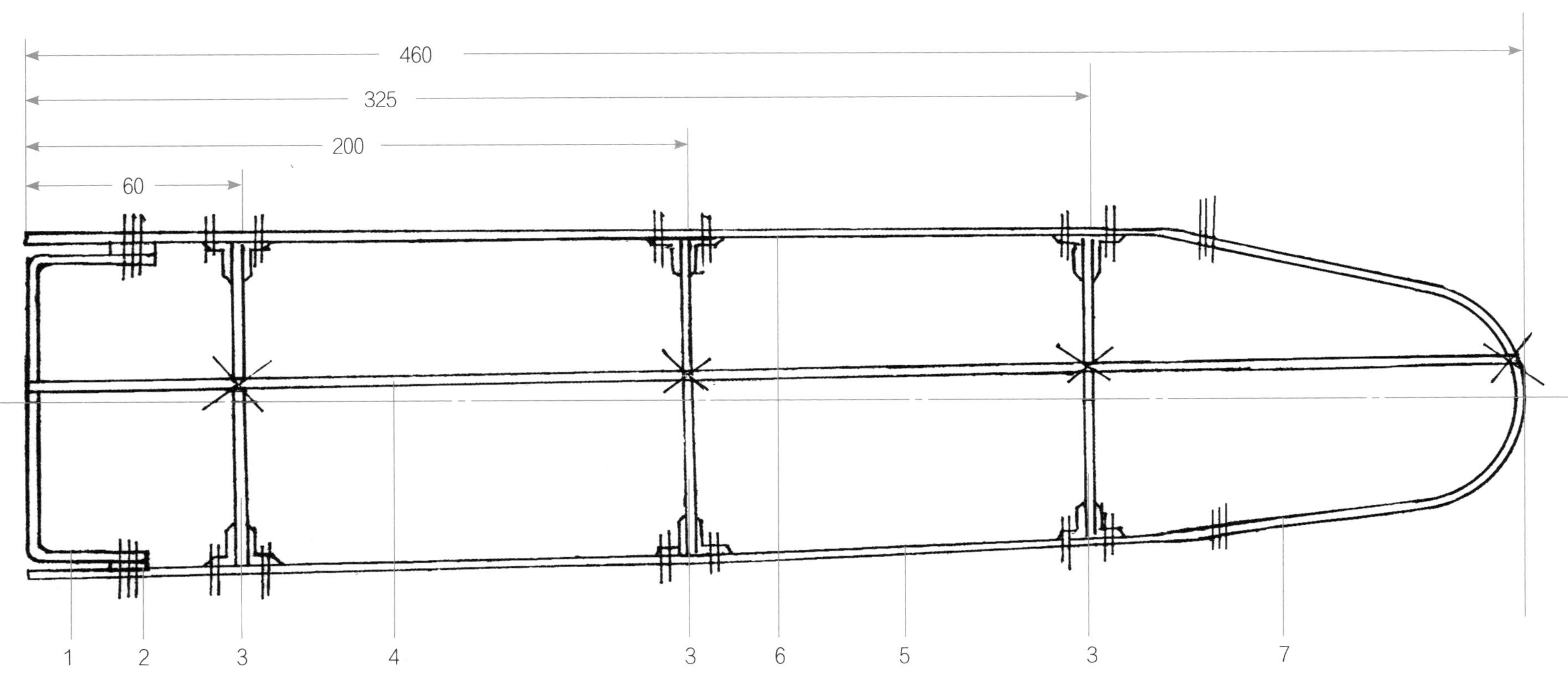

无人驾驶机两翼（左右）部件明细表

序号	零件名称	材料	数量
1	U形膋	竹子	2
2	衬垫条	竹子	2
3	膋条	竹子	6
4	中坚条	竹子	2
5	下膀条	碳素杆	2
6	上膀条	碳素杆	2
7	翼梢条	竹子	2

图 5-34　帆船风筝骨架总装

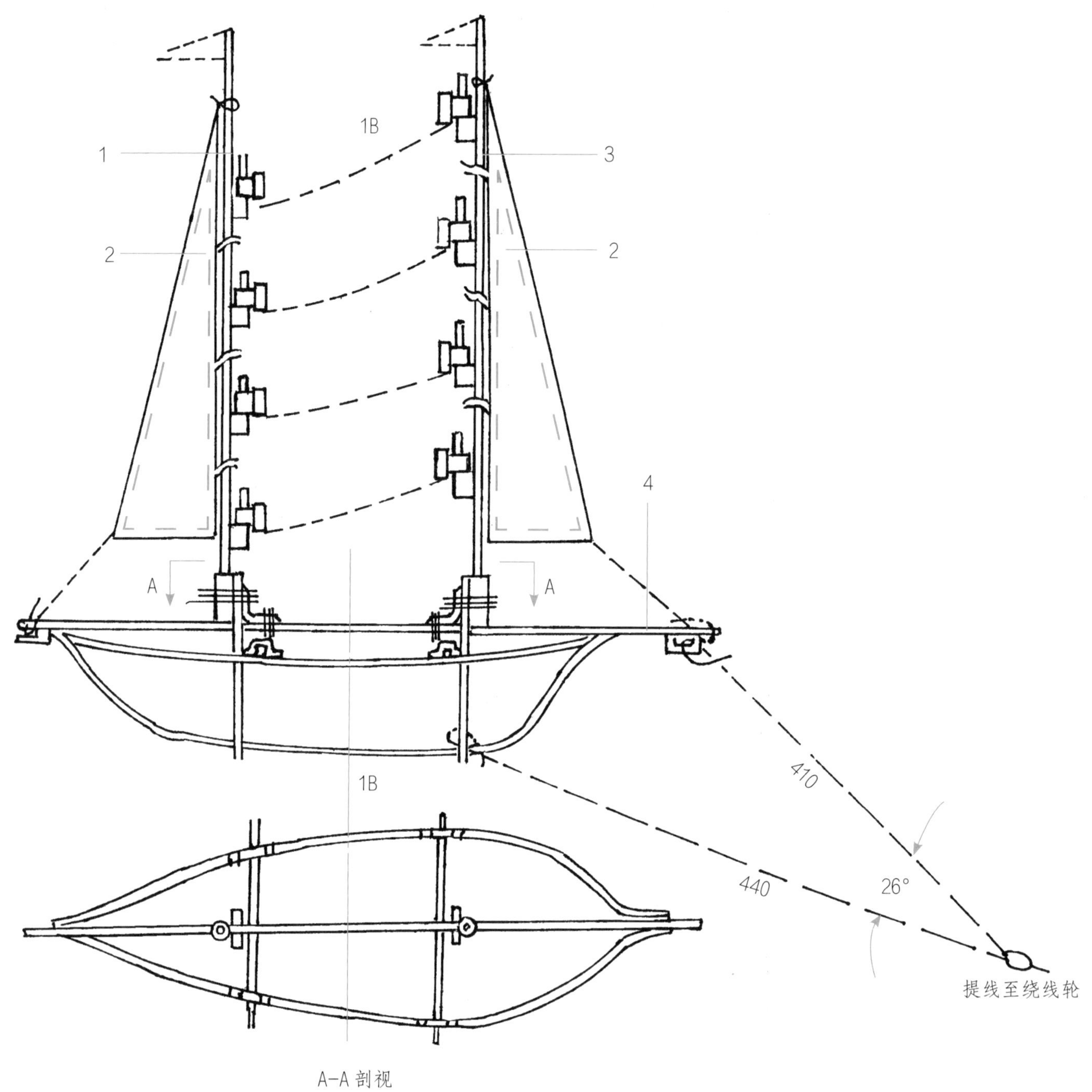

帆船风筝骨架部件明细表

序号	部件名称	材料
1	后桅杆部件	竹条
2	前后柔性软舵	1 毫米尼龙绳
3	前桅杆部件	竹条
4	船体	竹条

图 5-35　B-B 剖切左视图（前帆）

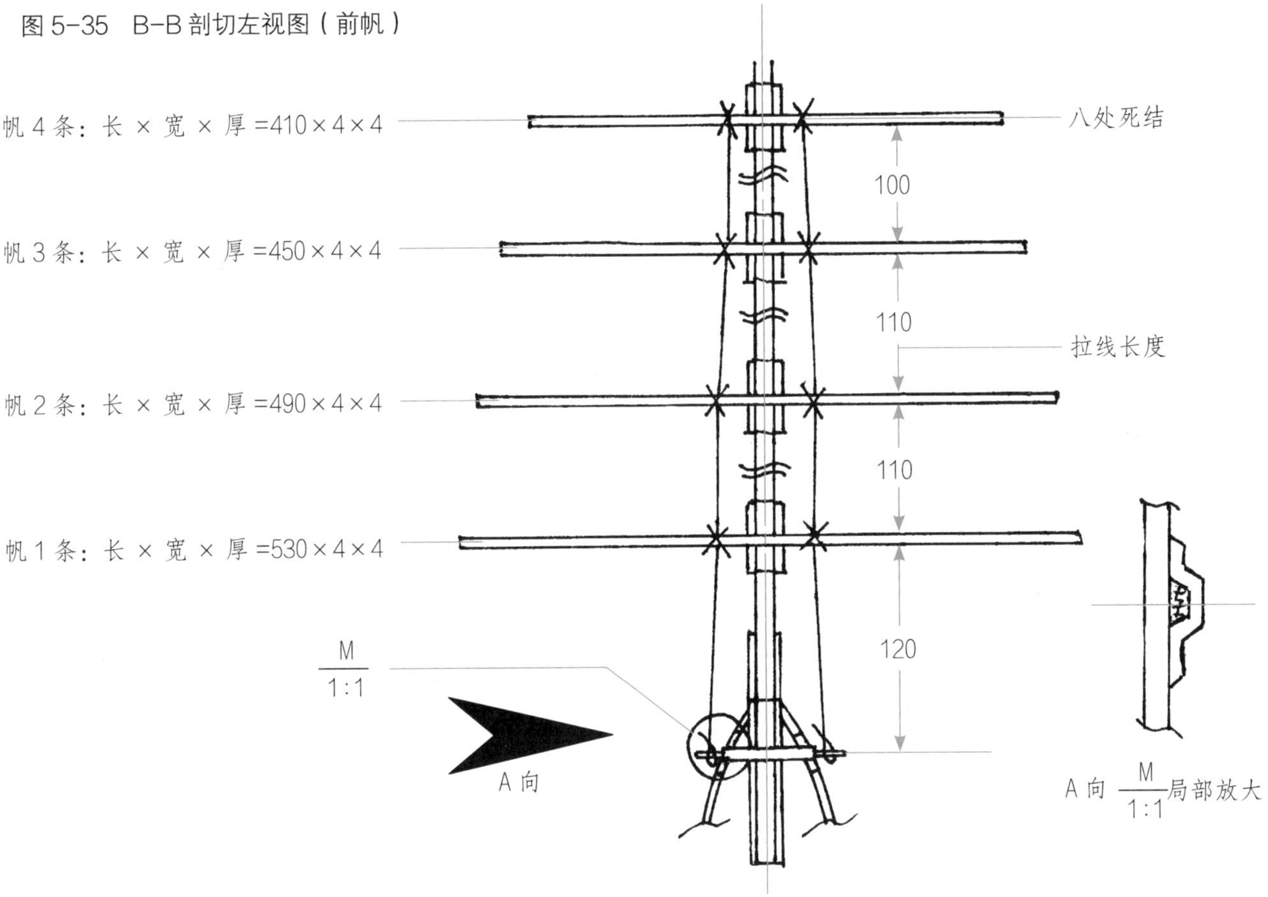

帆 4 条：长 × 宽 × 厚 =410×4×4
八处死结
100
帆 3 条：长 × 宽 × 厚 =450×4×4
110
拉线长度
帆 2 条：长 × 宽 × 厚 =490×4×4
110
帆 1 条：长 × 宽 × 厚 =530×4×4
120
M
1:1
A 向
A 向 M/1:1 局部放大

图 5-36　B-B 剖切右视图（后帆）

1 帆 8 条：长 × 宽 × 厚 =400×4×4
105
1 帆 7 条：长 × 宽 × 厚 =445×4×4
105
1 帆 6 条：长 × 宽 × 厚 =485×4×4
105
1 帆 5 条：长 × 宽 × 厚 =525×4×4
八处死结
套环

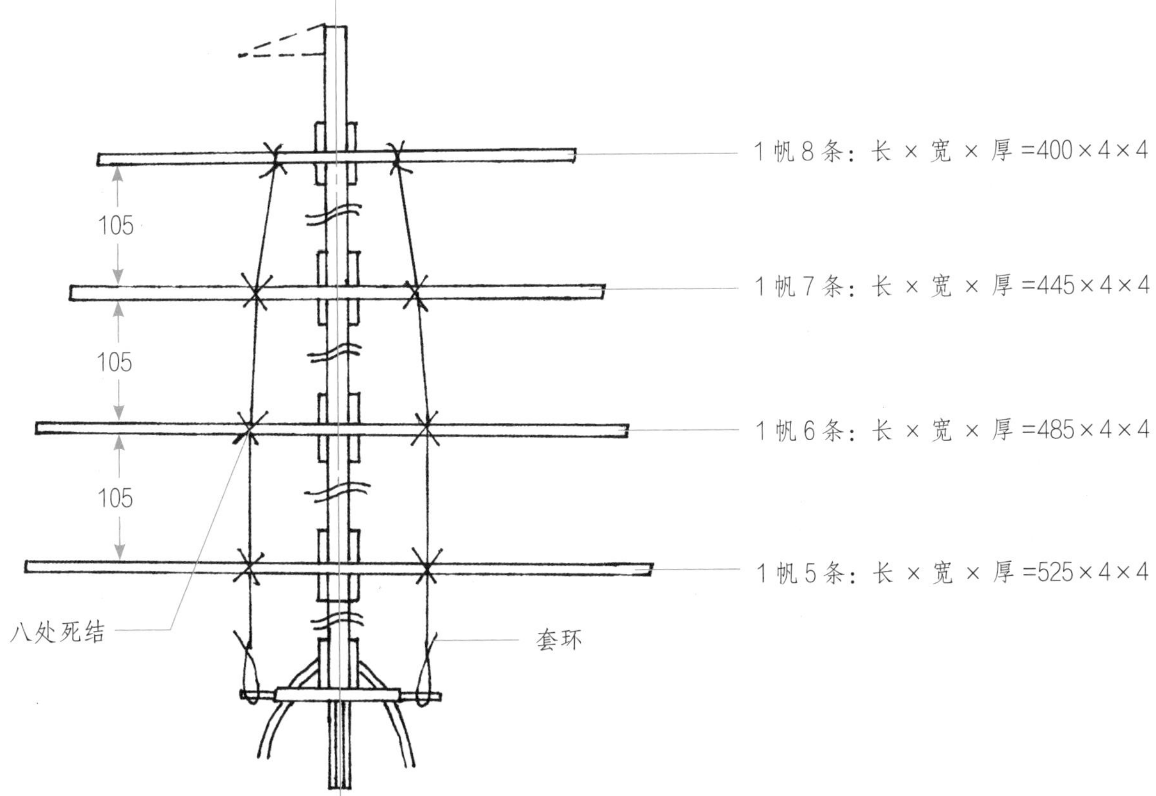

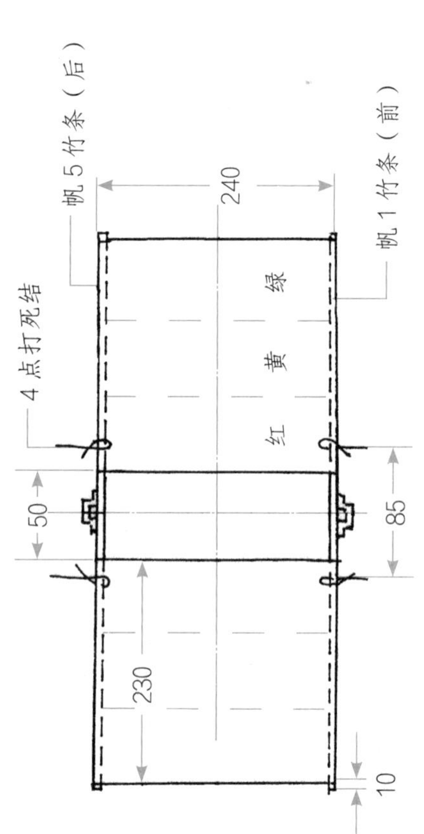

图 5-37 1号帆片图

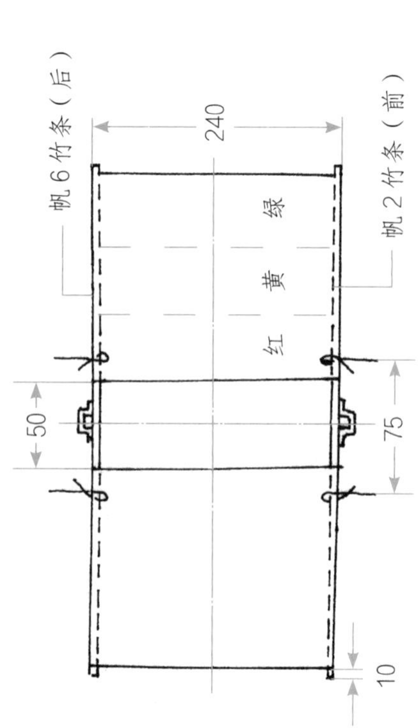

图 5-38 2号帆片图

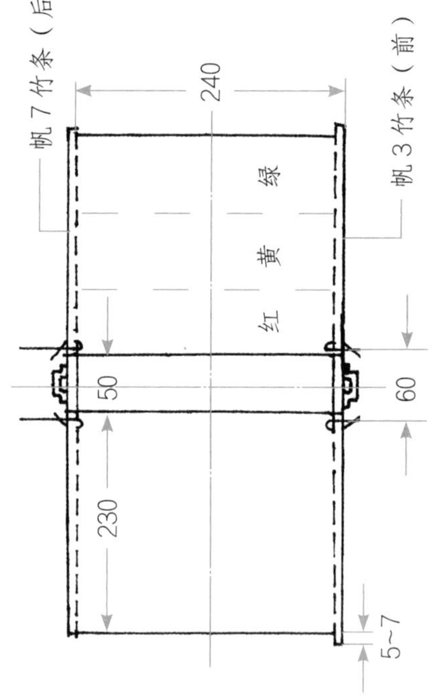

图 5-39 3号帆片图

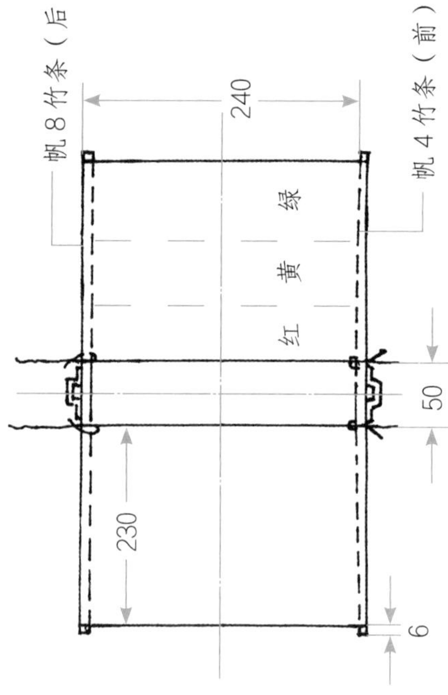

图 5-40 4号帆片图

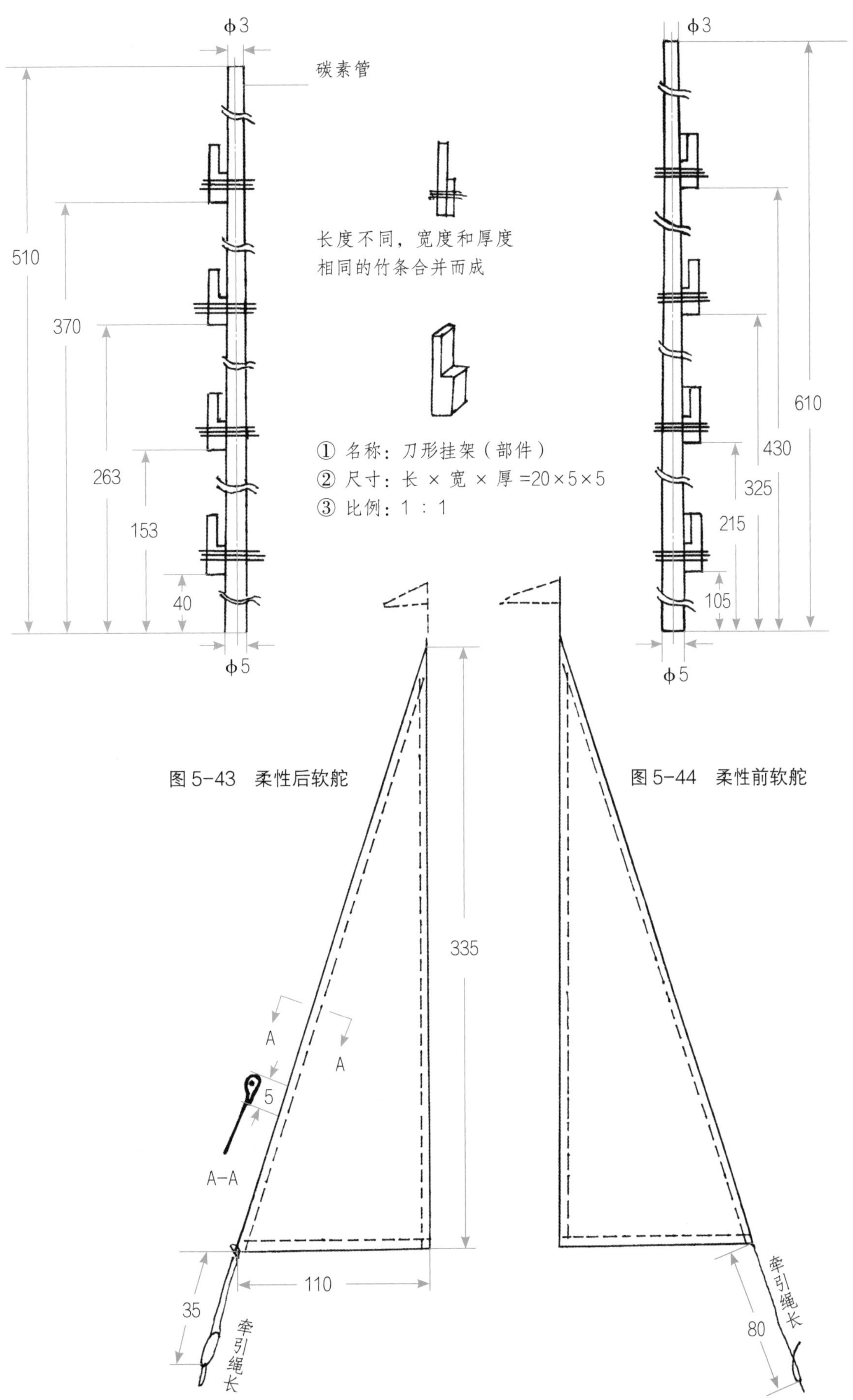

图 5–41　后桅杆组件图

图 5–42　前桅杆组件图

图 5–43　柔性后软舵

图 5–44　柔性前软舵

图 5-45 船体部件骨架

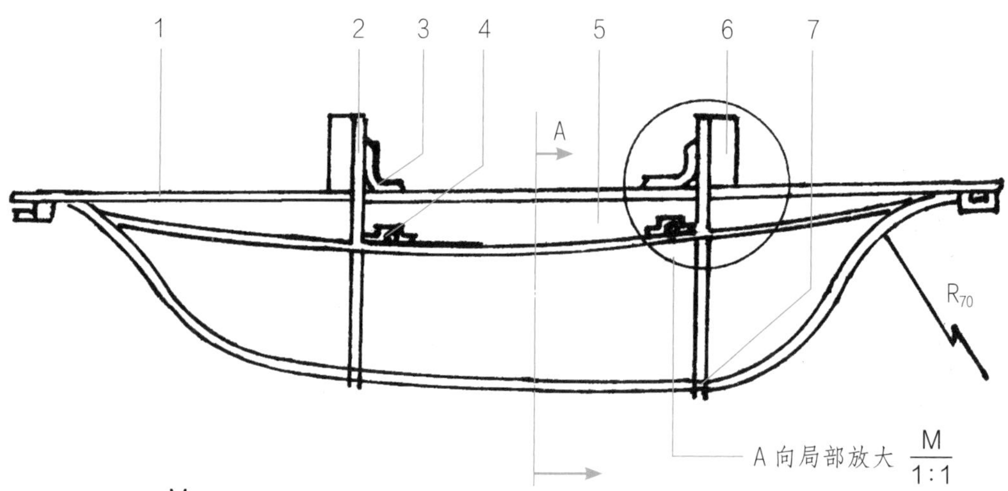

图 5-46 A-A $\frac{M}{1:1}$ 剖切视图

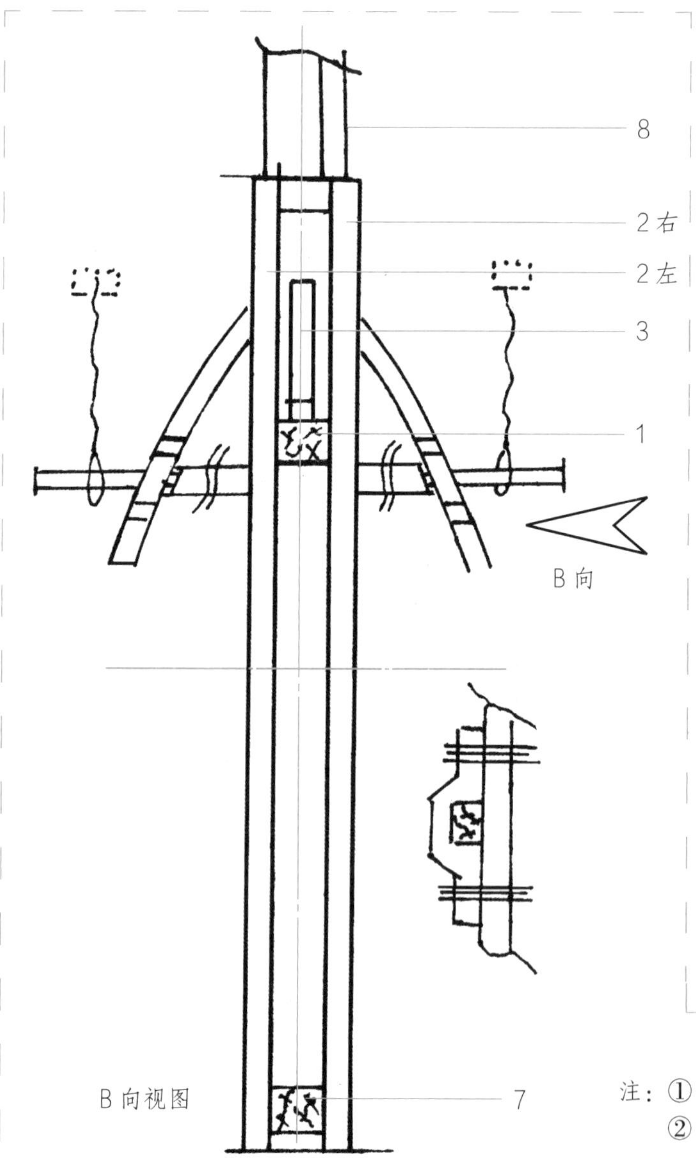

序号	零件名称	材料	件数
1	横中坚条	竹宽	1
2	桅杆固定条	竹	4
3	直角加固条	竹	2
4	横向支撑	竹	2
5	船左右帮	竹	2
6	摇管	易拉罐外皮	2
7	船底条		1
8	前桅杆		1

注：① A 向投影后逆时针方向旋转 90° 视图

② 2 左 2 右两竹条夹裹 1 条和 7 条后捆绑在一起

图 5-47　船底竹条

左右船帮：长 × 宽 × 厚 =480×4×4

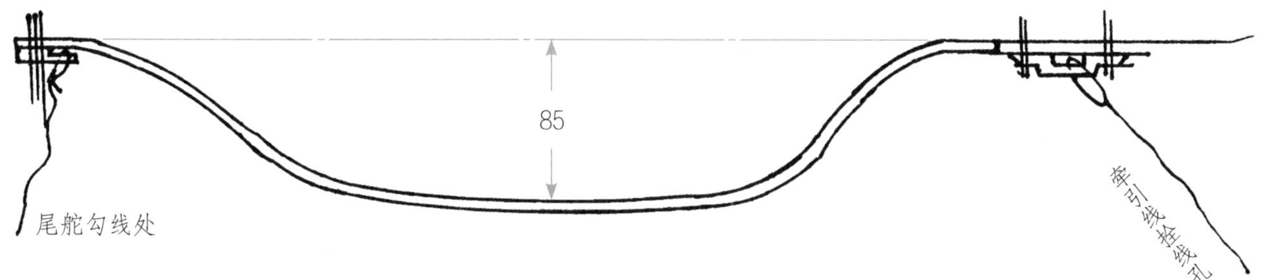

尺寸：长 × 宽 × 厚 =570×4×4　　$R_1=R_2=R_3=110$

图 5-48　左右船帮

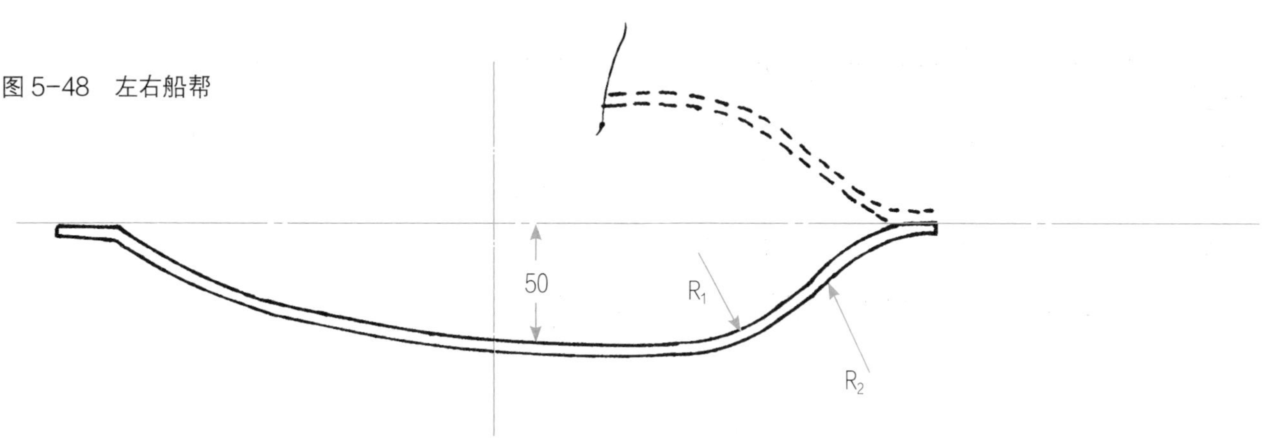

尺寸：长 × 宽 × 厚 =485×4×4　　$R_1=R_2=125$

第三节 鸟类风筝

很多风筝都是仿照飞鸟的形象扎制的，如白鹤风筝、大雁风筝、小燕风筝、猫头鹰风筝，等等。

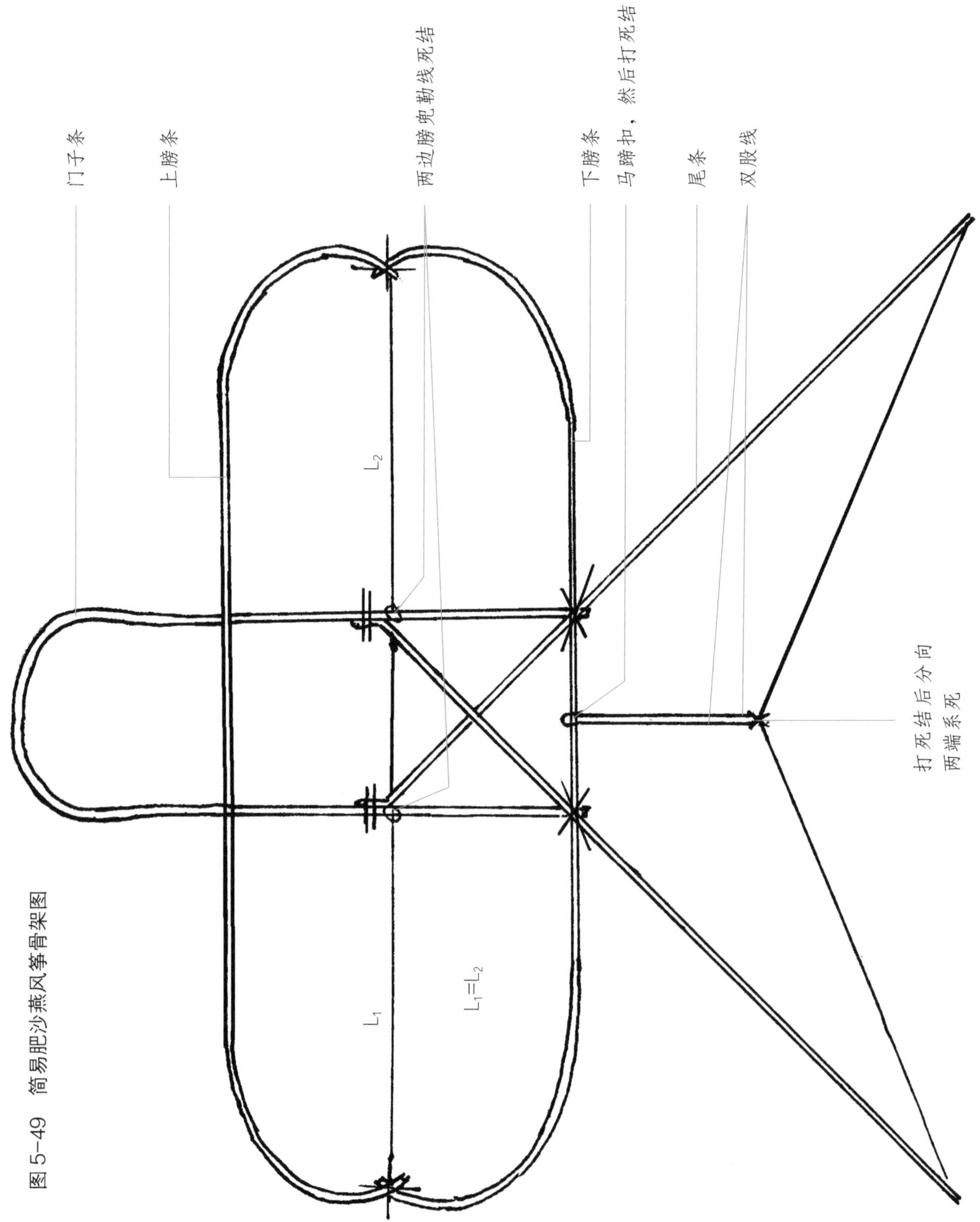

图 5-49 简易肥沙燕风筝骨架图

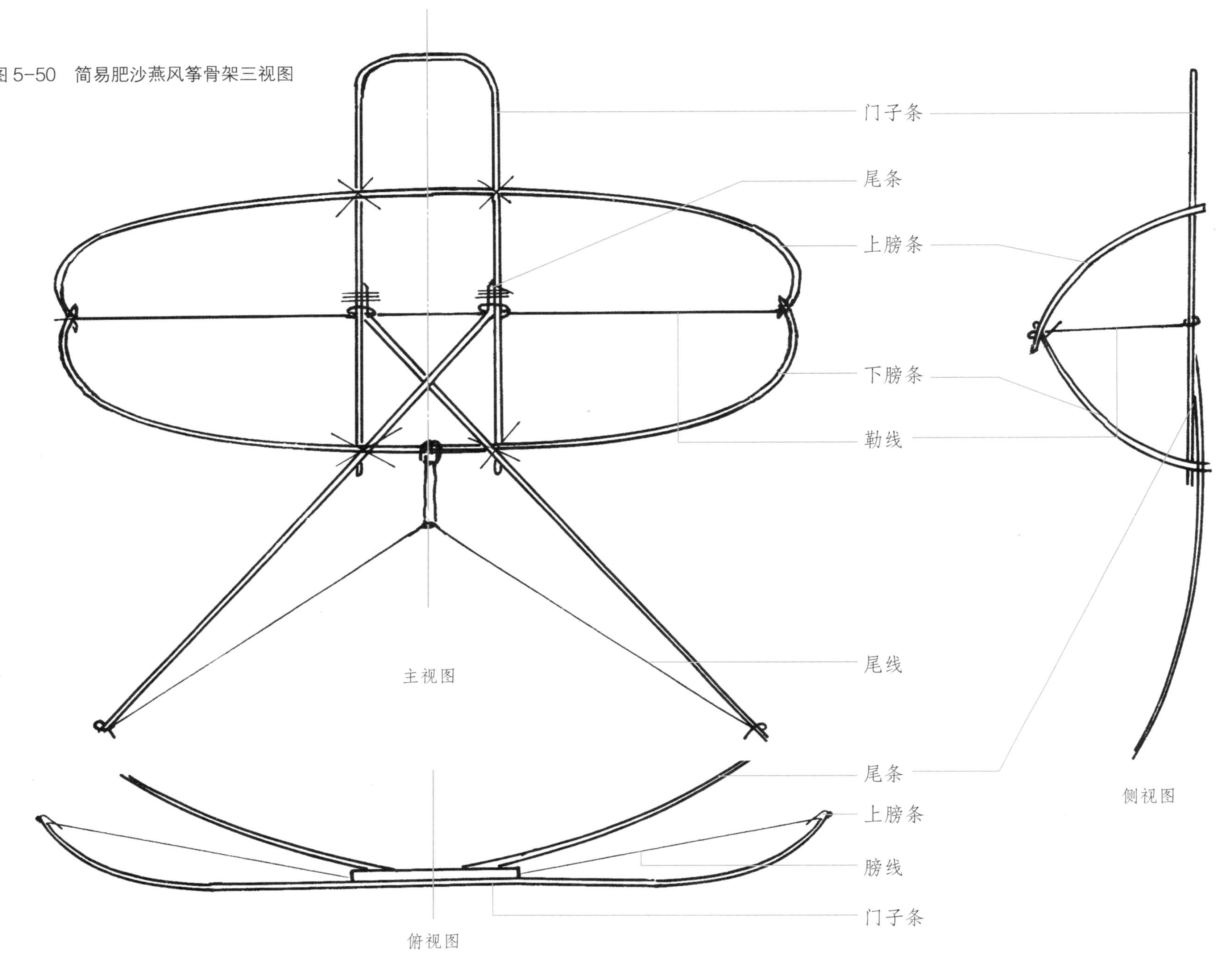

图 5-50　简易肥沙燕风筝骨架三视图

图 5-51 肥沙燕风筝骨架两视图

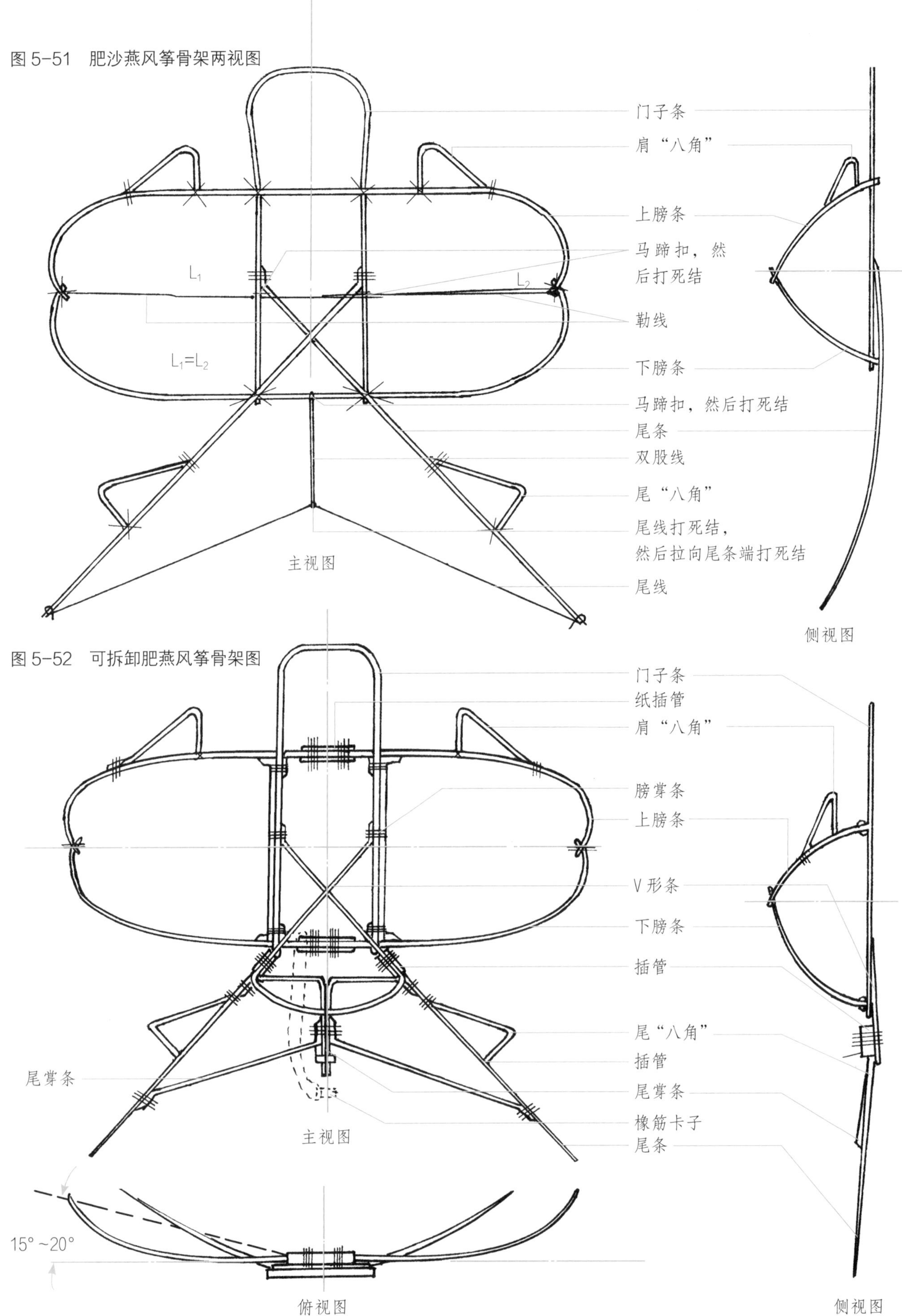

图 5-52 可拆卸肥燕风筝骨架图

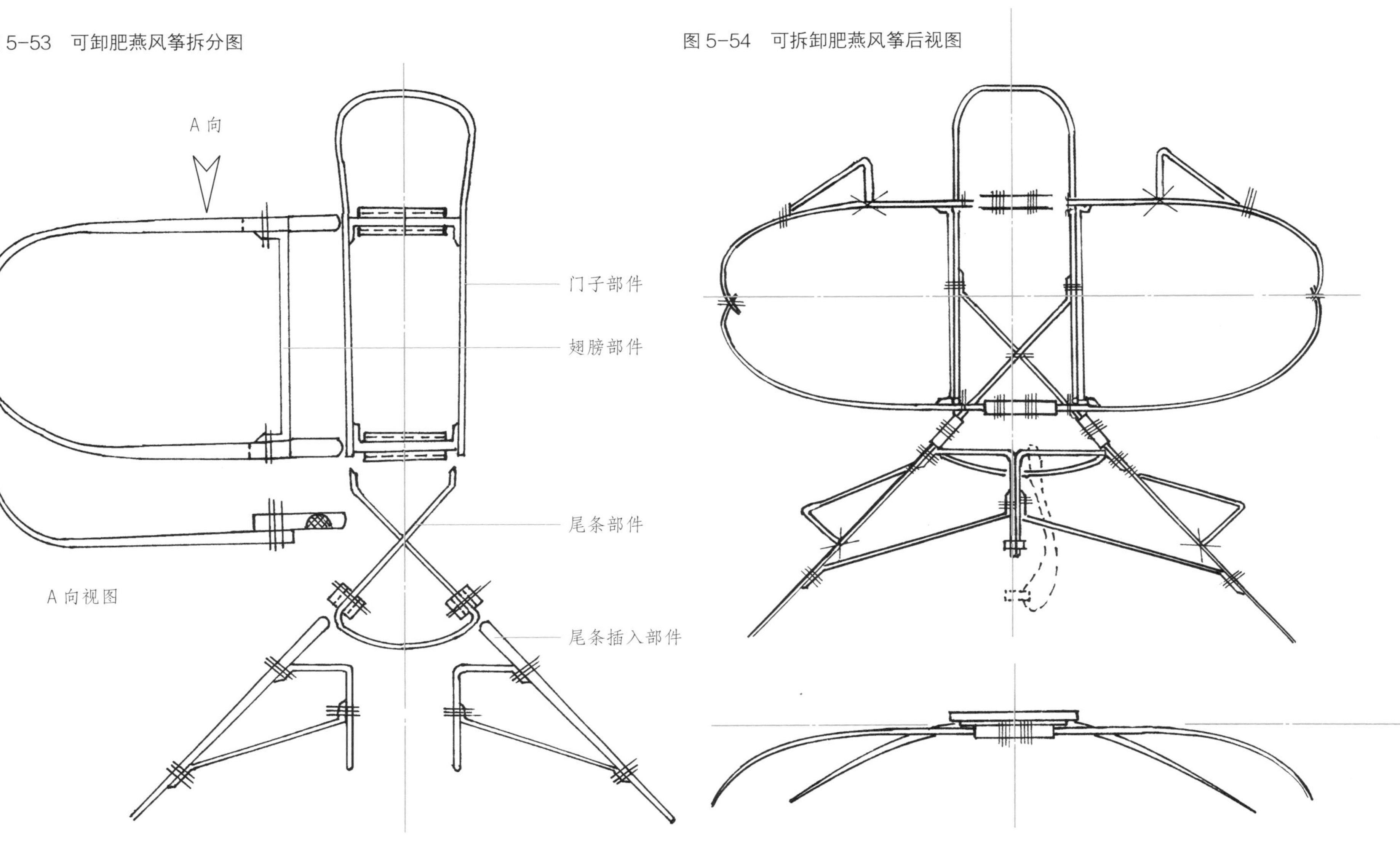

图 5-53　可卸肥燕风筝拆分图

图 5-54　可拆卸肥燕风筝后视图

注：

1. 上下膀条厚度与门子厚度相等，翅膀插入后两者在同一面
2. 连接棒为半圆形，平面便于与膀条扎结牢固

图 5-55　沙燕风筝外形图之一

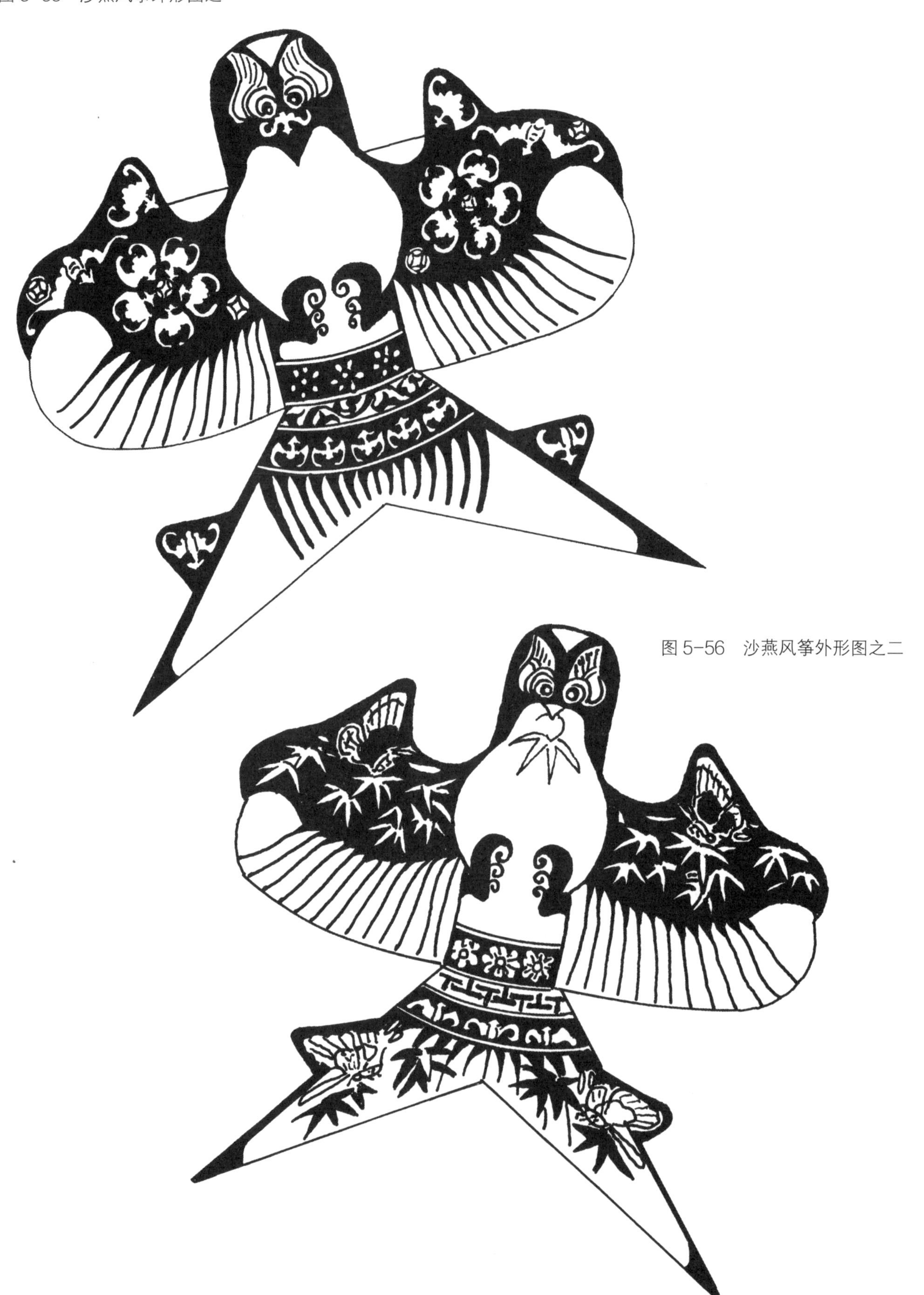

图 5-56　沙燕风筝外形图之二

图 5-57　沙燕风筝外形图之三

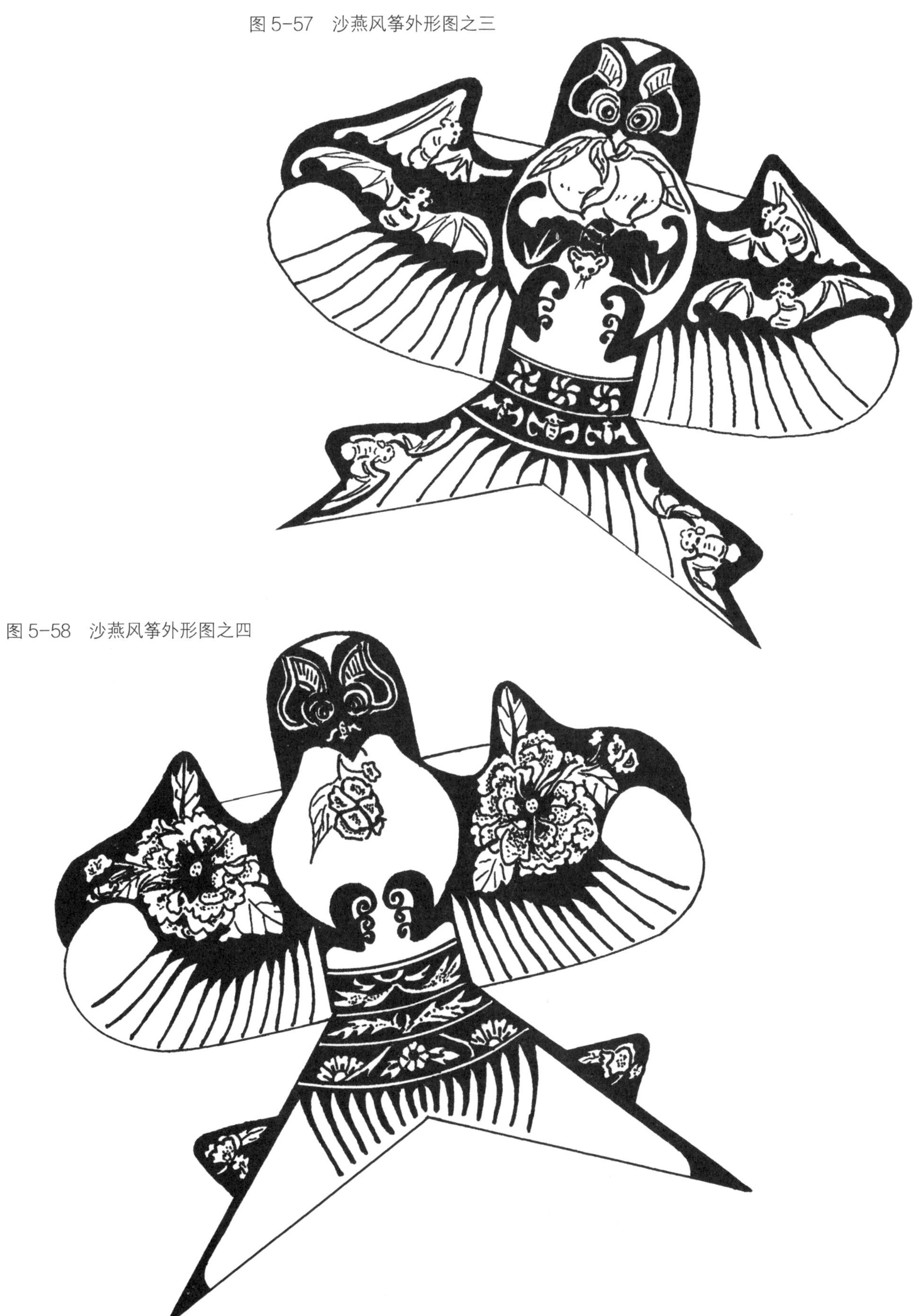

图 5-58　沙燕风筝外形图之四

图 5-59 沙燕风筝外形图之五

图 5-60 沙燕风筝外形图之六

图 5-61 沙燕风筝外形图之七

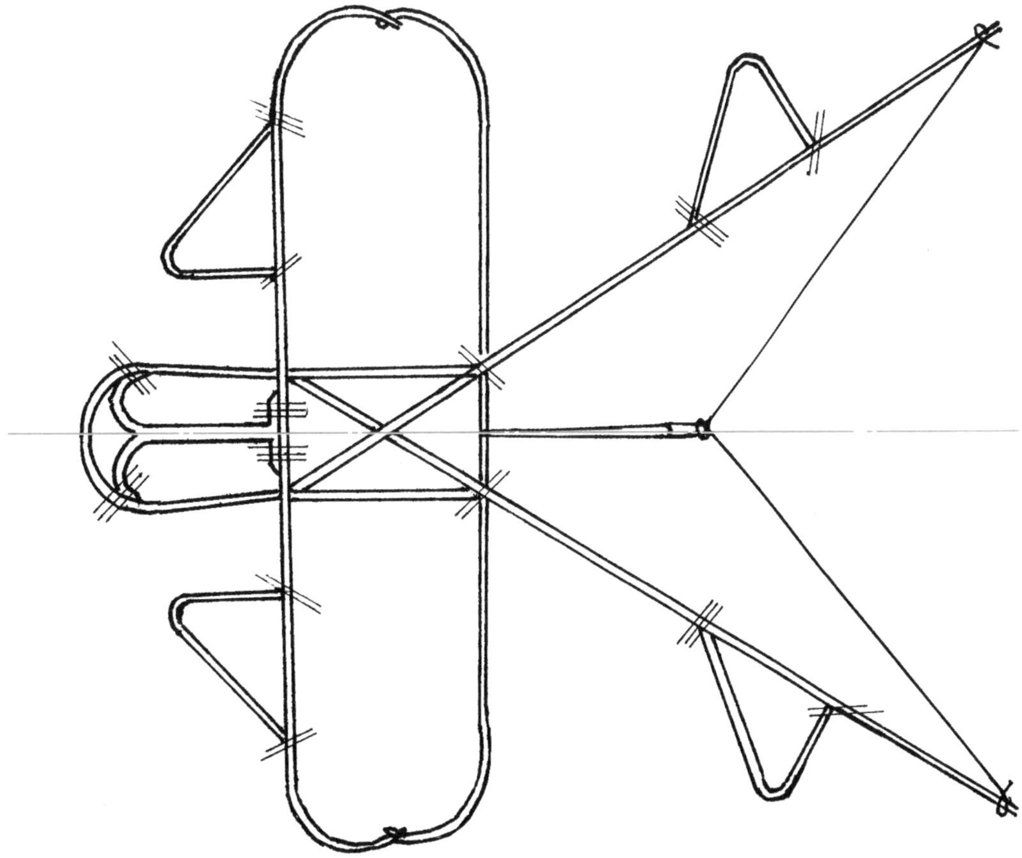

图 5-62　一般瘦燕风筝骨架图

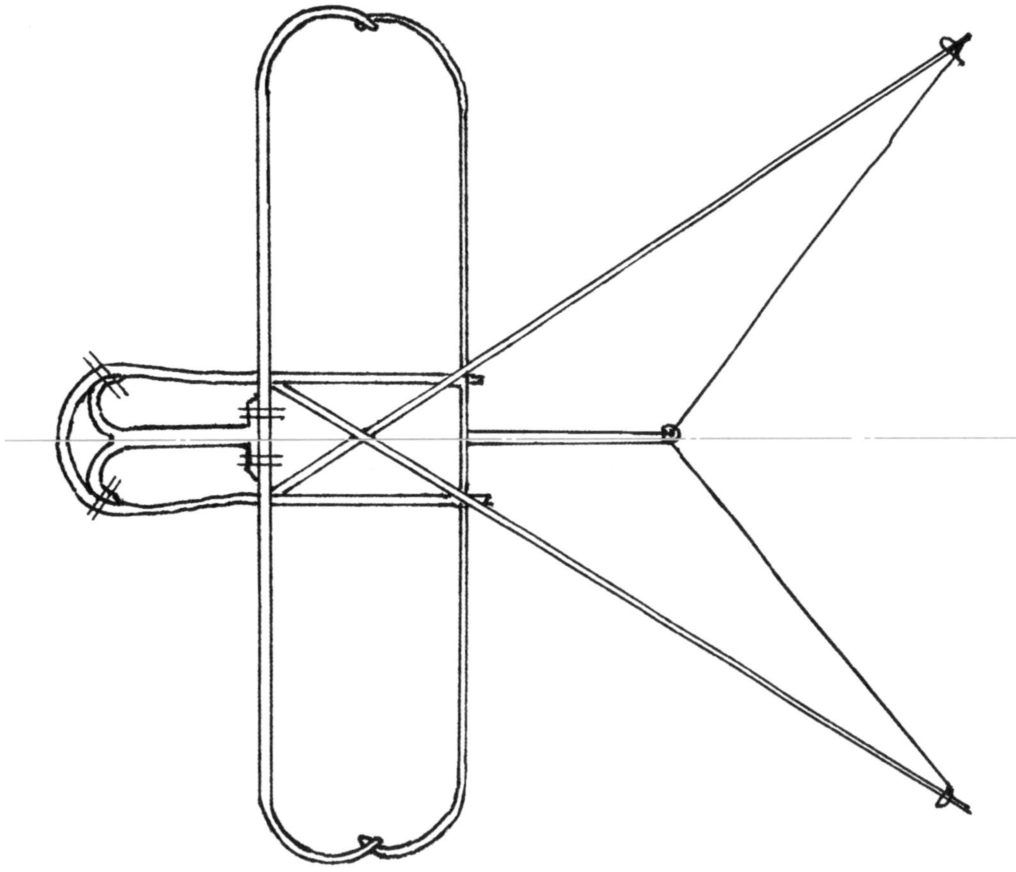

图 5-63　简易瘦燕风筝骨架图

图 5-64　不可拆瘦燕风筝骨架图

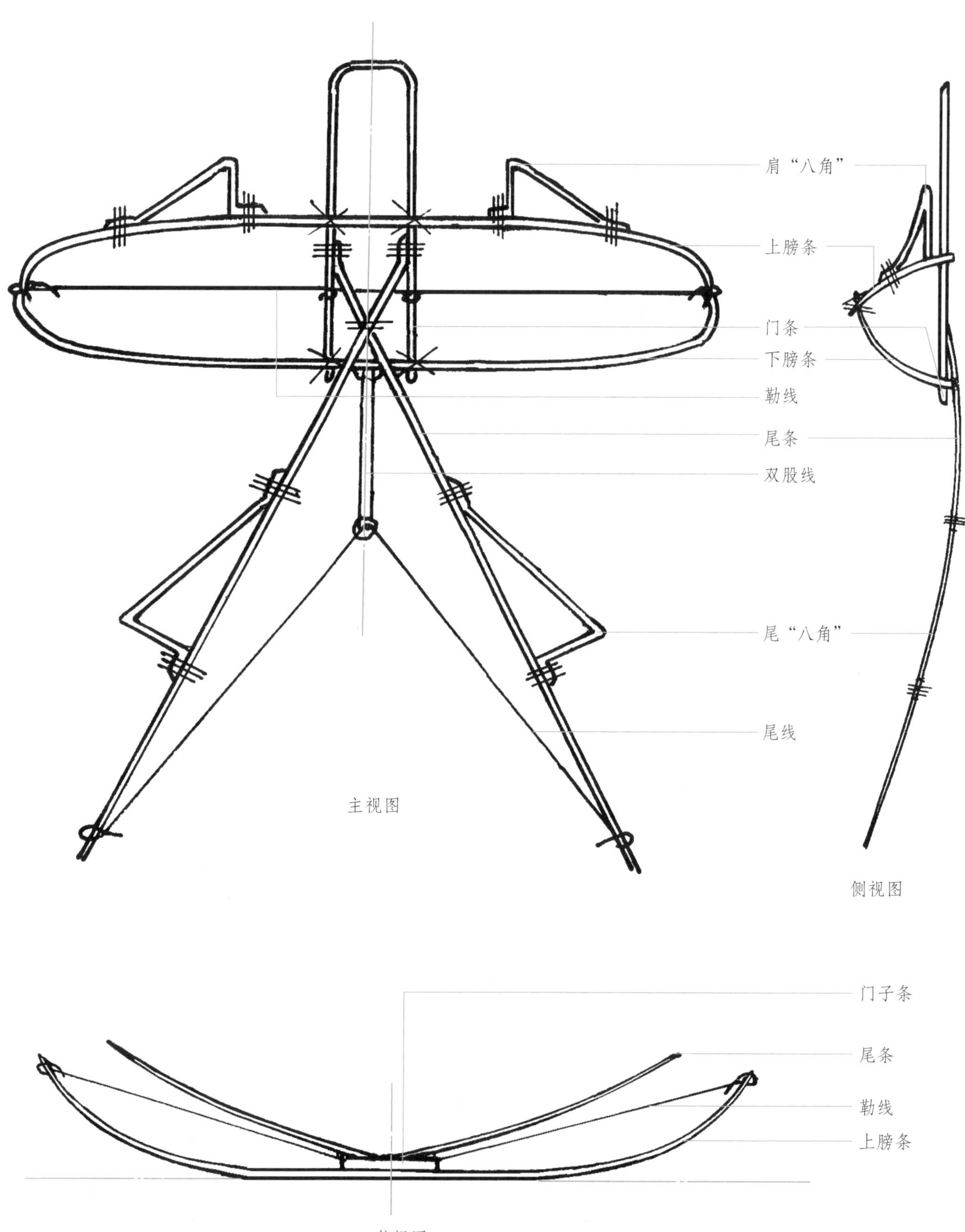

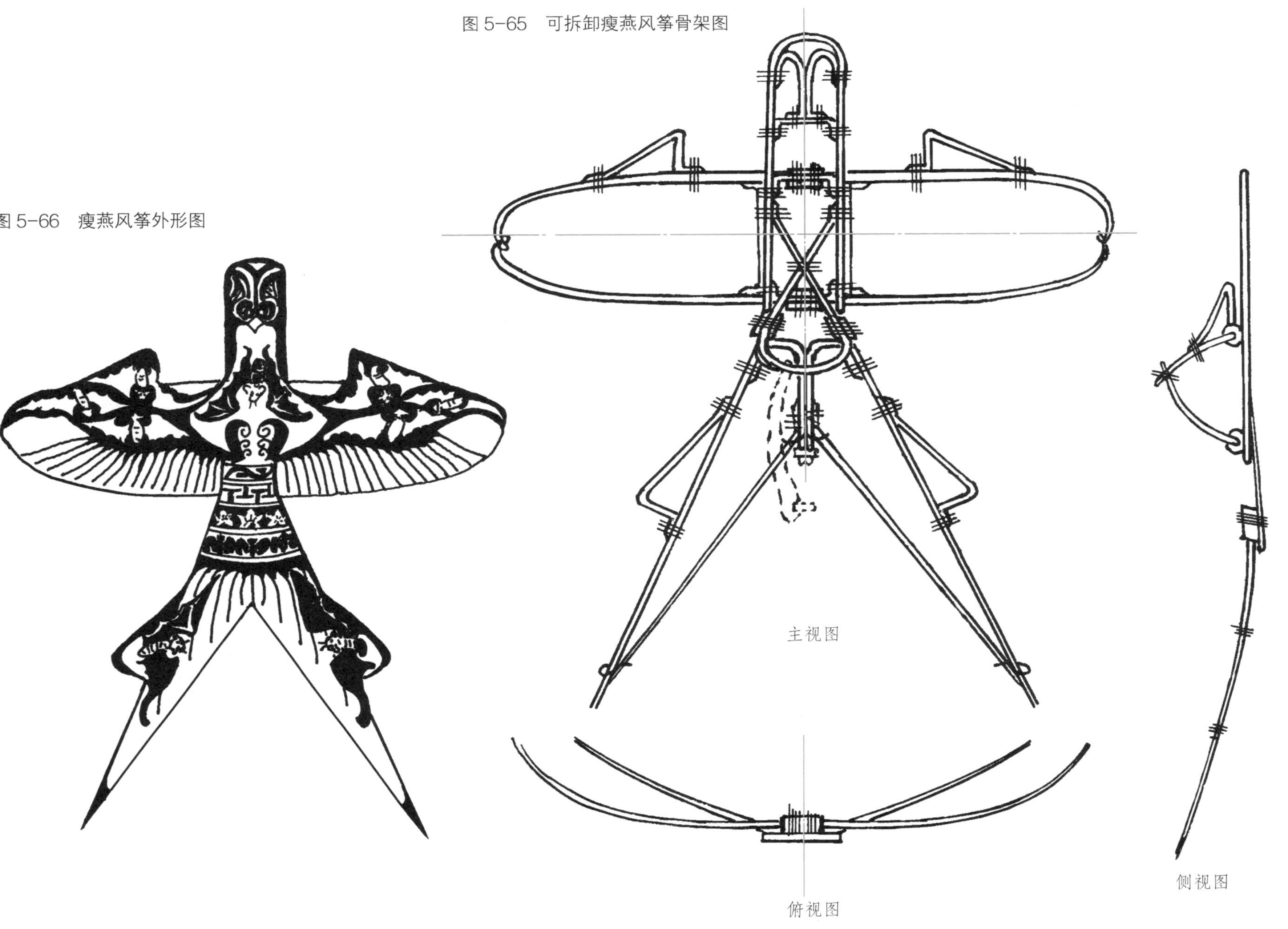

图 5-65　可拆卸瘦燕风筝骨架图

图 5-66　瘦燕风筝外形图

图 5-67 比翼燕风筝骨架三视图

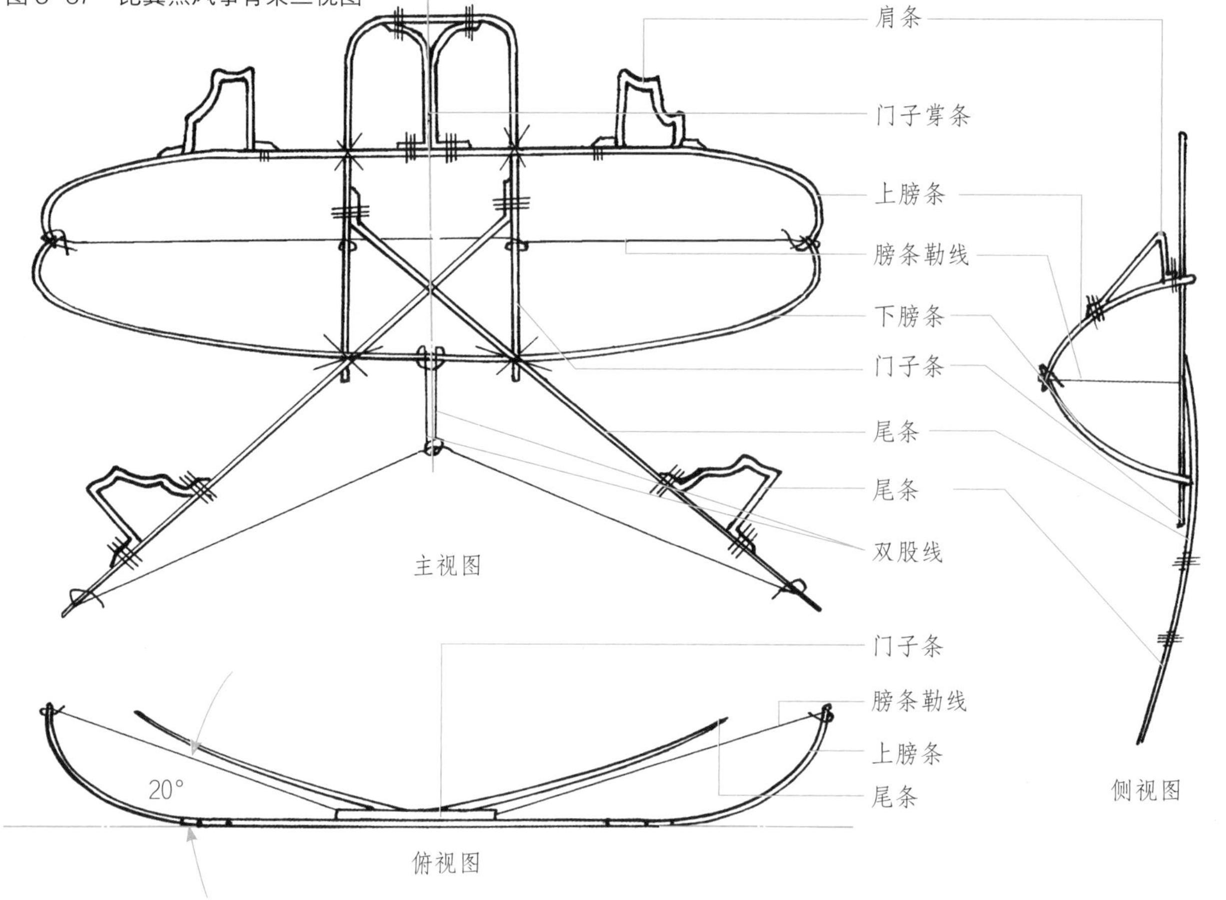

肩条
门子牚条
上膀条
膀条勒线
下膀条
门子条
尾条
尾条
双股线
主视图
门子条
膀条勒线
上膀条
尾条
20°
俯视图
侧视图

图 5-68 可拆卸比翼燕风筝骨架图

门子牚条
肩条
上膀条
纸管
门子条
下膀条
V 形条
上尾条
尾肩条
下尾条
尾牚条
翅膀牚条
后视图
侧视图

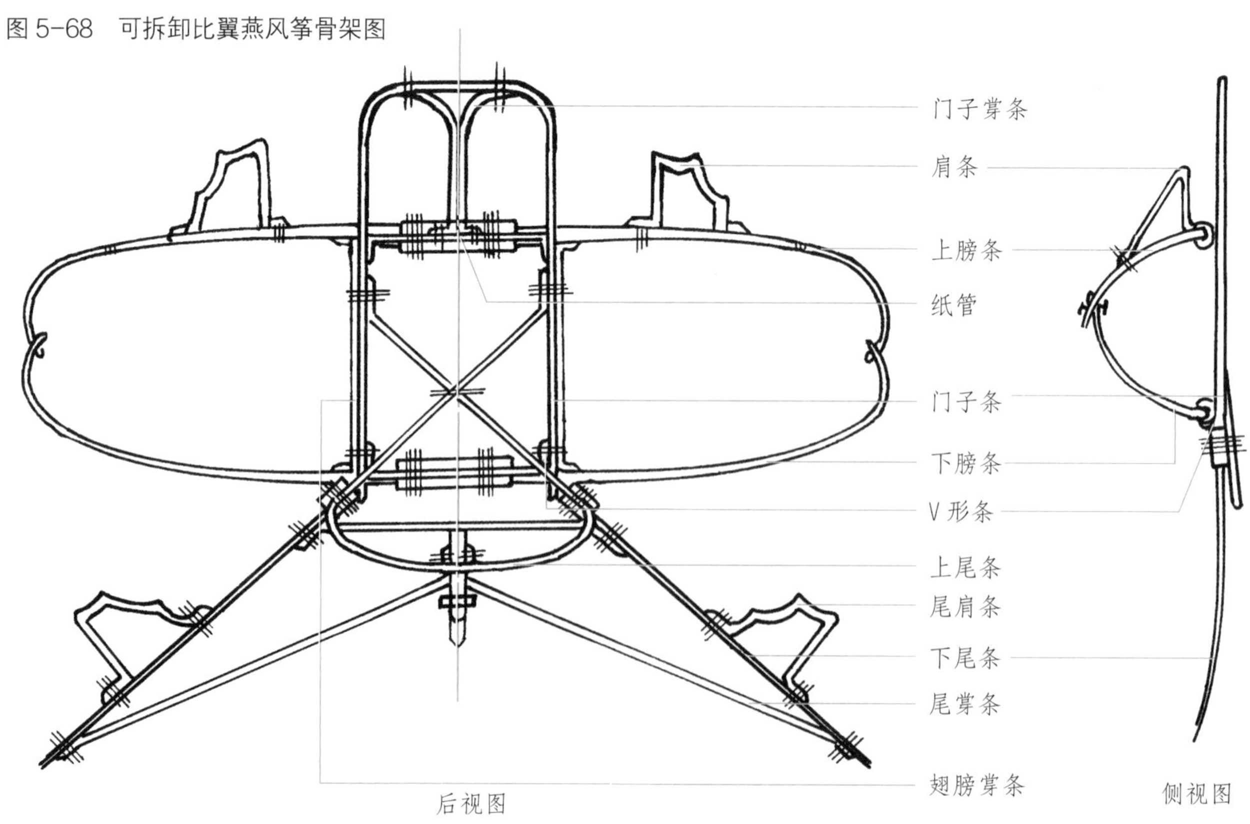

图 5-69　可拆卸比翼燕风筝组件图

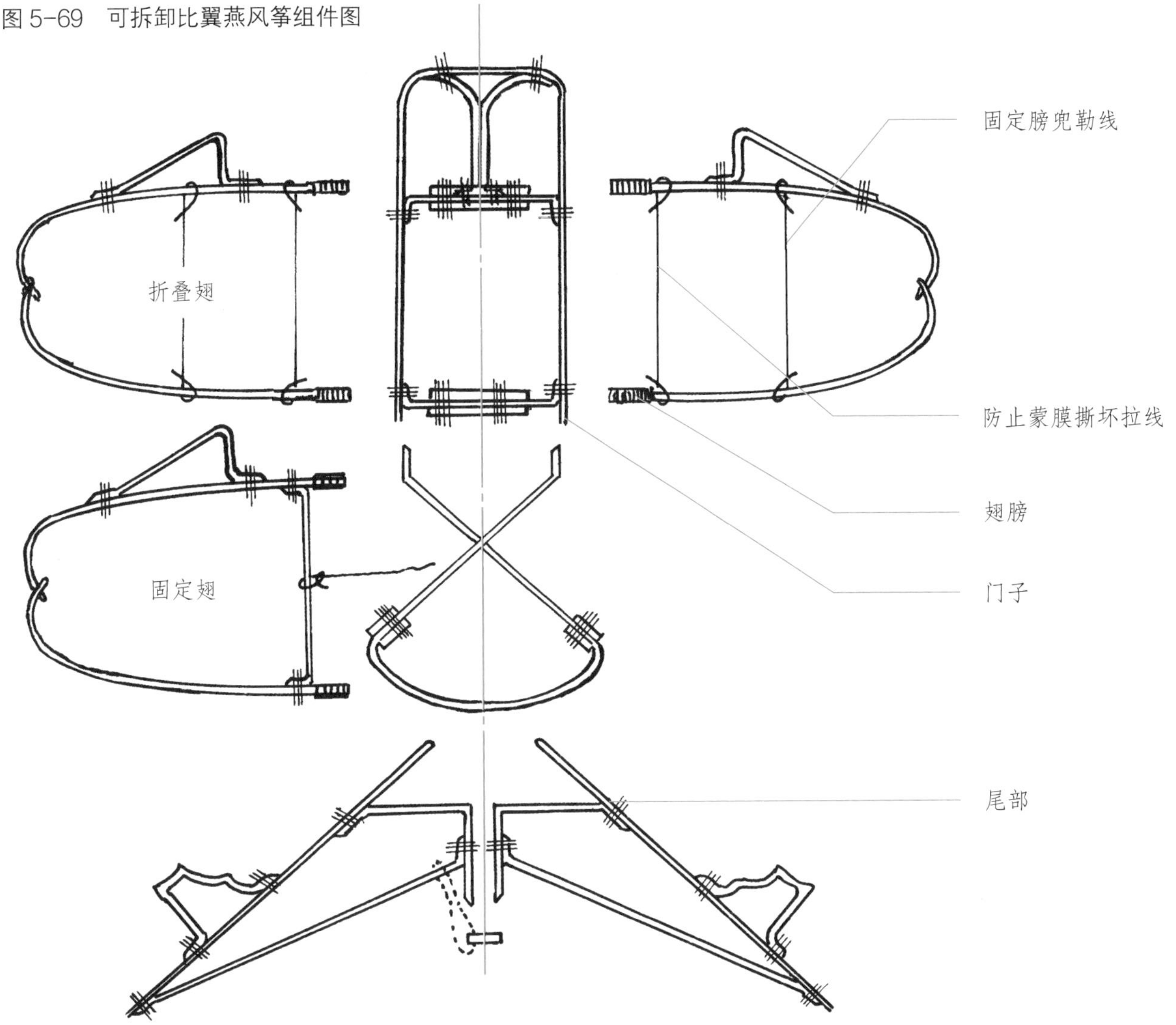

固定膀兜勒线

折叠翅

防止蒙膜撕坏拉线

翅膀

固定翅

门子

尾部

图 5-70　比翼燕风筝外形图

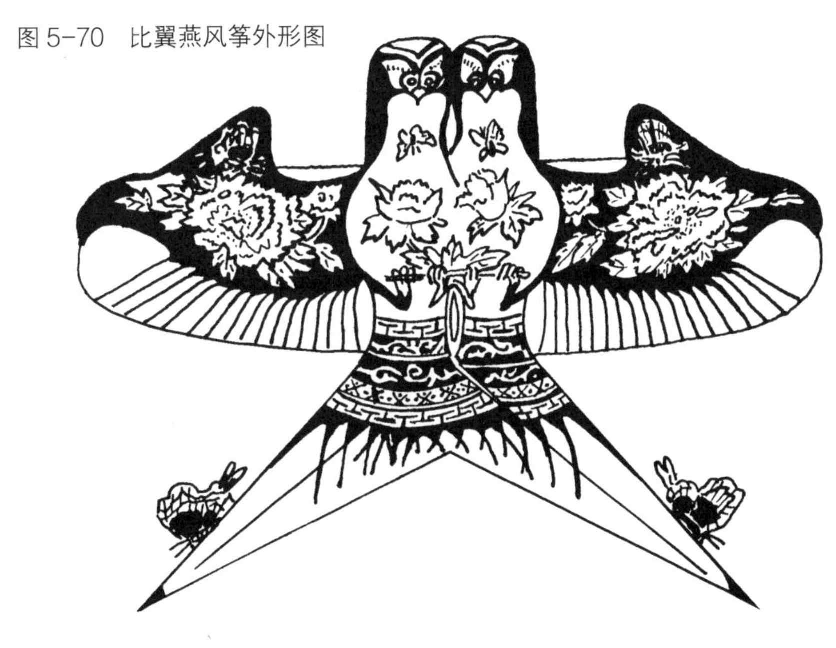

“几处早莺争暖树，谁家新燕啄春泥”。燕来人间，春到人间，谁人不爱早飞燕，衔来阳春驱冬寒。

燕子仪态俊美，常常入诗入画，“比翼双燕子，同命相依依”。春风放飞燕子风筝，能给人带来美好的遐想……

图 5-71 平板燕子风筝骨架图

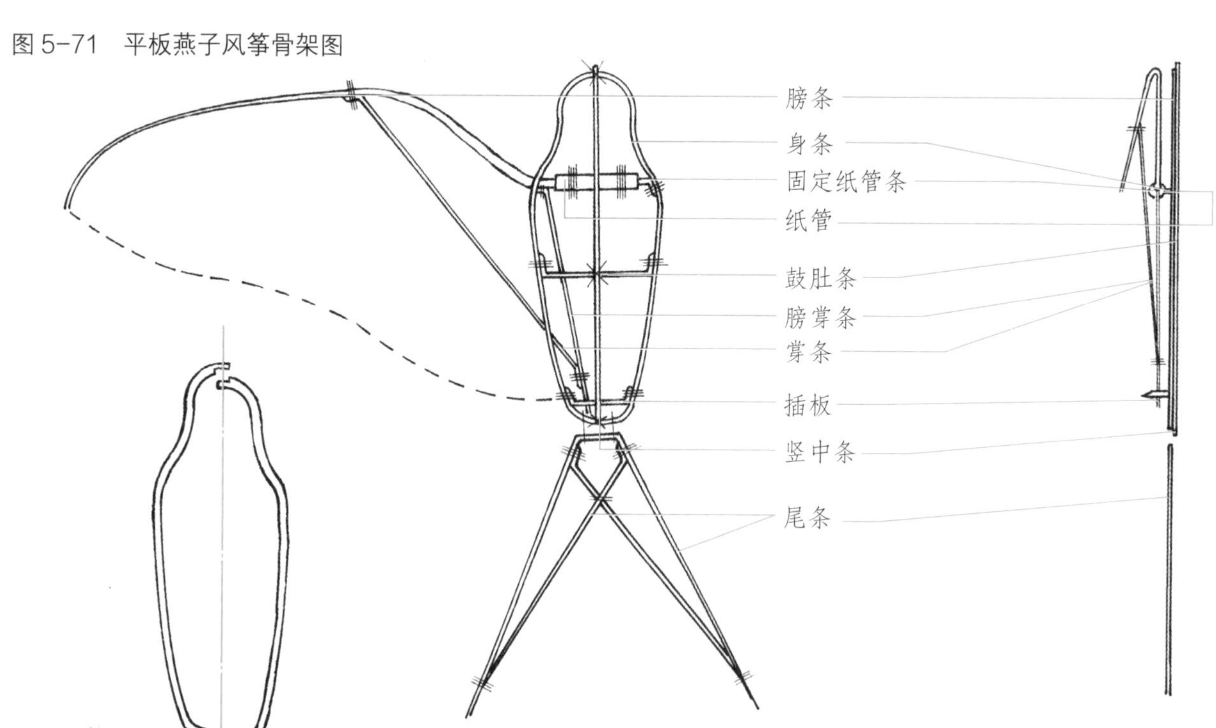

图 5-72

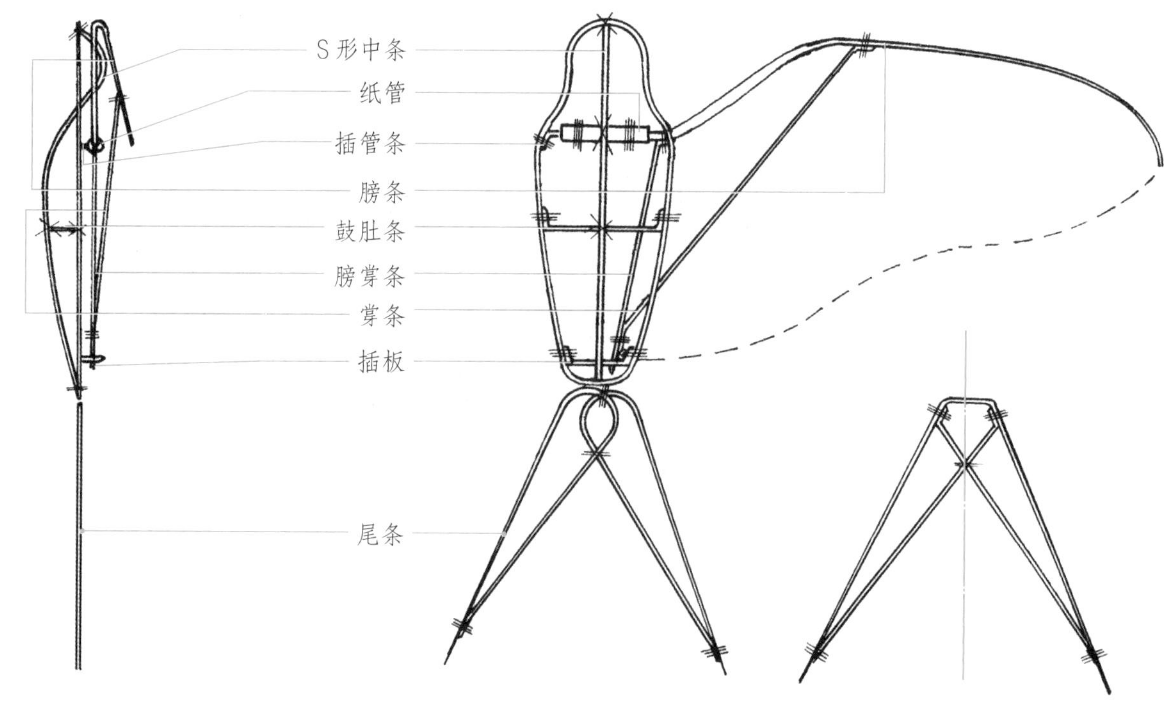

图 5-73 燕子风筝外形图

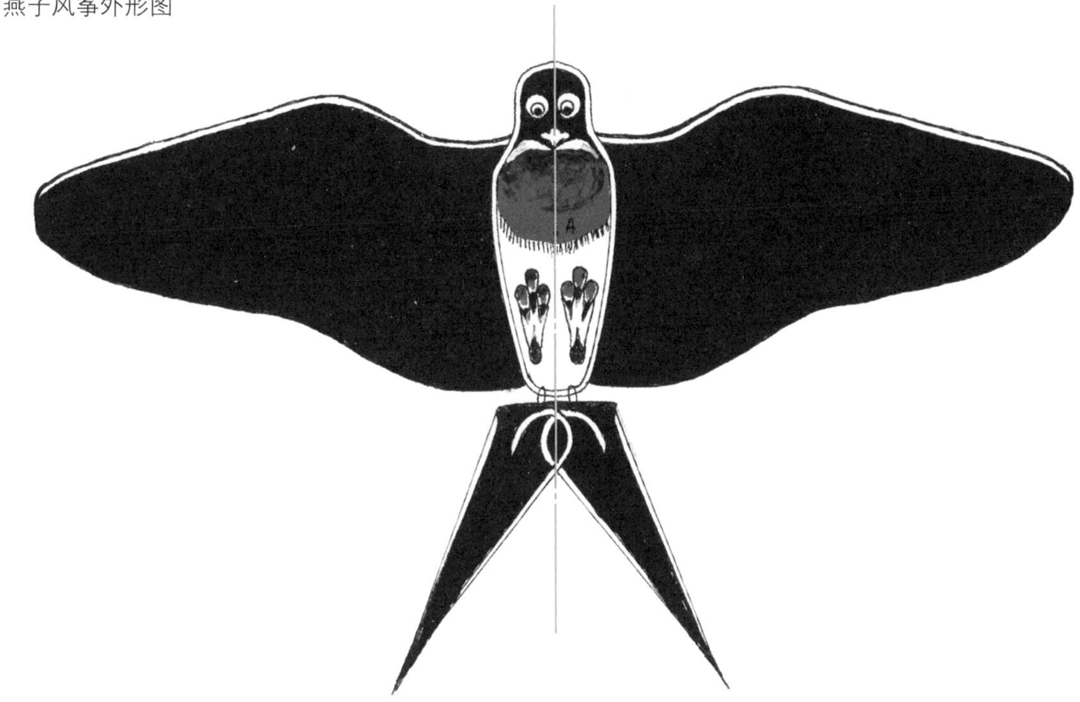

图 5-74 燕子风筝三种放飞形式

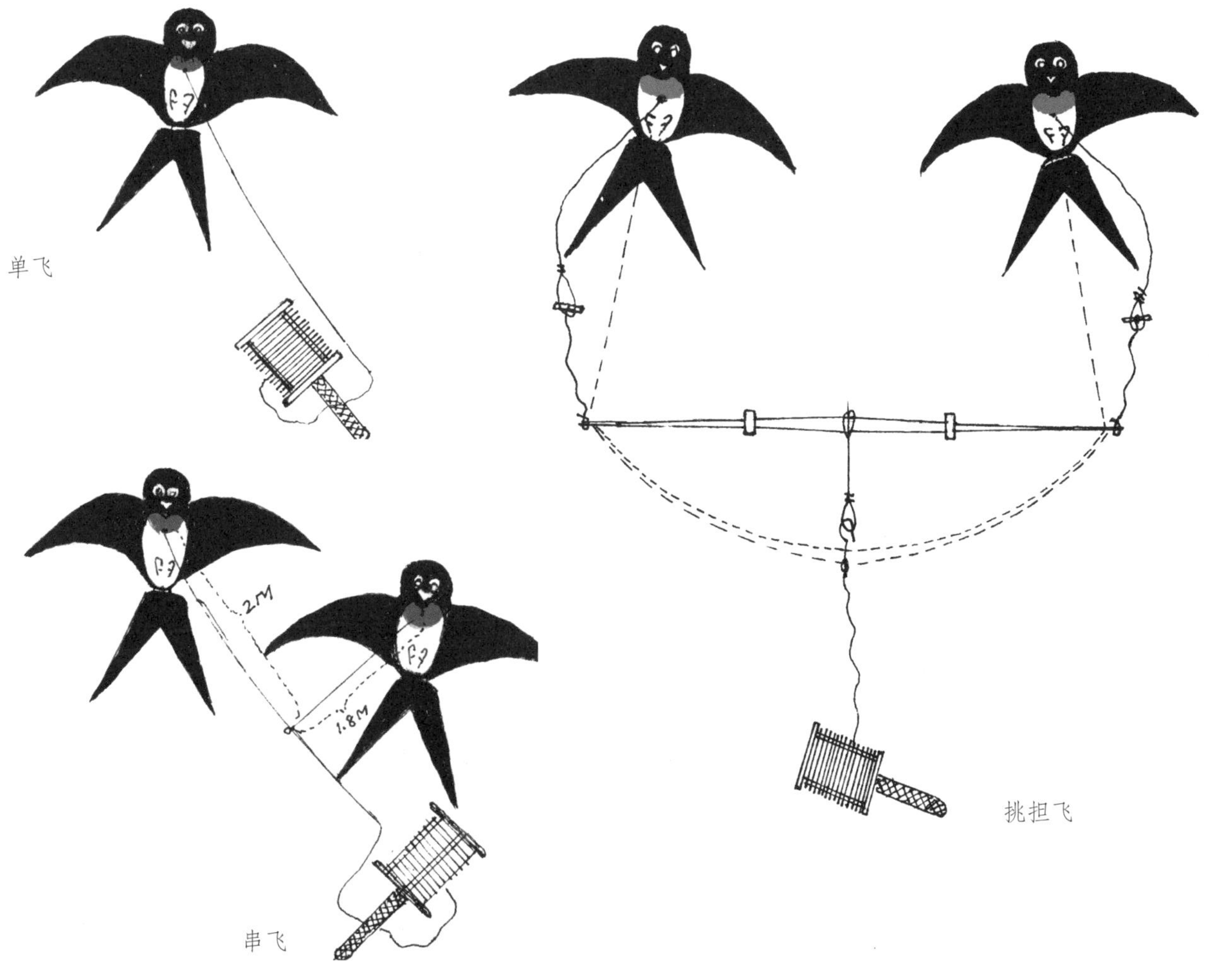

单飞

2M

1.8M

串飞

挑担飞

猫头鹰的骨架尺寸比例大致为三四四、三三四。三四四、三三四是指头高为3个单位，头宽是4个单位，身长是4个单位；身宽是3个单位，尾长是3个单位，尾宽是4个单位。这里所说的“单位”是一个变数，由制作者确定。“单位”数值越大，做出的风筝就越大，例如：把猫头鹰的头高定为30毫米，那么头宽就是40毫米，身长为40毫米；身宽是30毫米，尾长是30毫米，尾宽是40毫米。当然，也可适当变更尺寸，做些调整。

图 5-75 简易猫头鹰风筝骨架

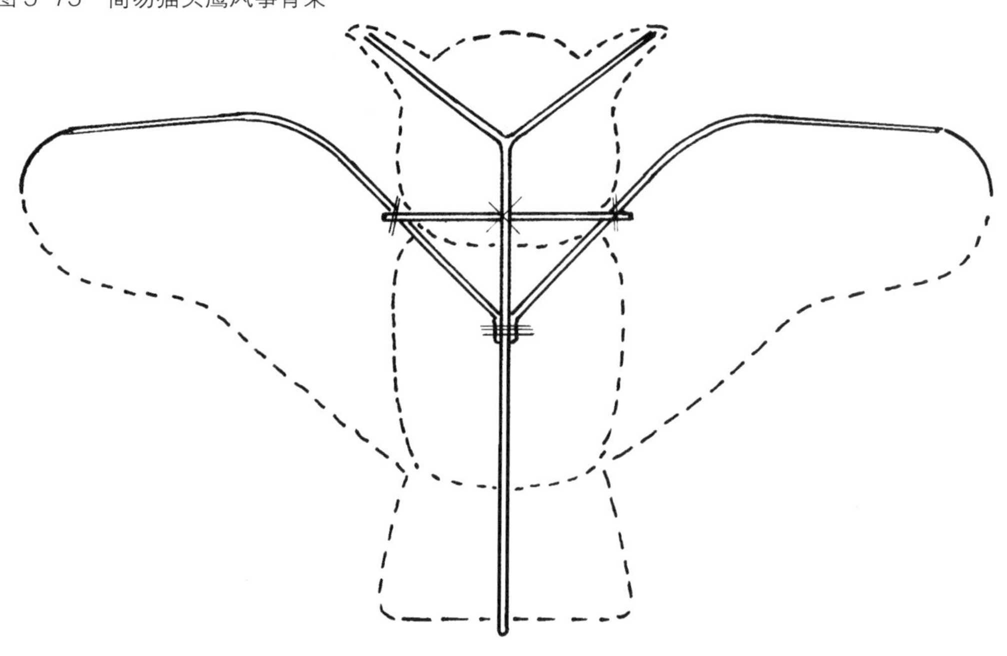

图 5-76 平板软翅可拆卸猫头鹰风筝骨架一

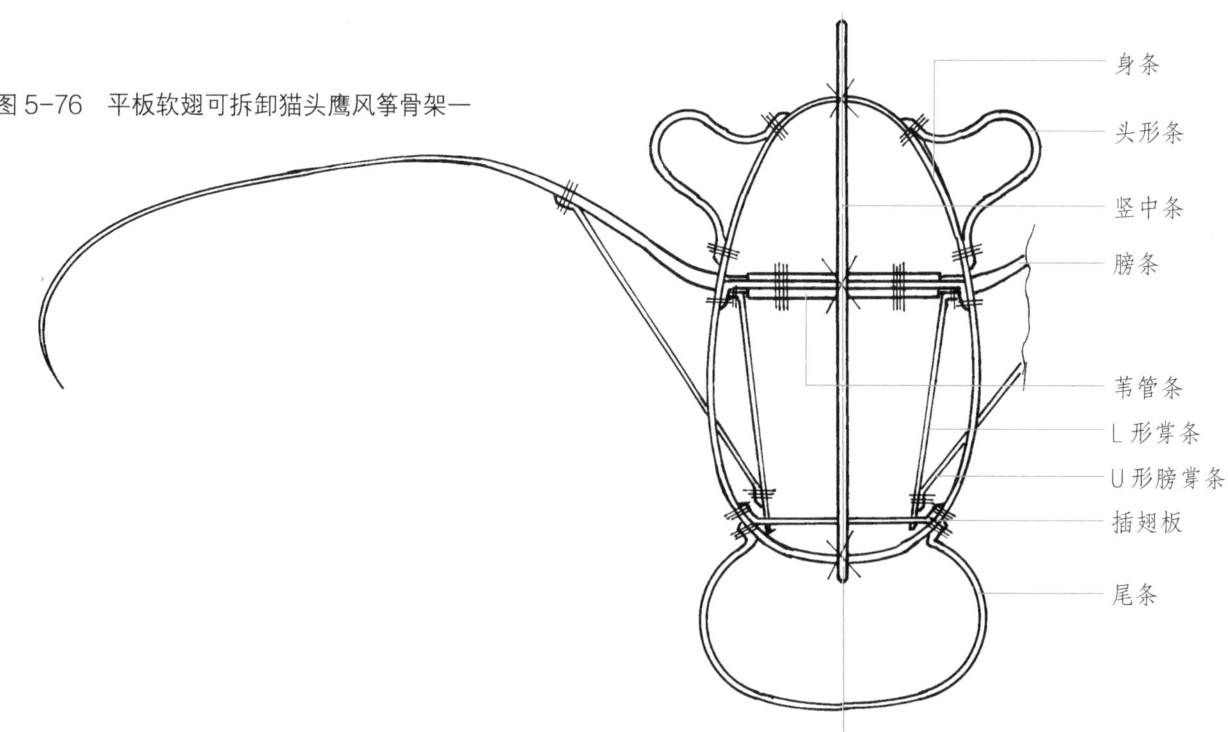

图 5-77　平板软翅可拆卸猫头鹰风筝骨架二

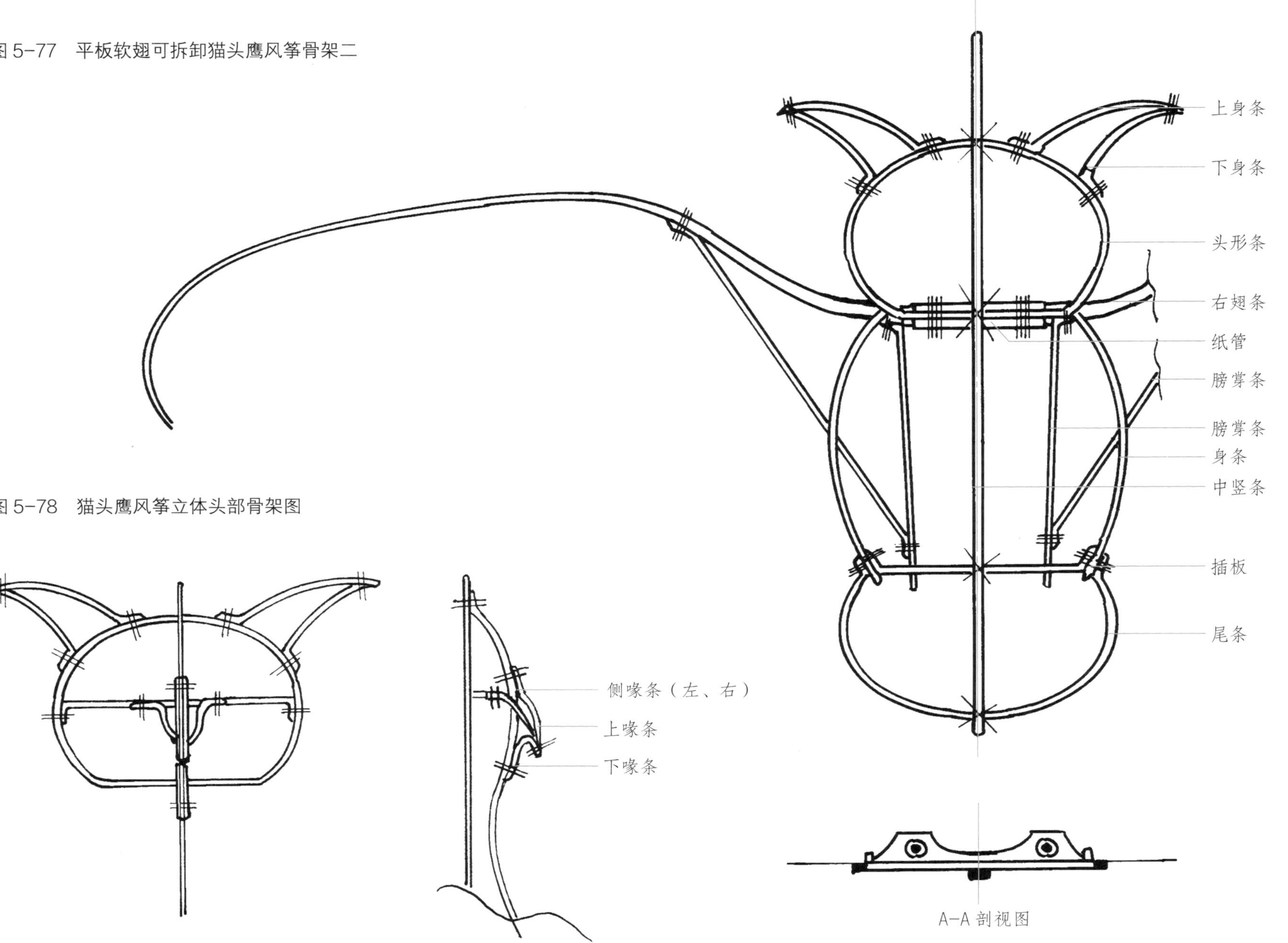

图 5-78　猫头鹰风筝立体头部骨架图

图 5-79 平板可拆卸猫头鹰风筝部件图

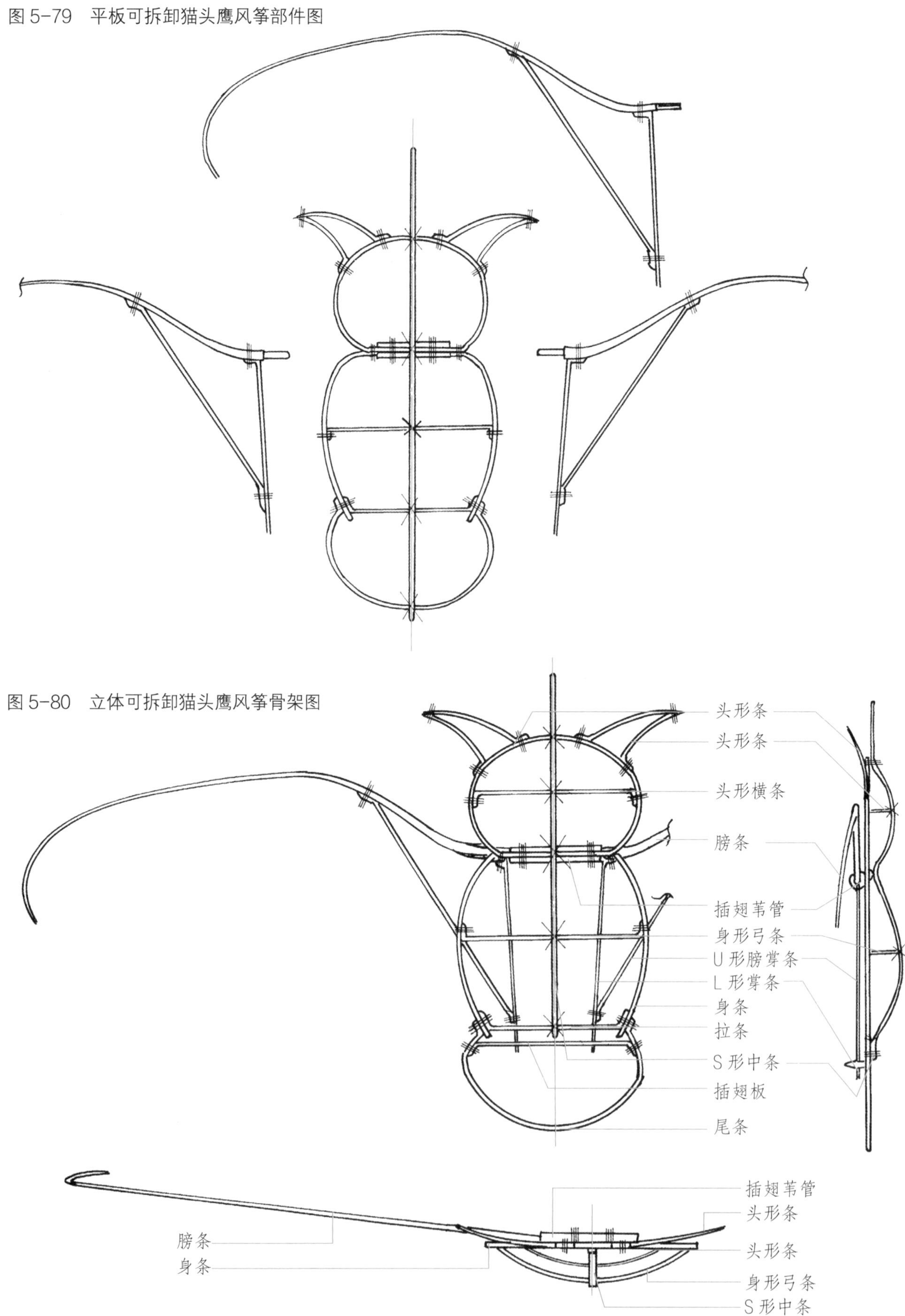

图 5-80 立体可拆卸猫头鹰风筝骨架图

图 5-81　平板硬翅不可拆卸猫头鹰风筝骨架三视图

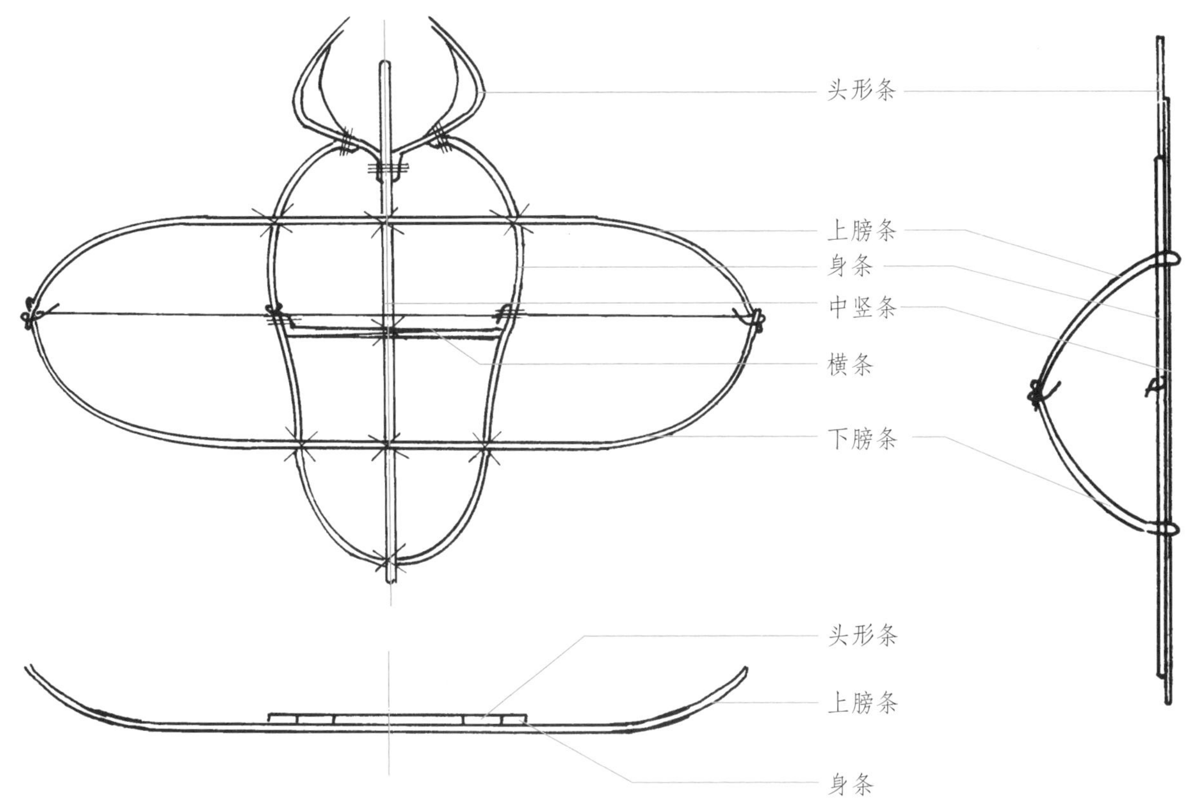

图 5-82　平板硬翅可拆卸猫头鹰风筝骨架三视图

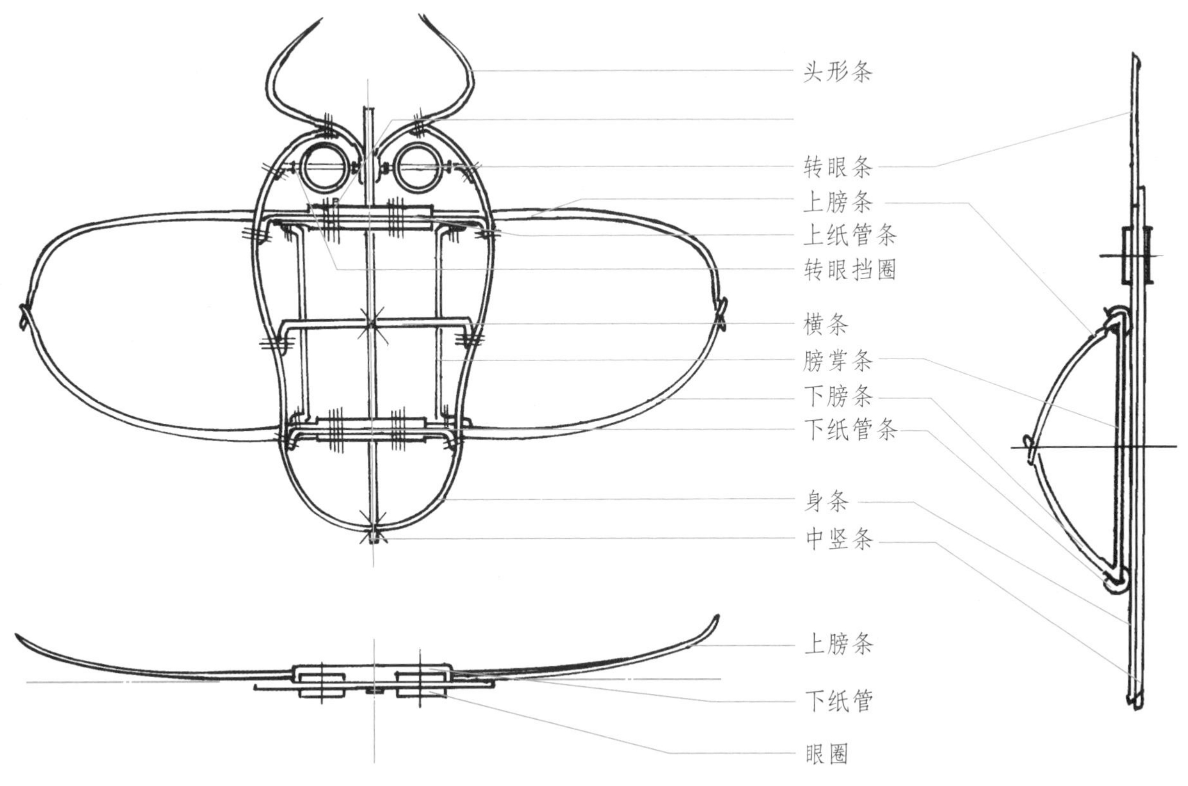

图 5-83 平板软翅可拆卸猫头鹰风筝骨架组件

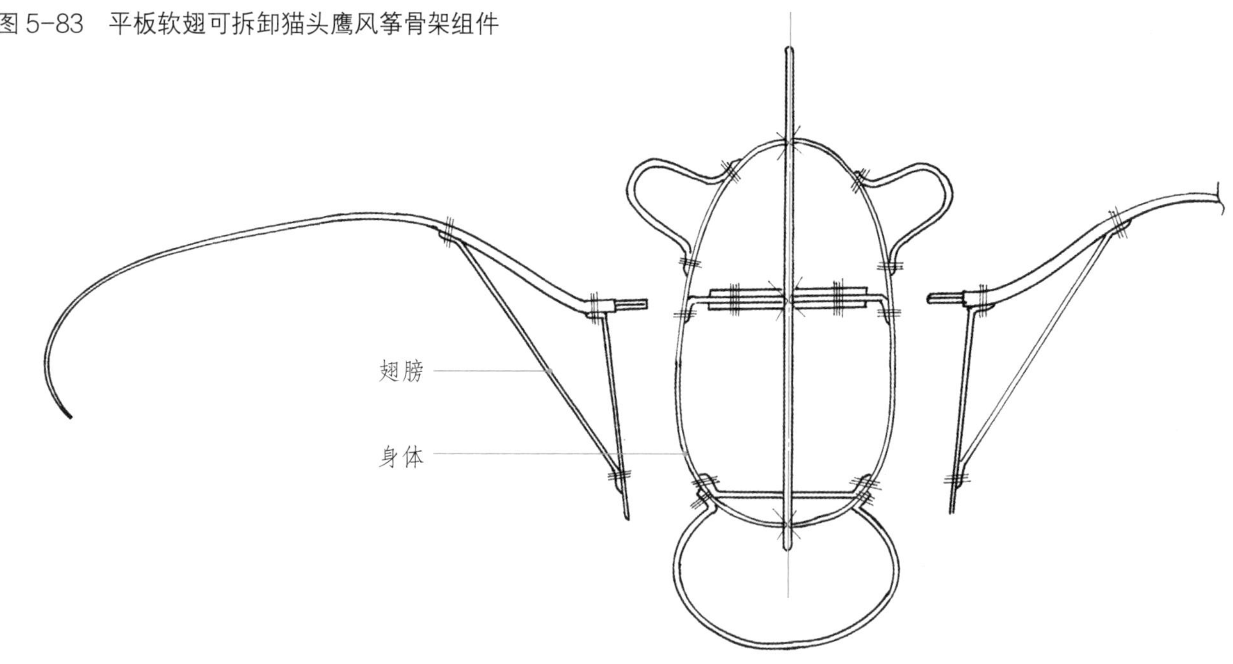

图 5-84 主体硬翅可拆卸猫头鹰风筝骨架三视图

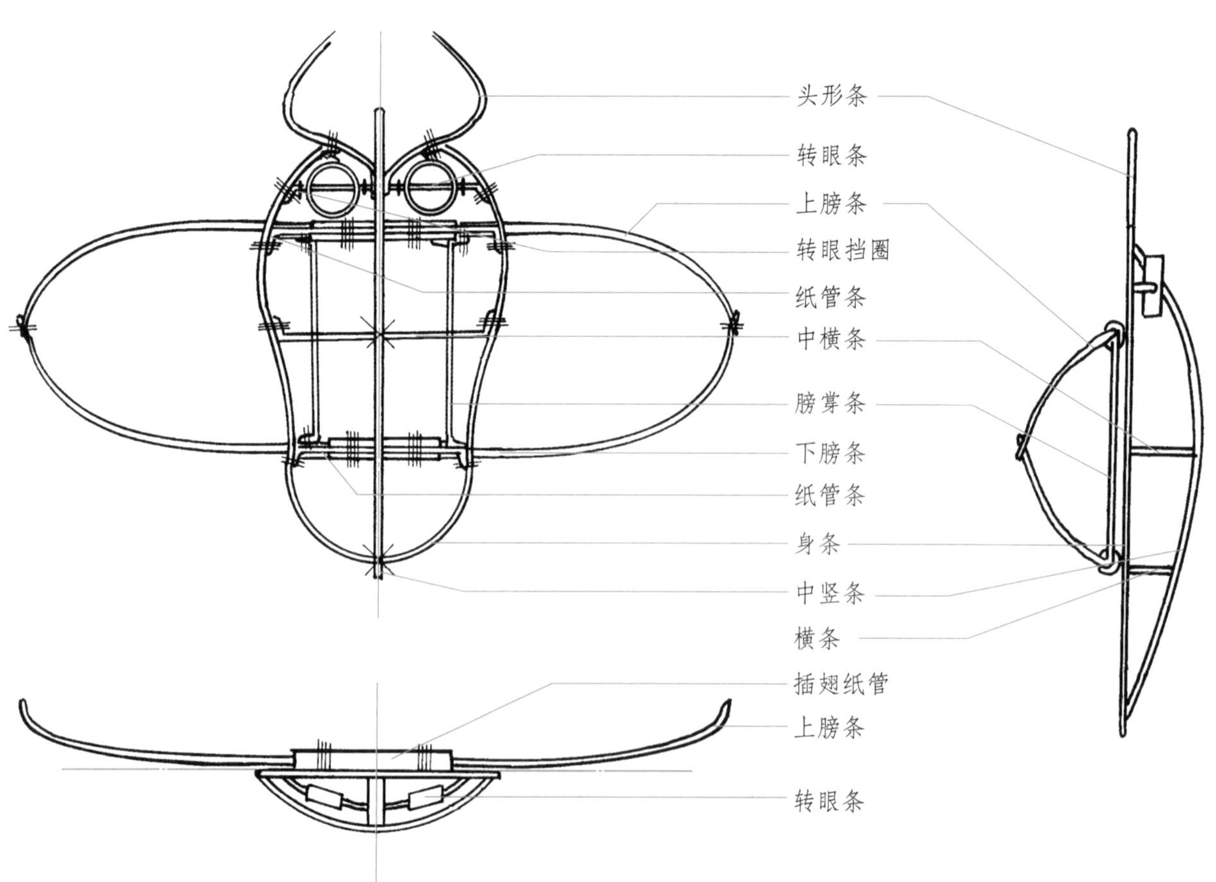

图 5-85　软翅猫头鹰风筝外形图之一

图 5-86　软翅猫头鹰风筝外形图之二

图 5-87　硬翅猫头鹰风筝外形图

早有“鸿雁传书”的说法。后来，人们把“雁足”作为书信的代名词。大雁风筝可以做成串的形式，放飞时有雁阵临空之气势。

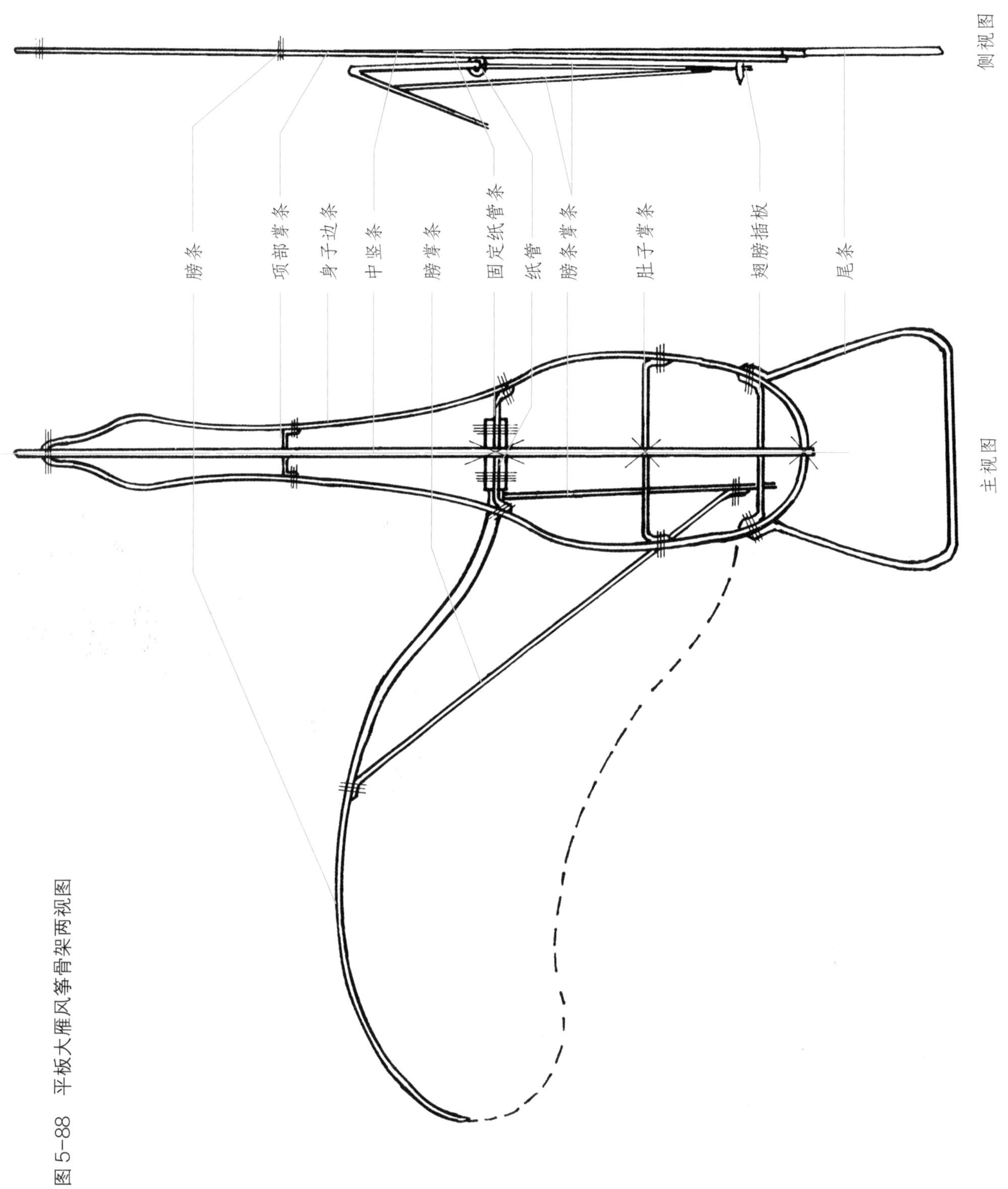

图5-88 平板大雁风筝骨架两视图

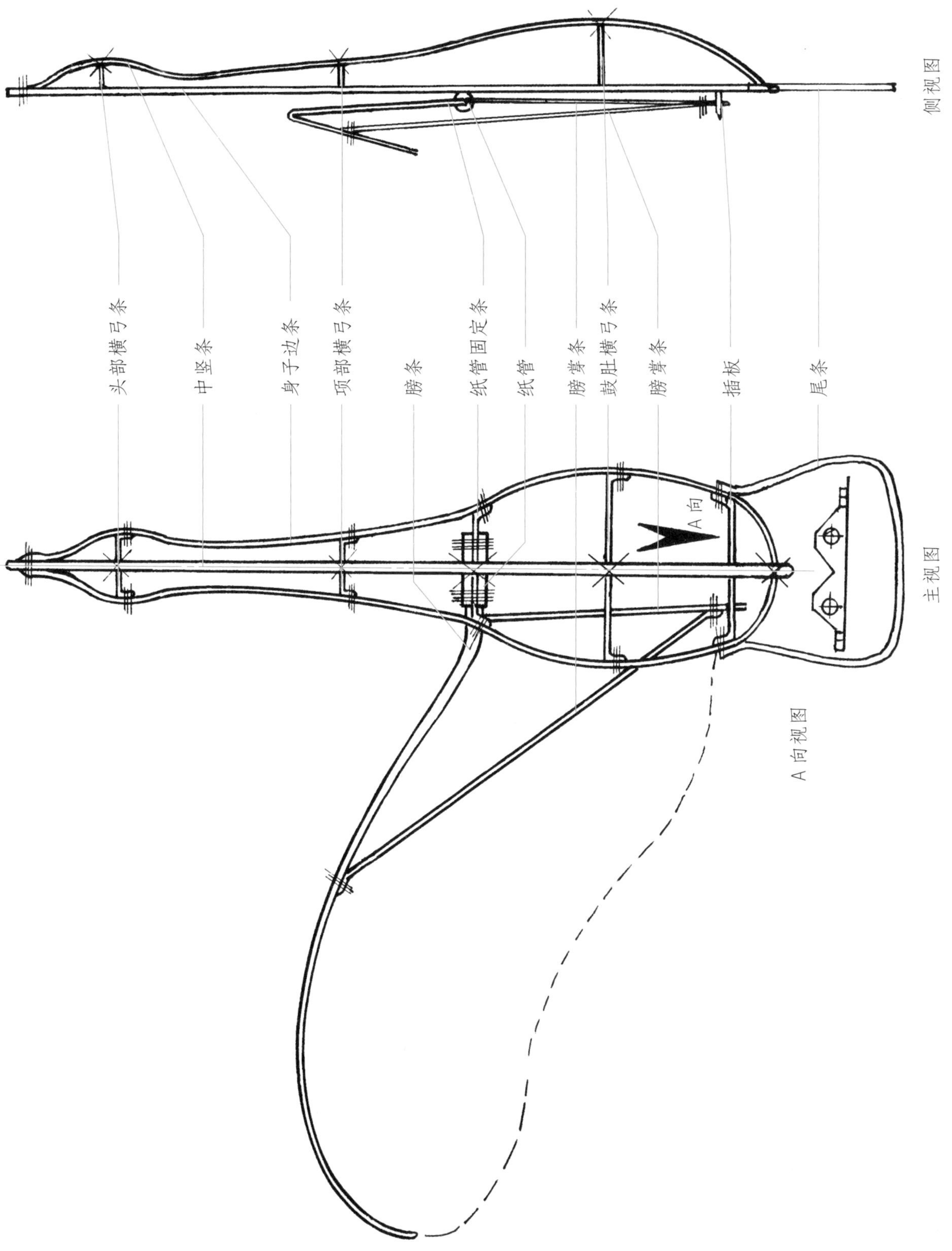

图 5-89　立体大雁风筝骨架两视图

头部横弓条
中竖条
身子边条
项部横弓条
膀条
纸管固定条
纸管
膀掌条
鼓肚横弓条
膀掌条
A 向
插板
尾条
A 向视图
主视图
侧视图

图 5-90 立体大雁风筝骨架拆分图

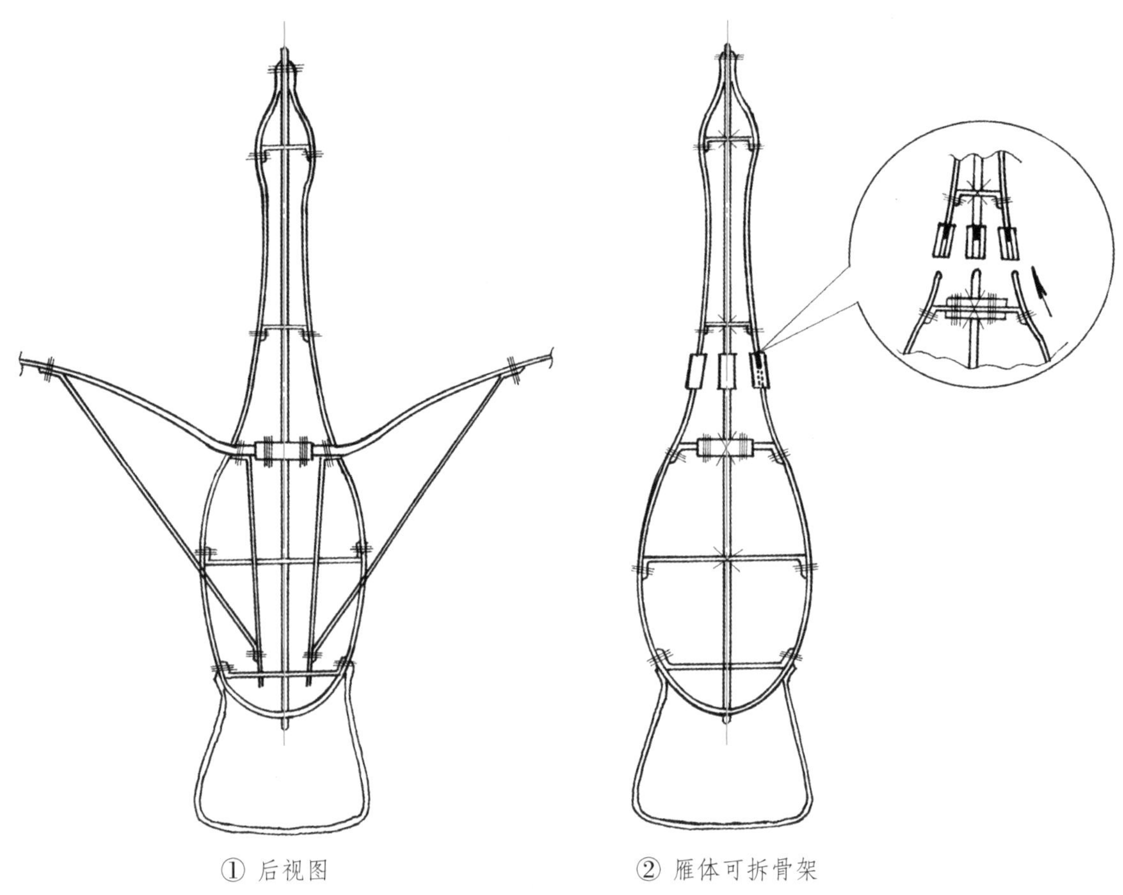

① 后视图　　② 雁体可拆骨架

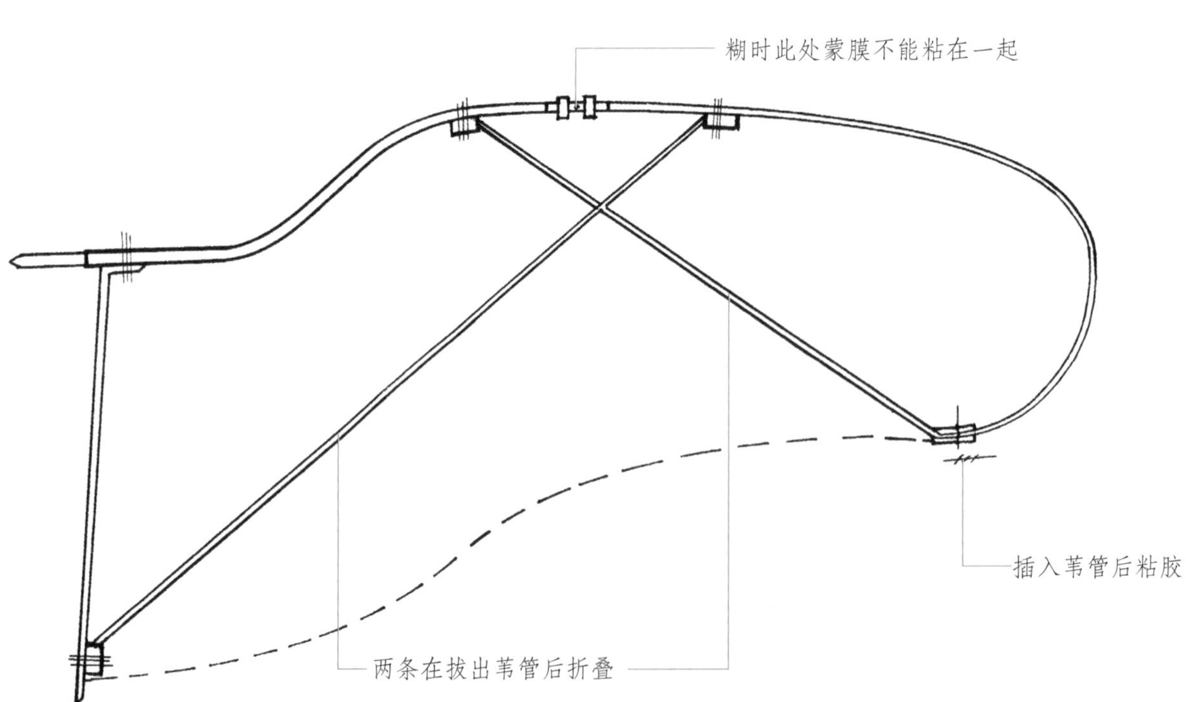

③ 翅膀

图 5-91

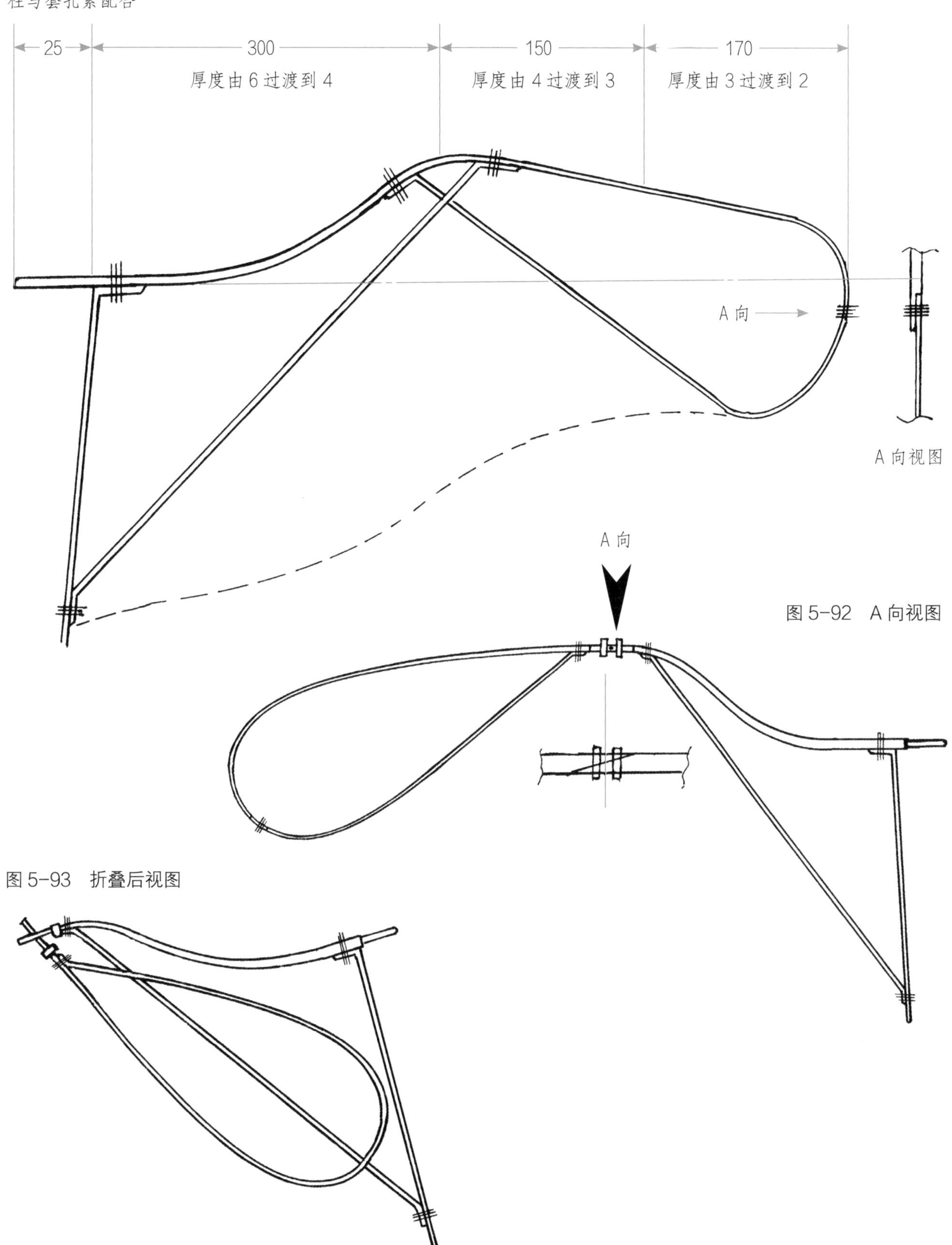

图 5-92 A 向视图

图 5-93 折叠后视图

图 5-94 大雁风筝外形图

鹰是一种猛禽。鹰寓意吉祥、象征力量。它也是文人墨客经常赞美的对象。

一只做工精细的老鹰风筝，放飞天空，意境使人悠然；挂在家里是一件装饰品。

一只盘旋高空、滑翔自如的老鹰风筝，制作方法和工艺较难，要熟悉、了解老鹰的飞行原理。当老鹰展翅长空时，其身体的重量分成两个力，一个是策动力，另一个是下沉力，当它的两翅在空中扇动时，空气对它产生对抗的上升力，同时也产生与策动力相反的拽力。当上升力和下沉力、策动力和拽力相等时，老鹰就能双翅平展、沿着水平方向向前滑翔。此时它的头在不停左右晃动……老鹰风筝的骨架有平板的，也有立体的。其身部短，尾部宽大，头部适中。头、身、尾三部分比例要协调，才能达到较佳的飞行效果。

硬翅小型老鹰风筝的翅膀与沙燕的相同，做起来十分简单。容易起飞，二级微风即可放飞，要注意骨架最粗不能超过 1 毫米。糊纸要薄，纸太厚是飞不起来的。

图 5-95　硬翅老鹰风筝骨架图

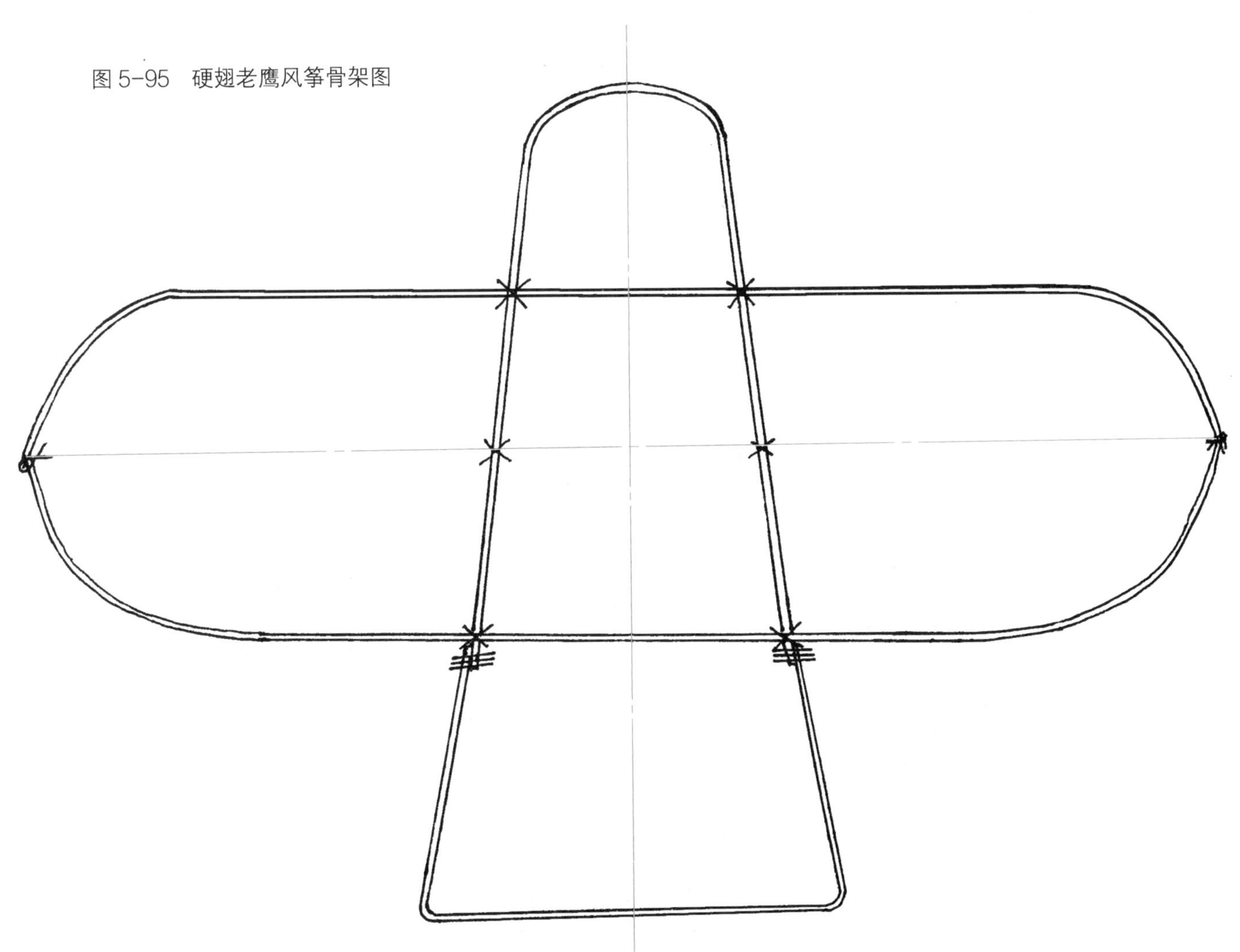

图 5-96　硬翅老鹰风筝外形图

图 5-97 平板简易老鹰风筝骨架图

图 5-98 平板简易可拆卸老鹰风筝骨架图

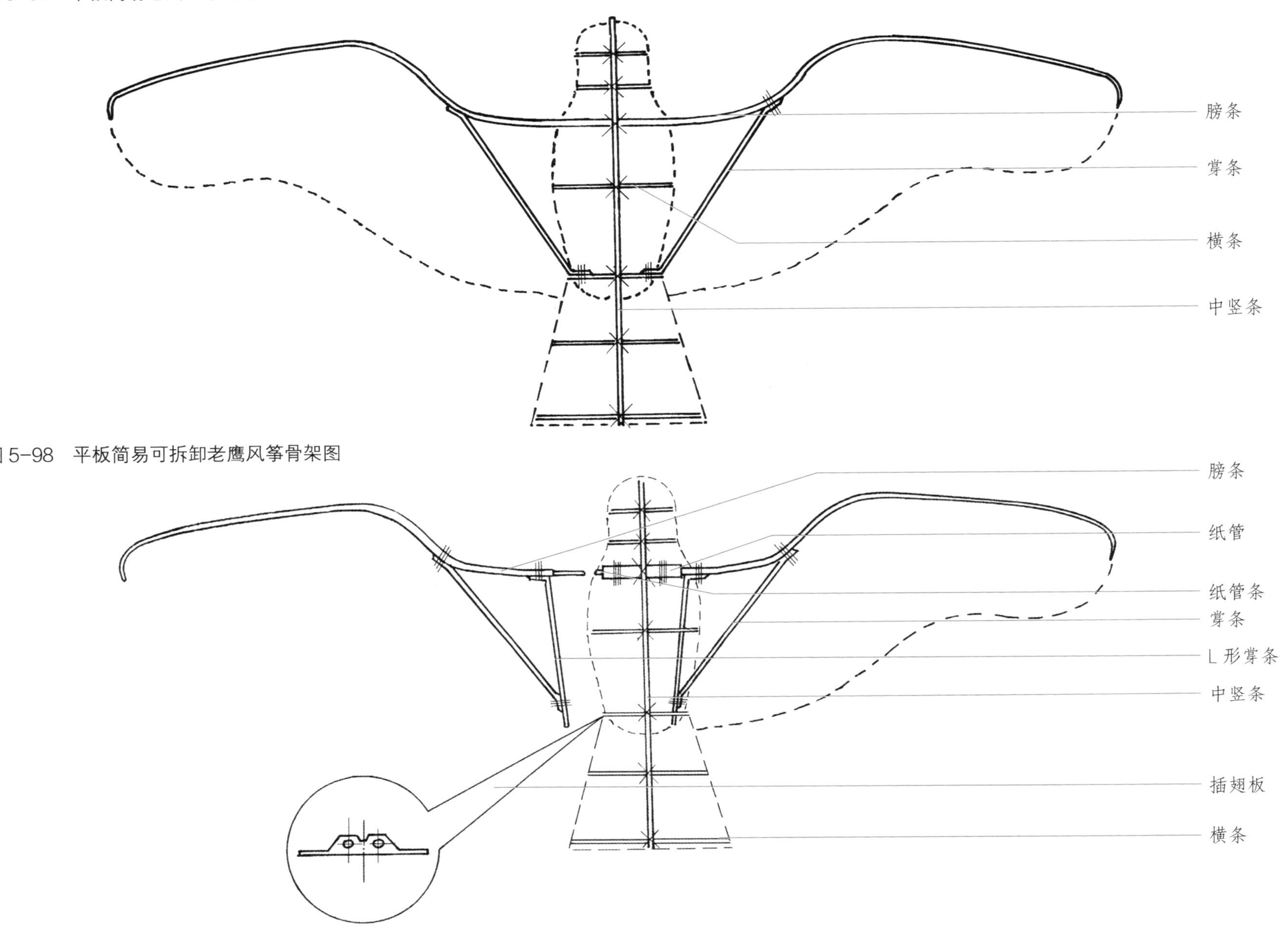

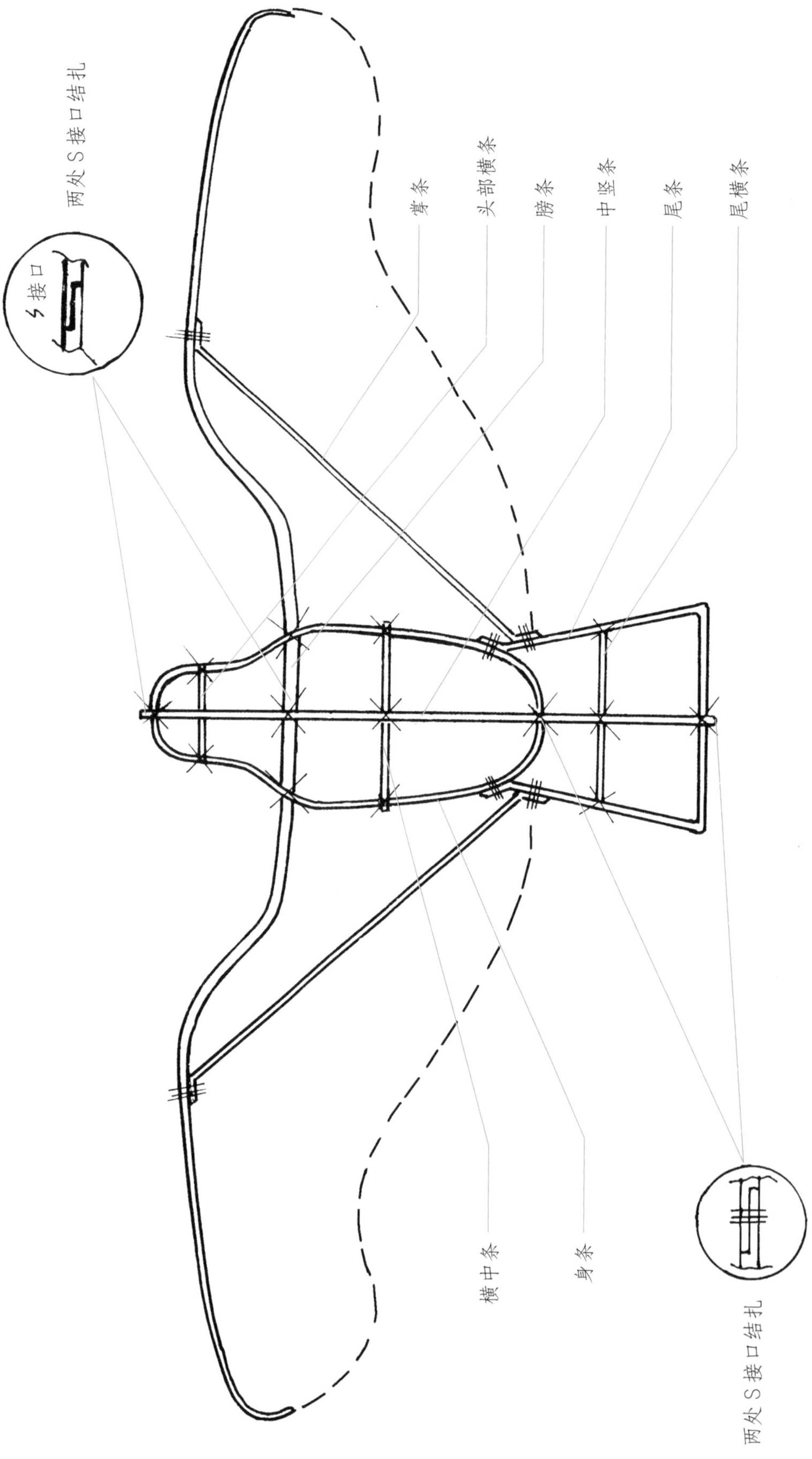

两处 S 接口结扎
S 接口
劳条
头部横条
膀条
中竖条
尾条
尾横条
横中条
身条
两处 S 接口结扎

图 5-99　平板老鹰风筝骨架图

图 5-100 立体老鹰风筝可拆卸骨架图

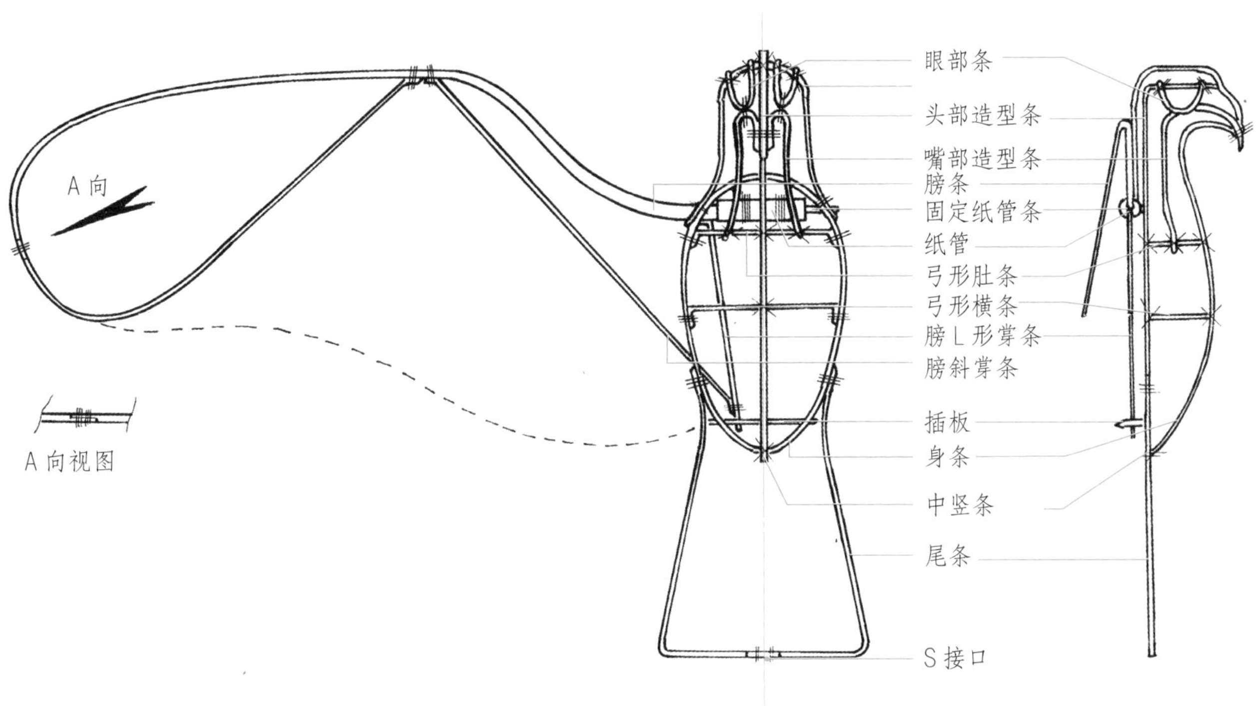

图 5-101 立体老鹰风筝翅膀、尾部可拆卸骨架图

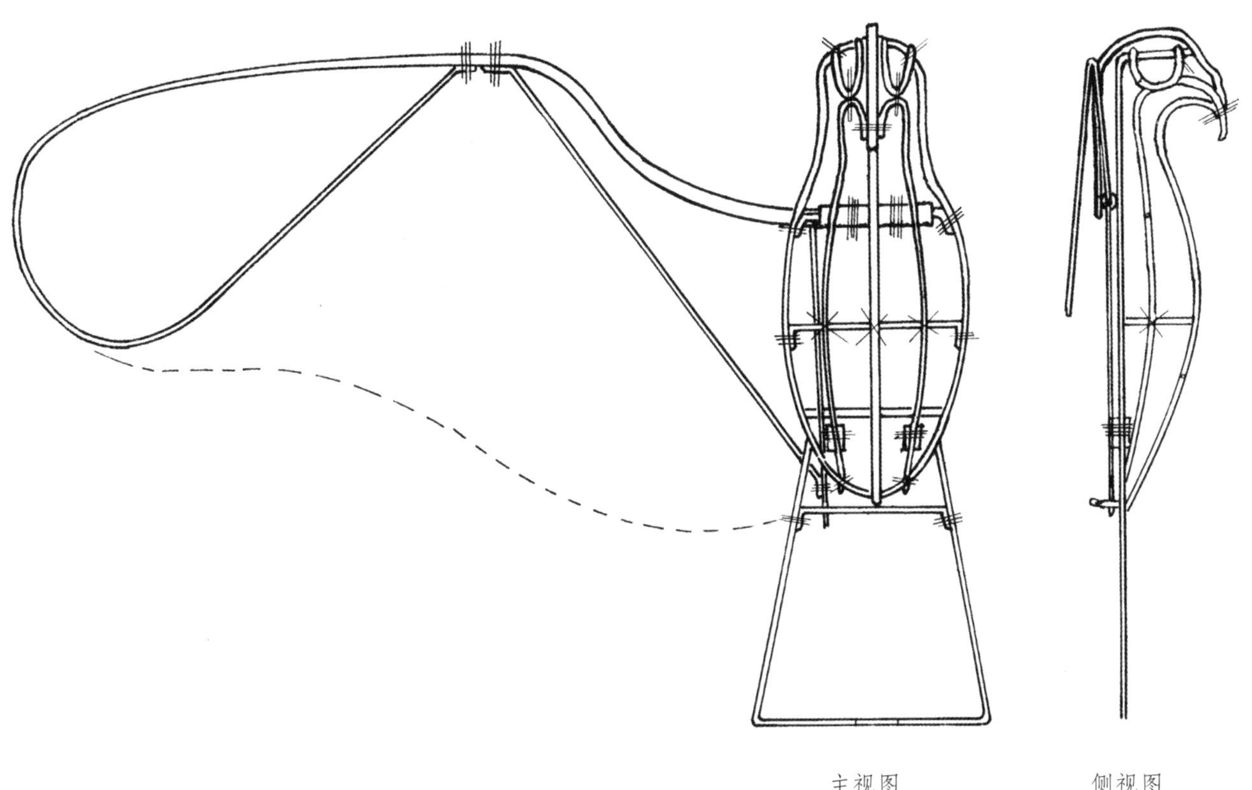

图 5-102 立体老鹰风筝后视拆开图

插入管内
A、B 插入 A'、B' 内
A'
B'
竹板打孔后刮薄
竹条弯形后扎结
A-A 剖视
A
B
A
A

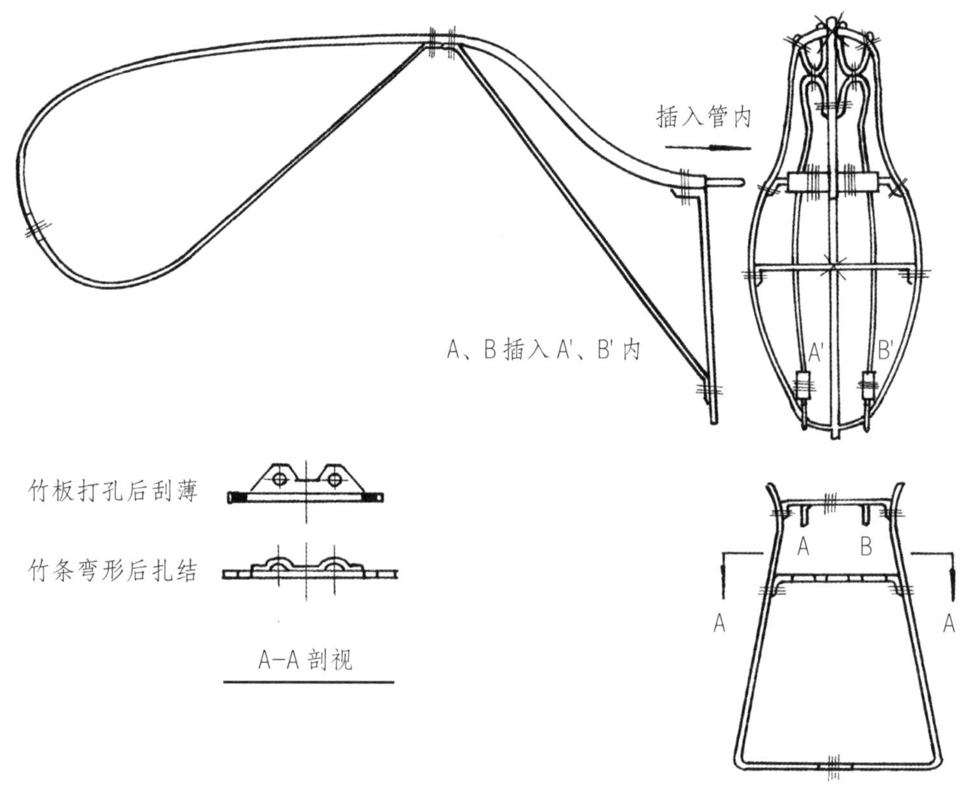

图 5-103 平板老鹰风筝可拆卸骨架图

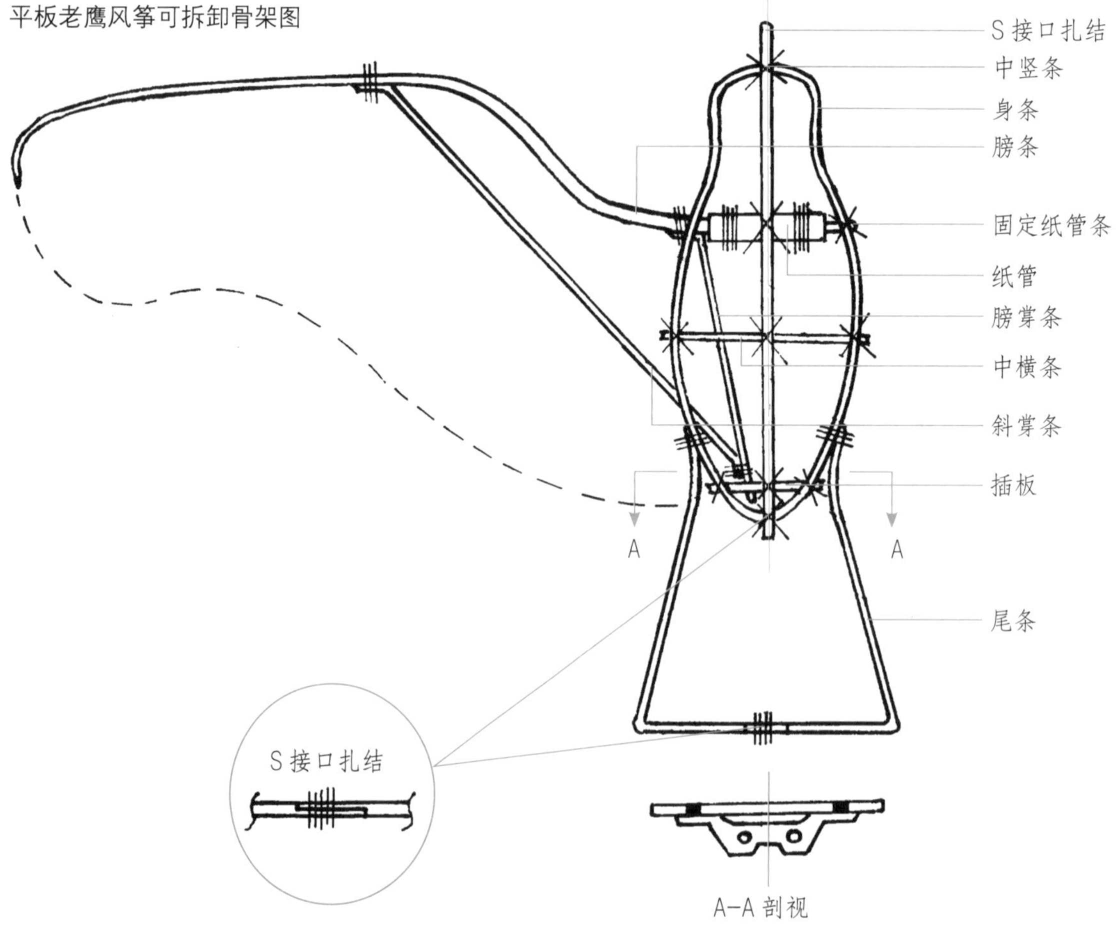

S 接口扎结
中竖条
身条
膀条
固定纸管条
纸管
膀掌条
中横条
斜掌条
插板
A
A
尾条
S 接口扎结
A-A 剖视

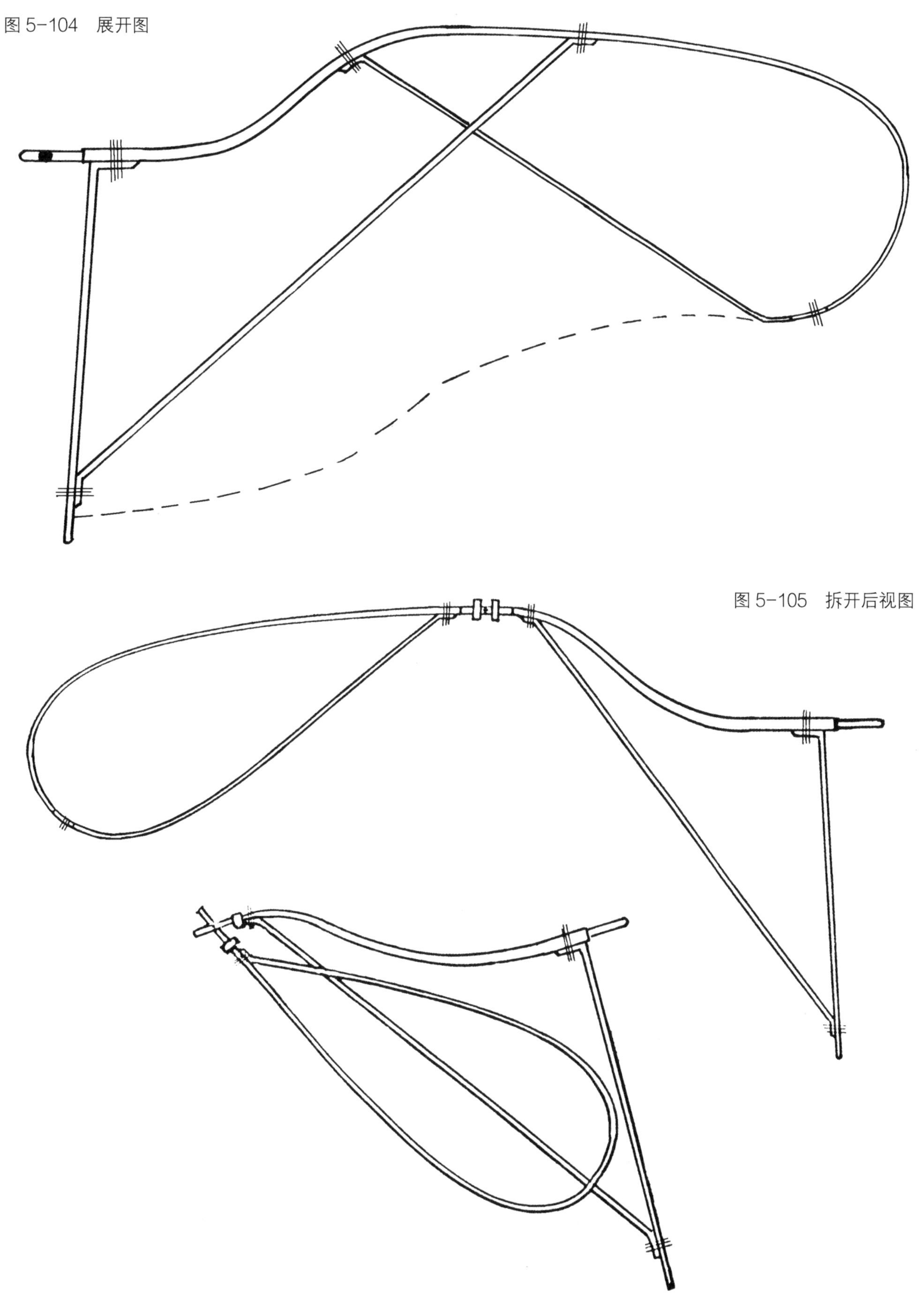

图 5-104　展开图

图 5-105　拆开后视图

图 5-106 钩子

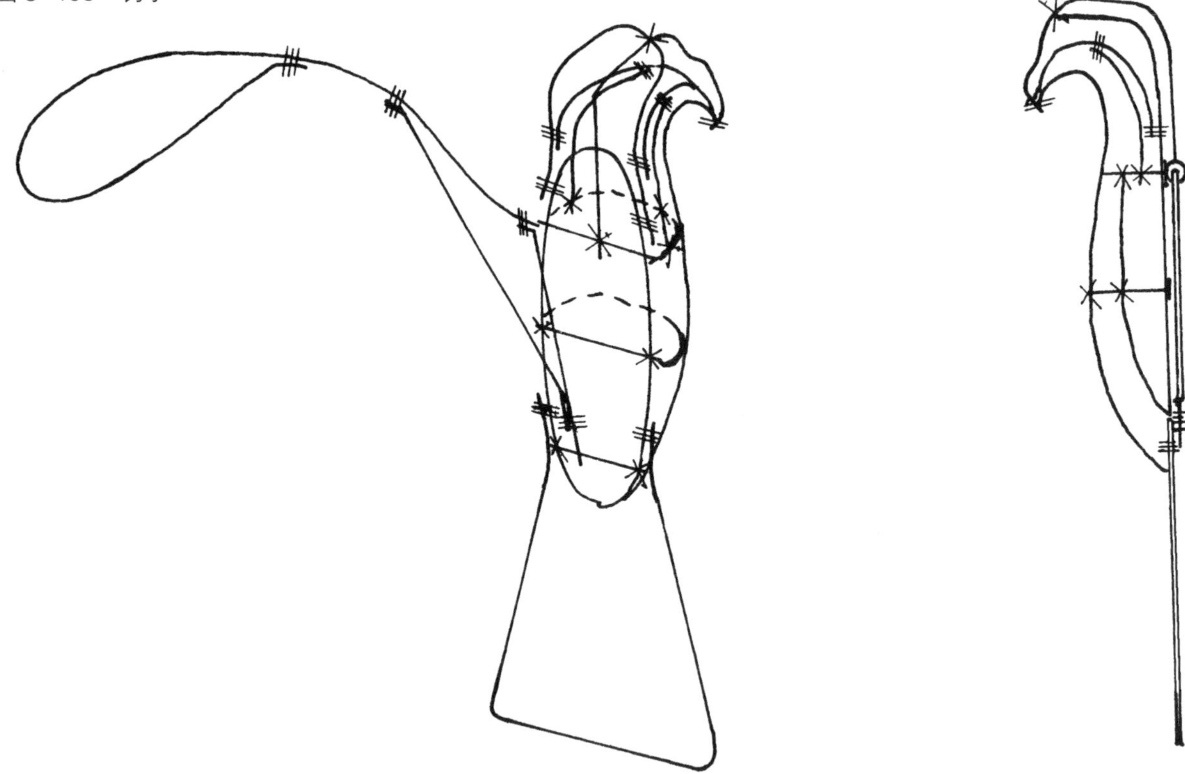

图 5-107 头与爪

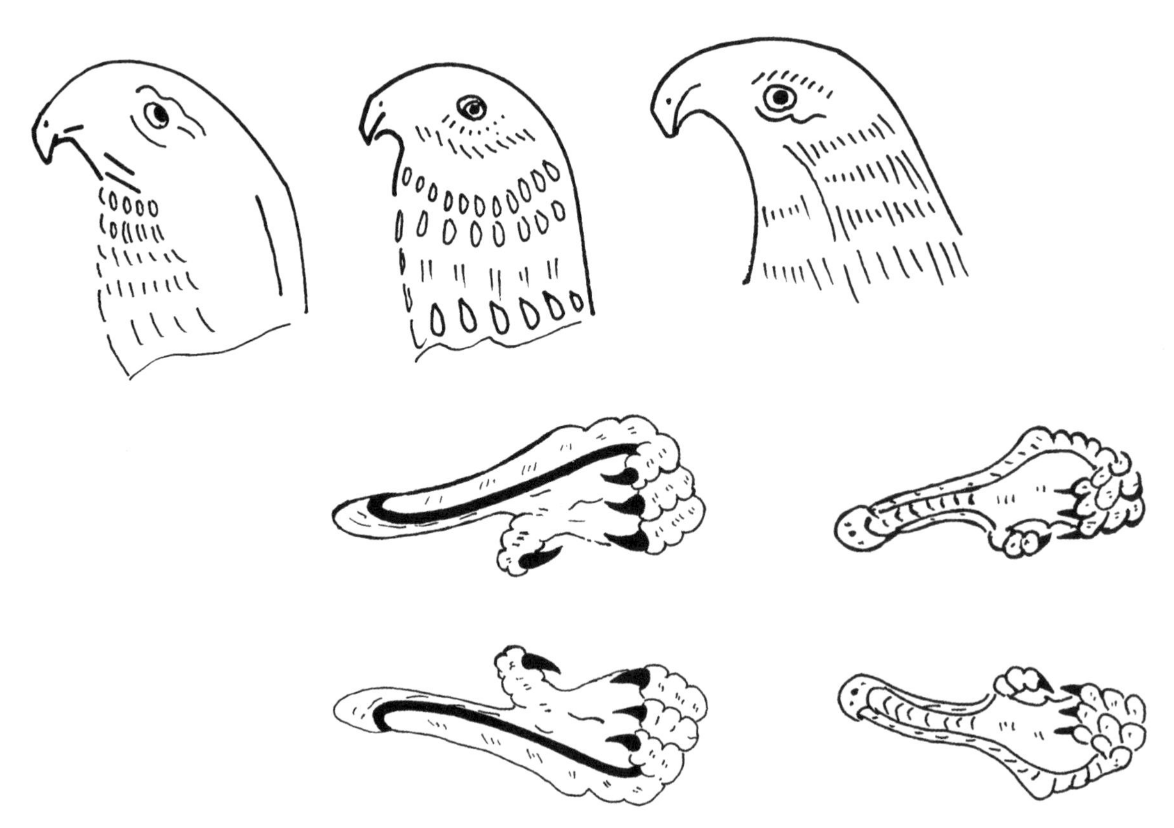

图 5-108 老鹰风筝外形图

图 5-109 苍鹰风筝外形图

鹤，是一种大型候鸟。它有修长的嘴、腿和颈，体态优美。鹤的寿命很长。鹤的鸣声嘹亮，有“鹤鸣九皋、声闻于天”之说。

在传说中其常与仙人为伴，所以被人们视为吉祥、长寿的象征，常常入诗入画，历代画家爱描绘它的雅姿，常把它与青松画在一起，称为“松鹤延年”。

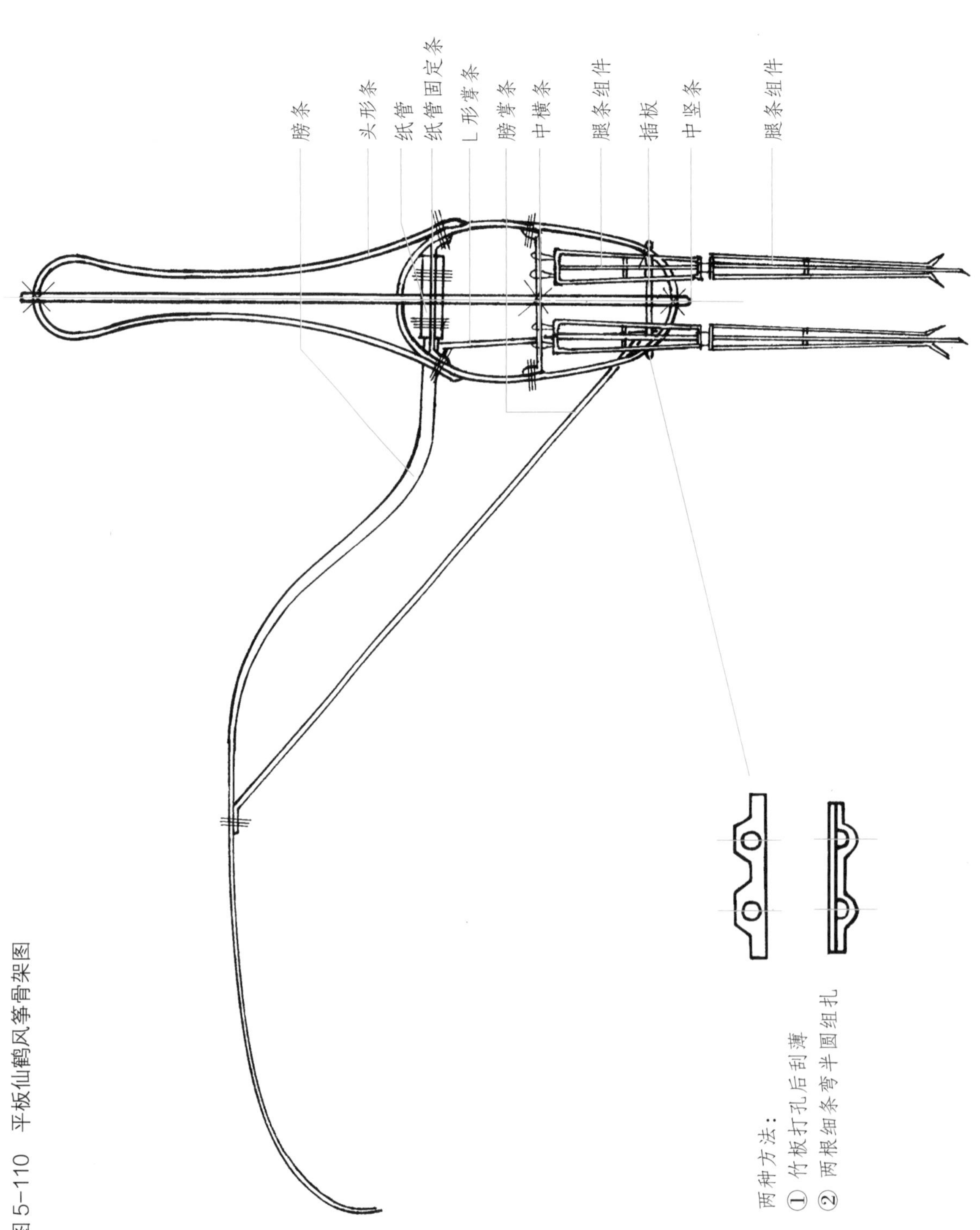

图5-110 平板仙鹤风筝骨架图

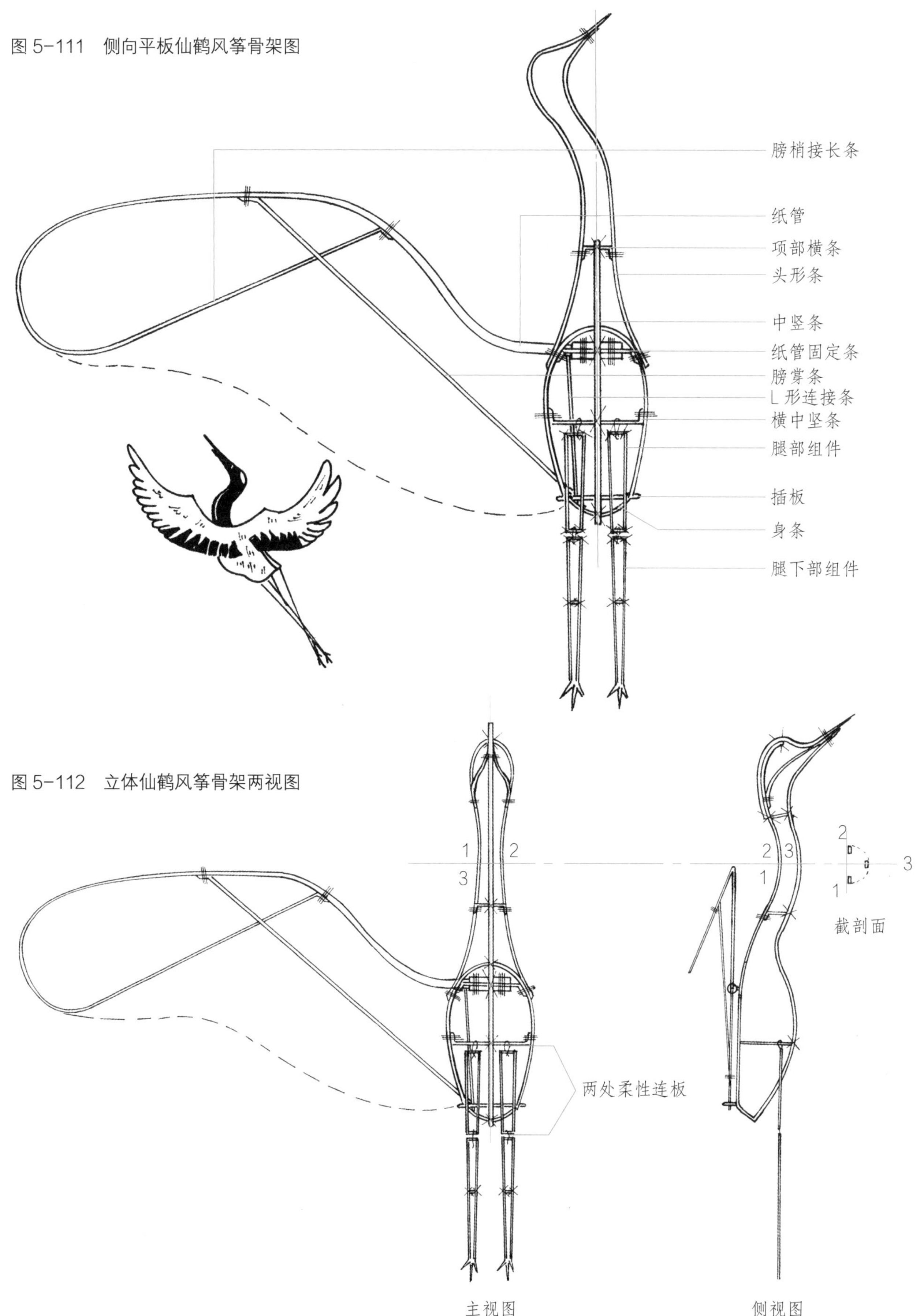

图 5-111 侧向平板仙鹤风筝骨架图

图 5-112 立体仙鹤风筝骨架两视图

图 5-113 仙鹤风筝外形图一

图 5-114 仙鹤风筝外形图二

传说，凤凰栖于梧桐树。它是富贵与吉祥的象征。凤凰有美丽的羽毛，长长的尾羽。以它的样子做成的风筝，美观，易飞。

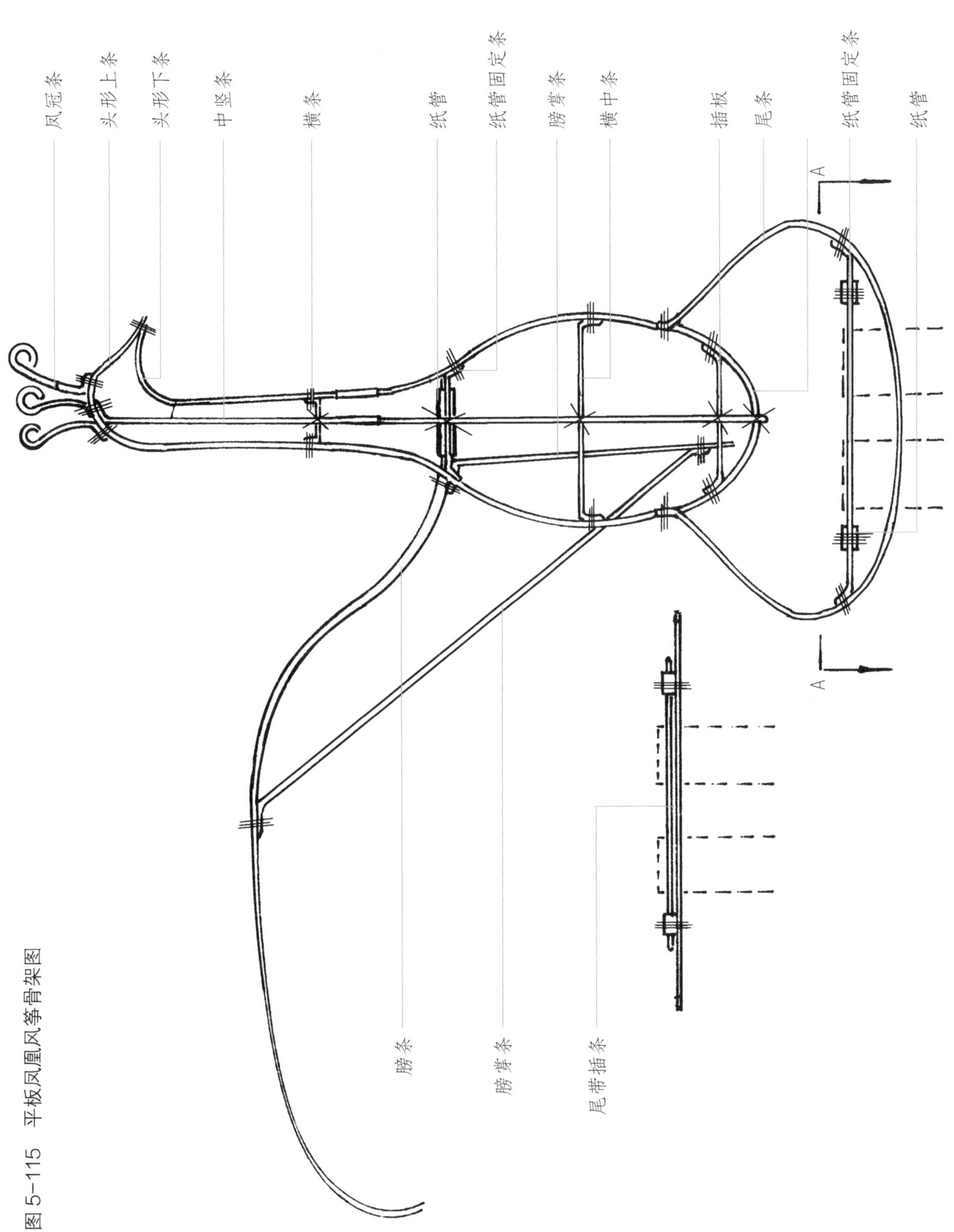

图5-115 平板凤凰风筝骨架图

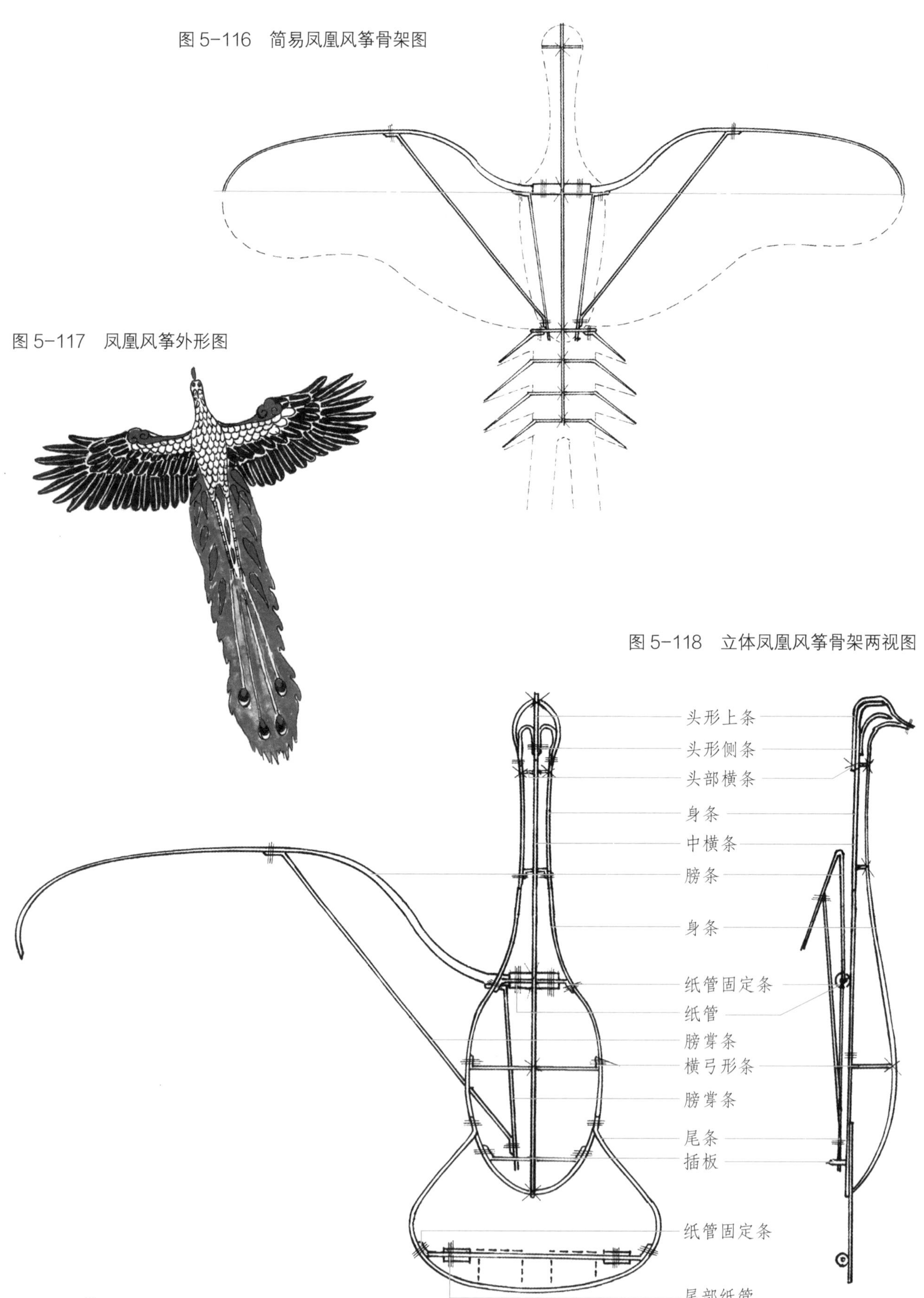

图 5-116 简易凤凰风筝骨架图

图 5-117 凤凰风筝外形图

图 5-118 立体凤凰风筝骨架两视图

海鸥是一种体态娇小的鸟儿，翅膀白色，飞行灵活。在蓝天的映衬下，其显得格外美丽和圣洁。

海鸥风筝身体部分短小，双翅窄而长，所以吃风量小，获得的升力也就小。在扎制骨架时，要注意把翅膀的斜掌竹条加长一些，膀梢竹条要柔软一些。

图 5-119　海鸥风筝外形图

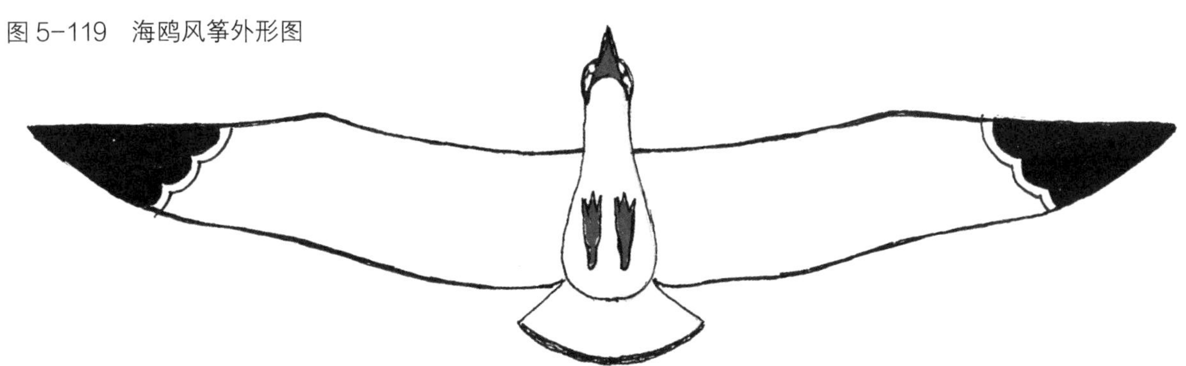

图 5-120　不可拆平板海鸥风筝骨架图

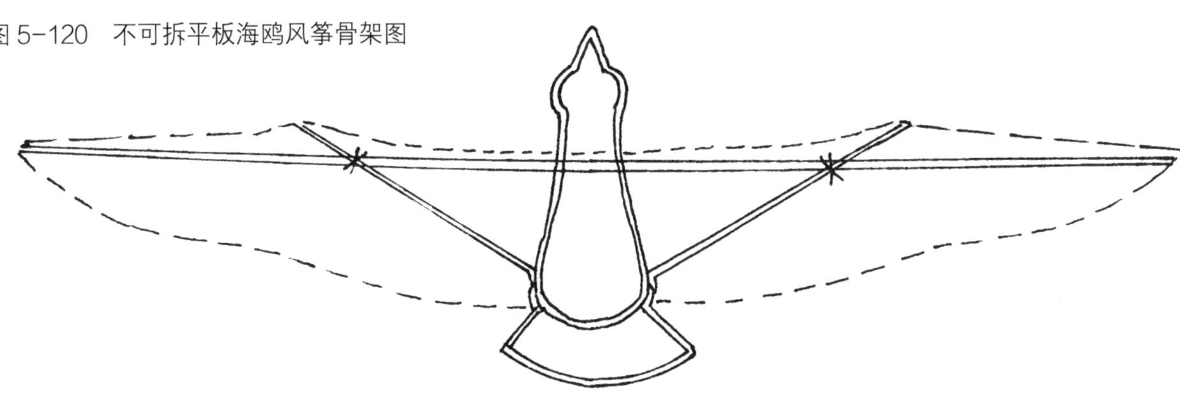

图 5-121　可拆卸平板海鸥风筝骨架图

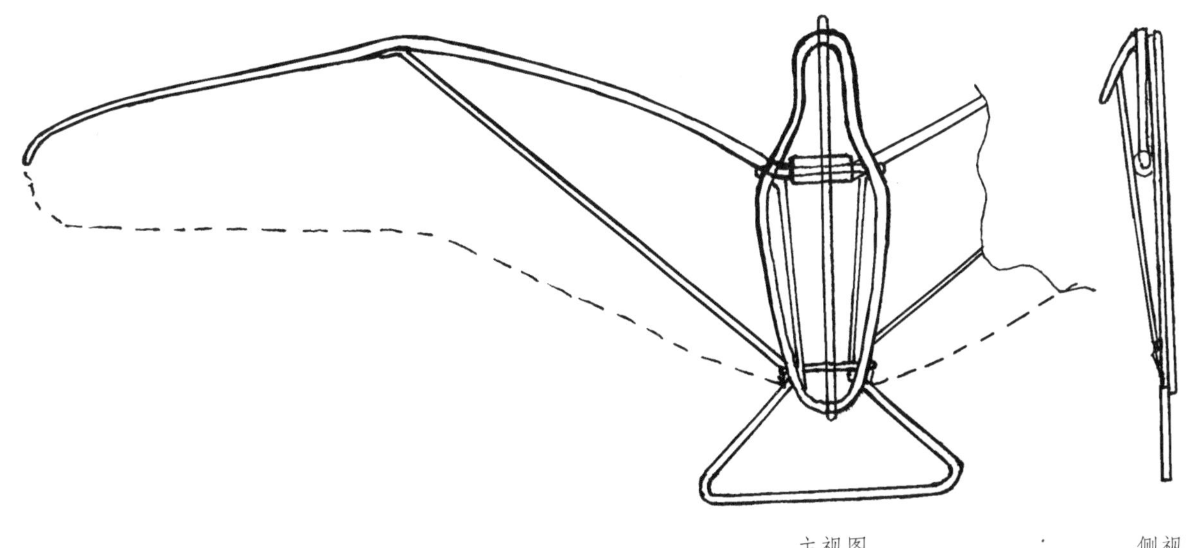

图5-122 立体海鸥风筝骨架三视图

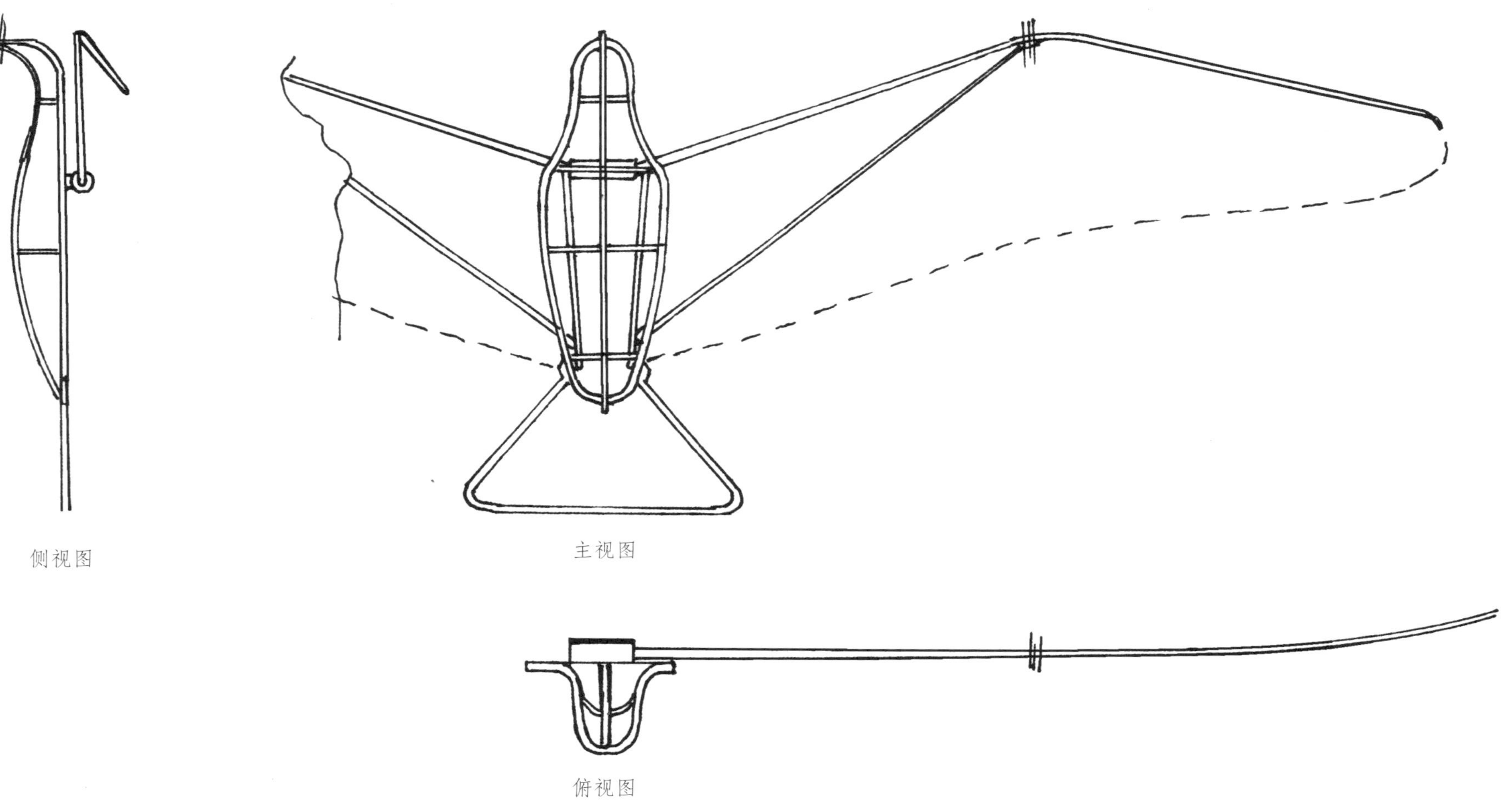

第四节　昆虫肖形风筝

图 5-123　简易蝴蝶骨架两视图

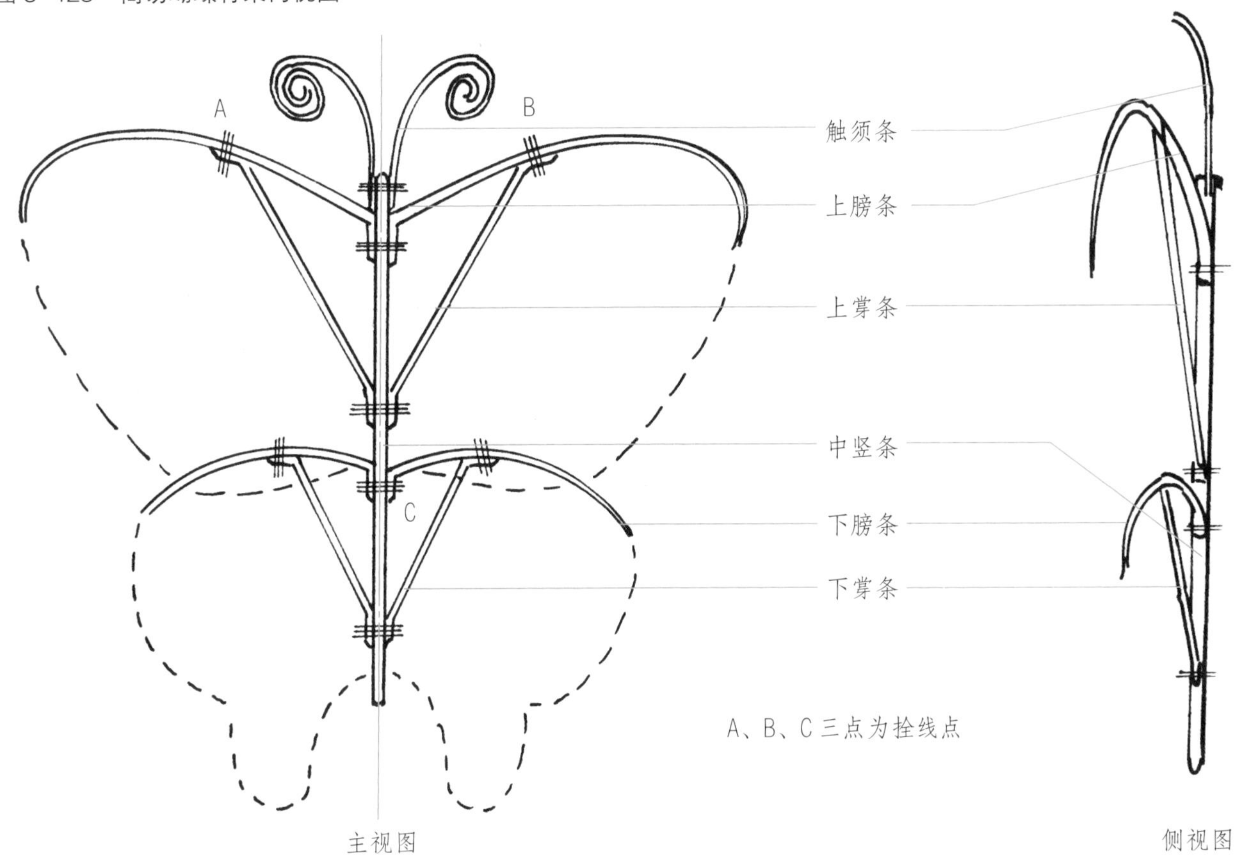

图 5-124　简易蝴蝶风筝骨架图

A
B
上膀条
身条
中竖条
下膀条
C
横条
A、B、C 三点为拴线点

图 5-125 可拆卸平板蝴蝶风筝骨架图

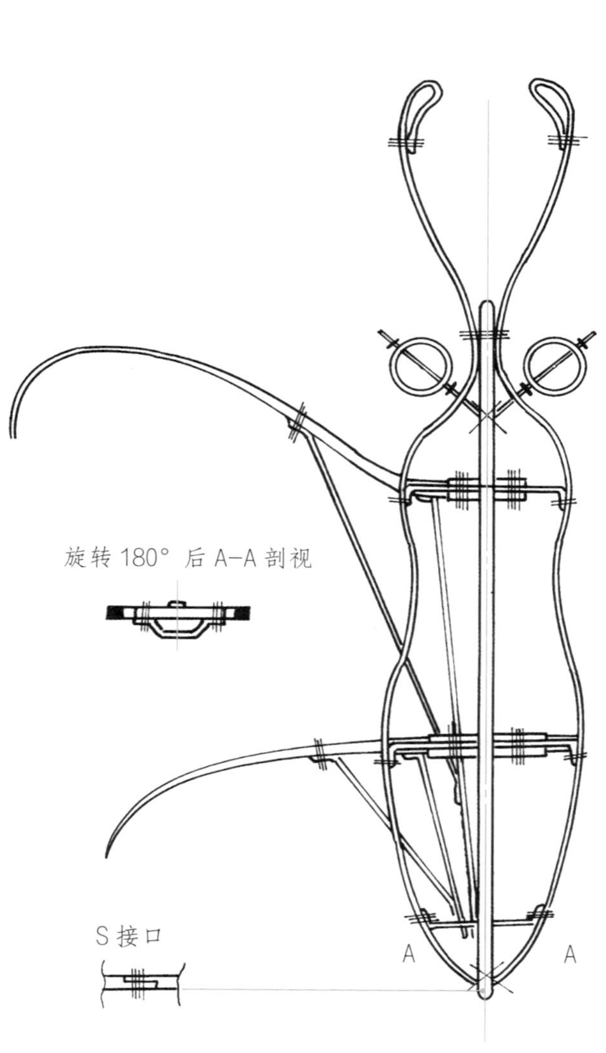

图 5-126 可拆卸平板蝴蝶风筝骨架图

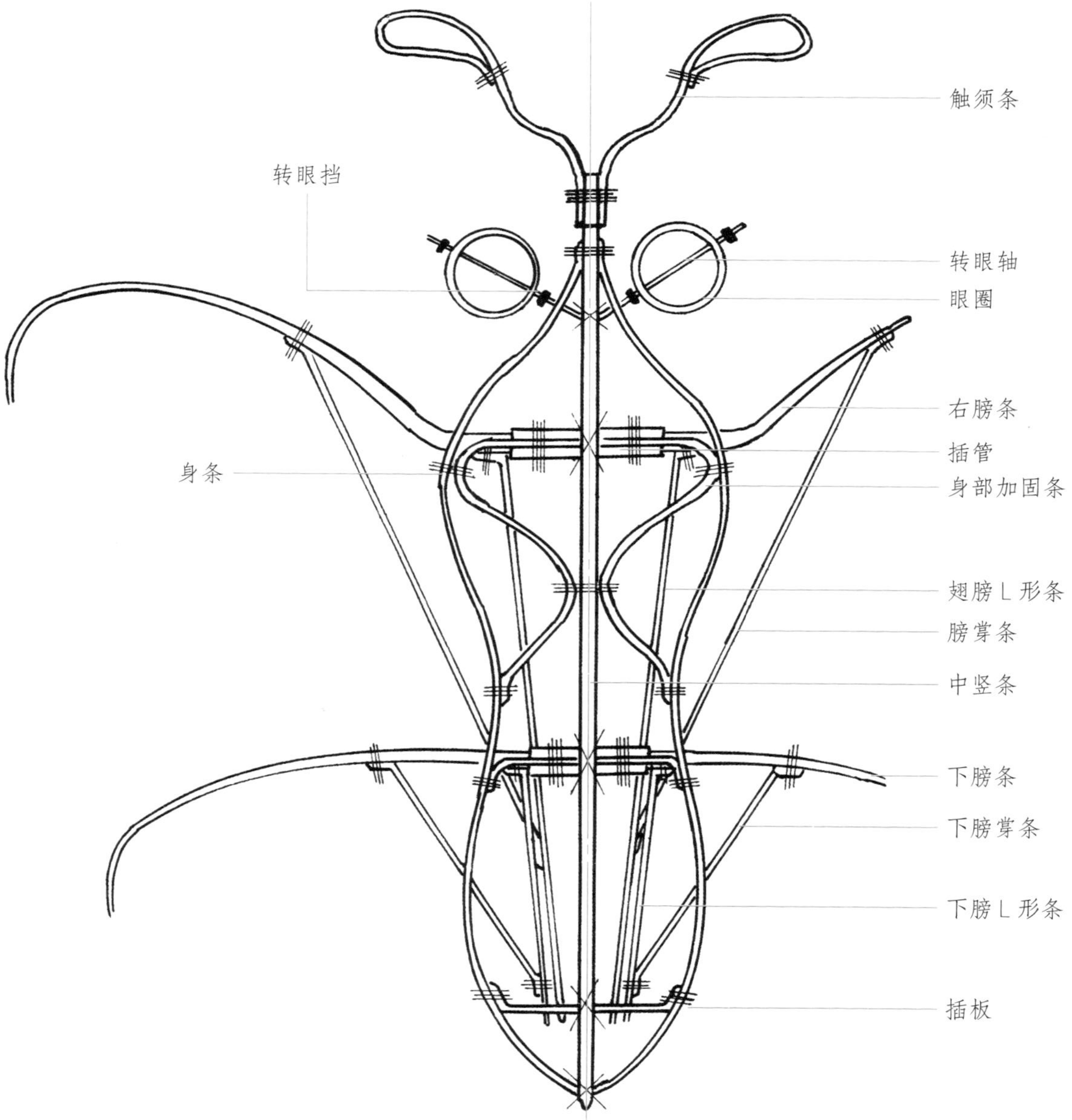

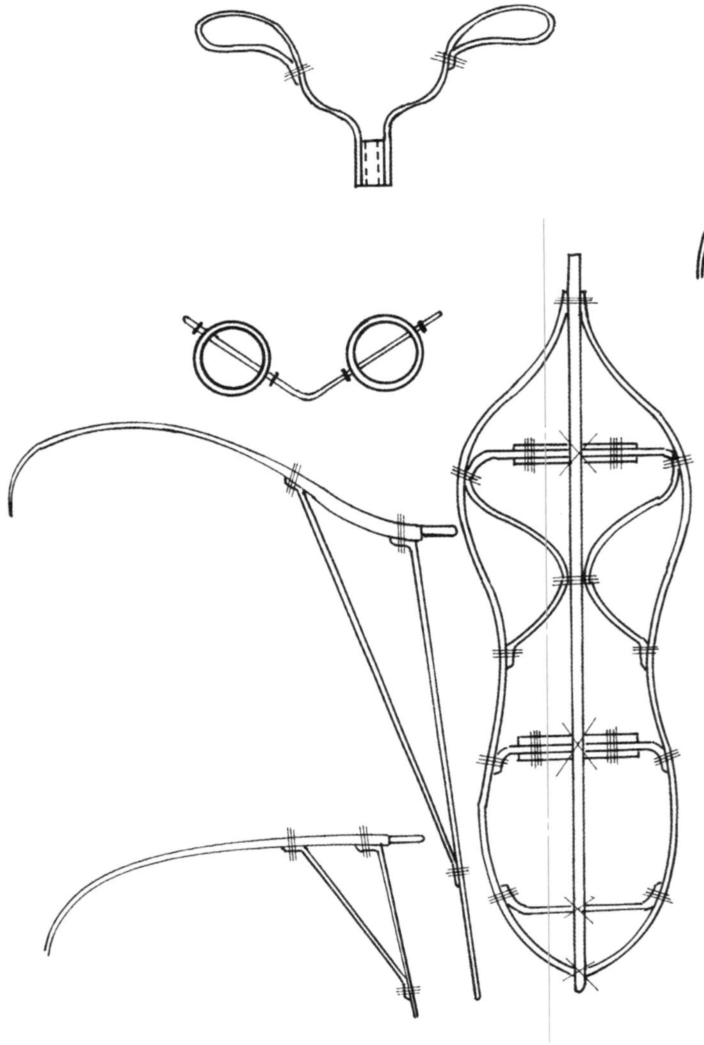

图 5-127 可拆卸平板蝴蝶风筝骨架组件

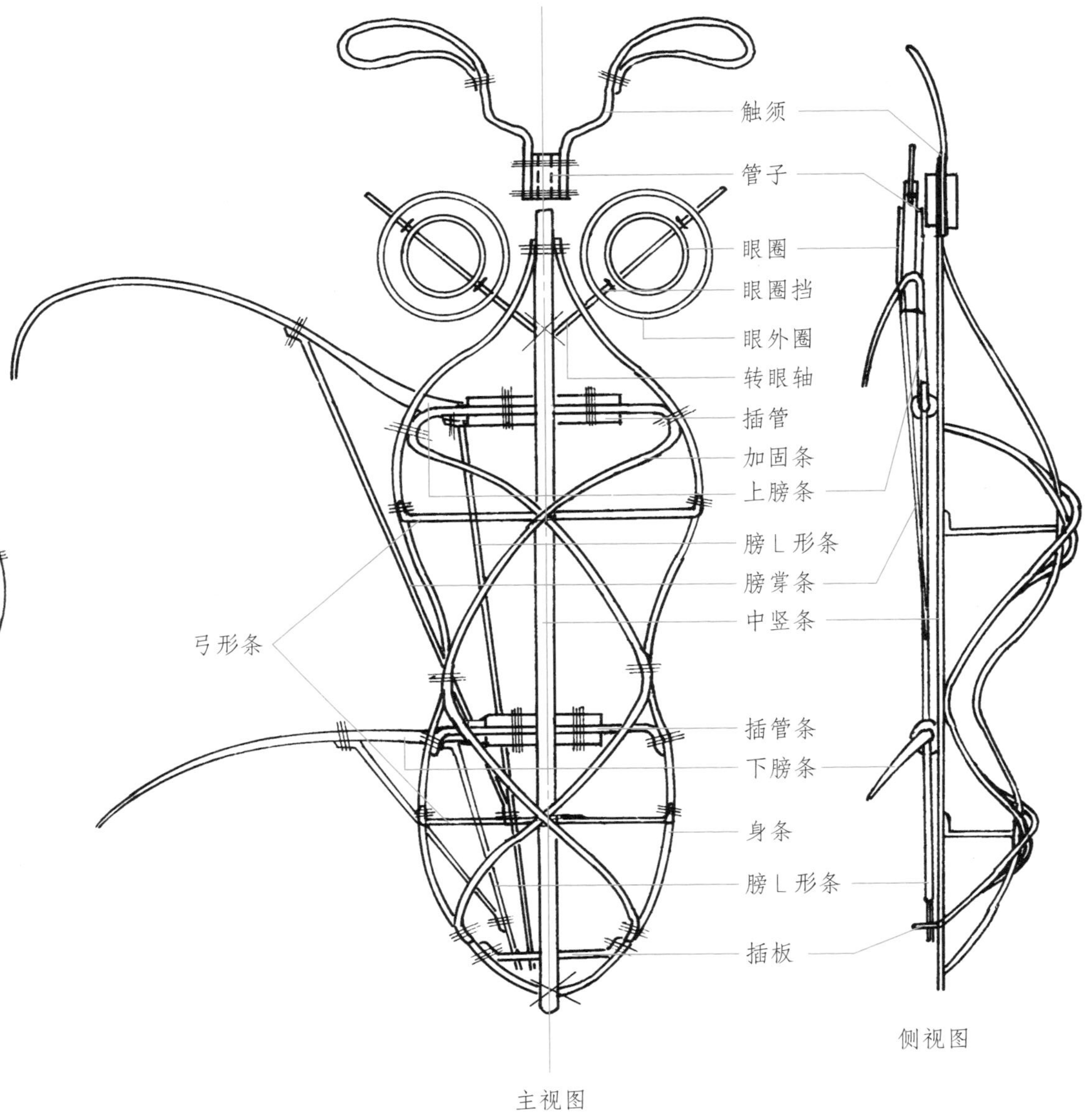

图 5-128 立体可拆卸蝴蝶风筝骨架两视图

蝴蝶风筝，图案很多，画好了非常美丽。

图 5-129 平面蝴蝶风筝外形图

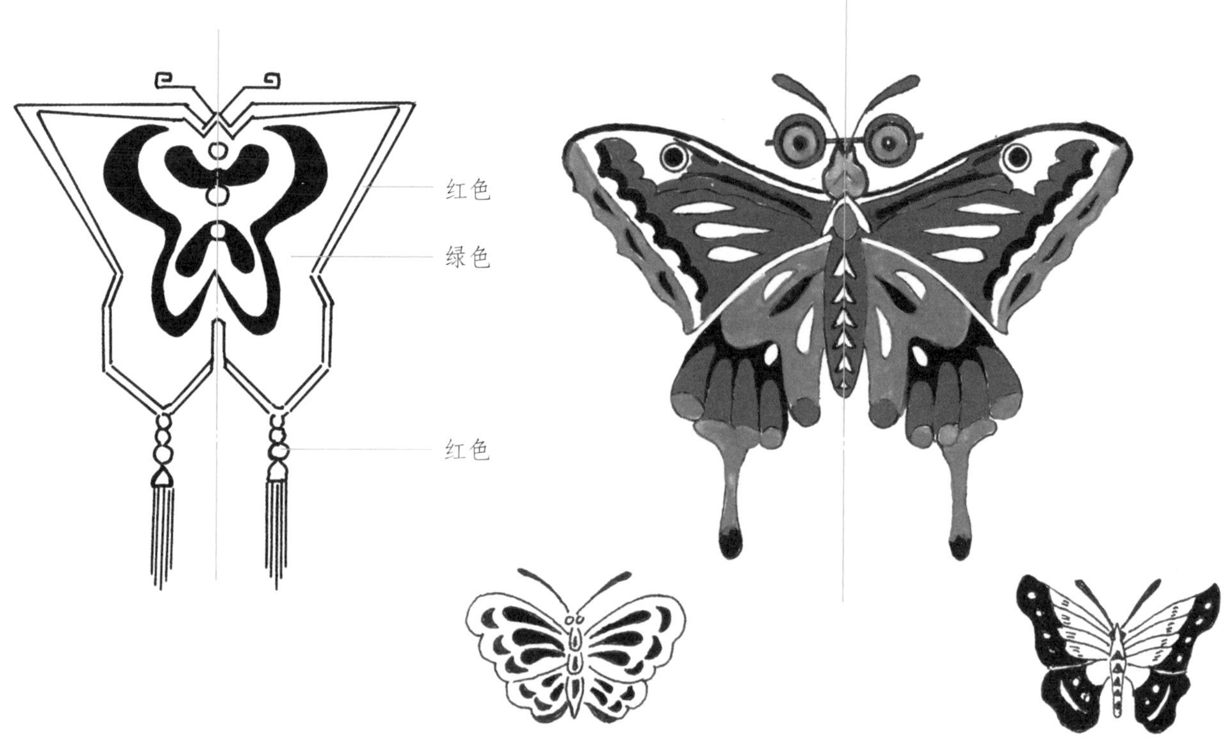

图 5-130 立体蝴蝶风筝外形图

唐诗中有“小荷才露尖尖角，早有蜻蜓立上头”，描述了蜻蜓的优美姿态。蜻蜓风筝，放到高空，十分鲜艳、抢眼。

图 5-131　蜻蜓风筝平面骨架图

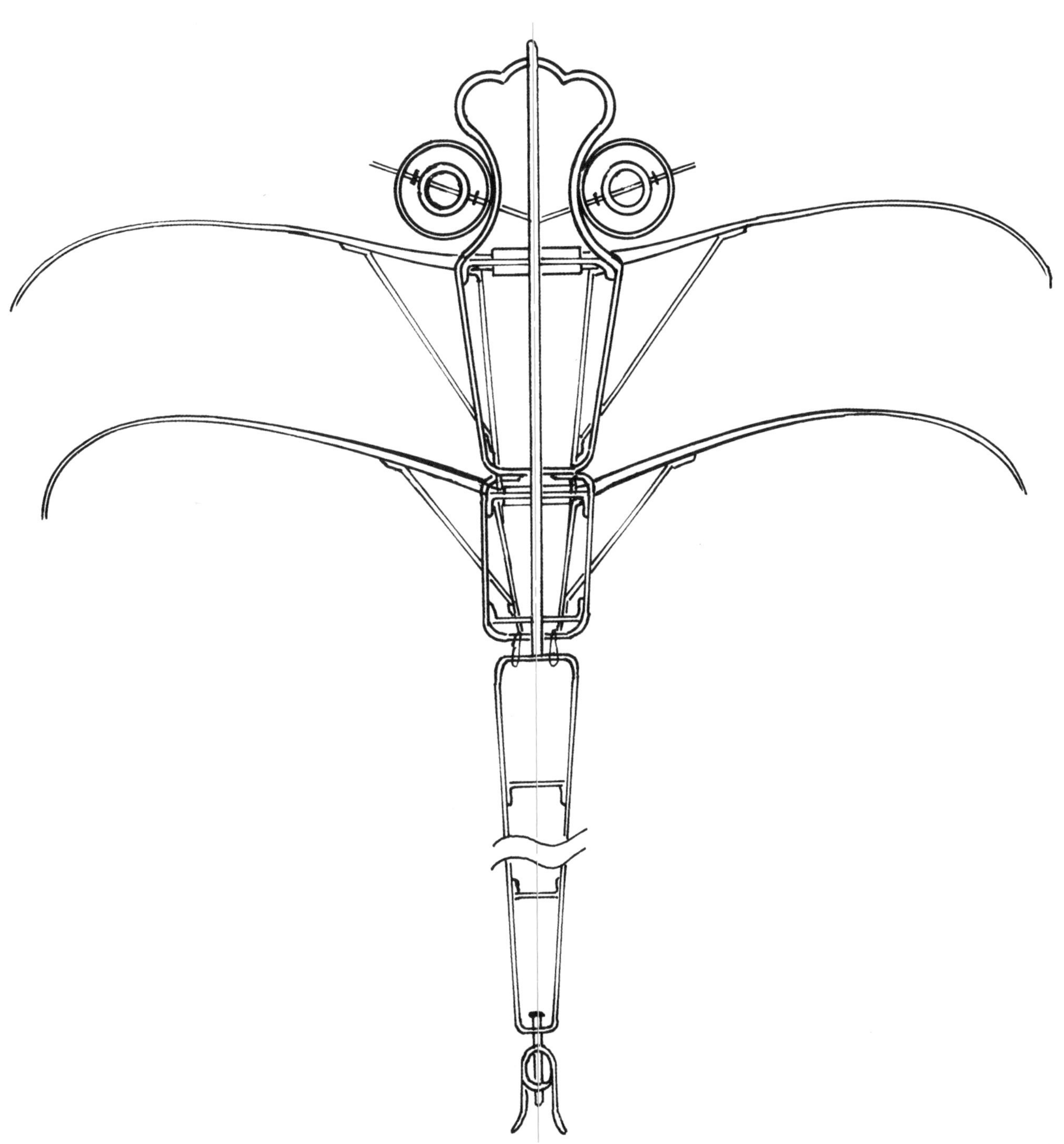

图 5-132 立体蜻蜓风筝骨架图

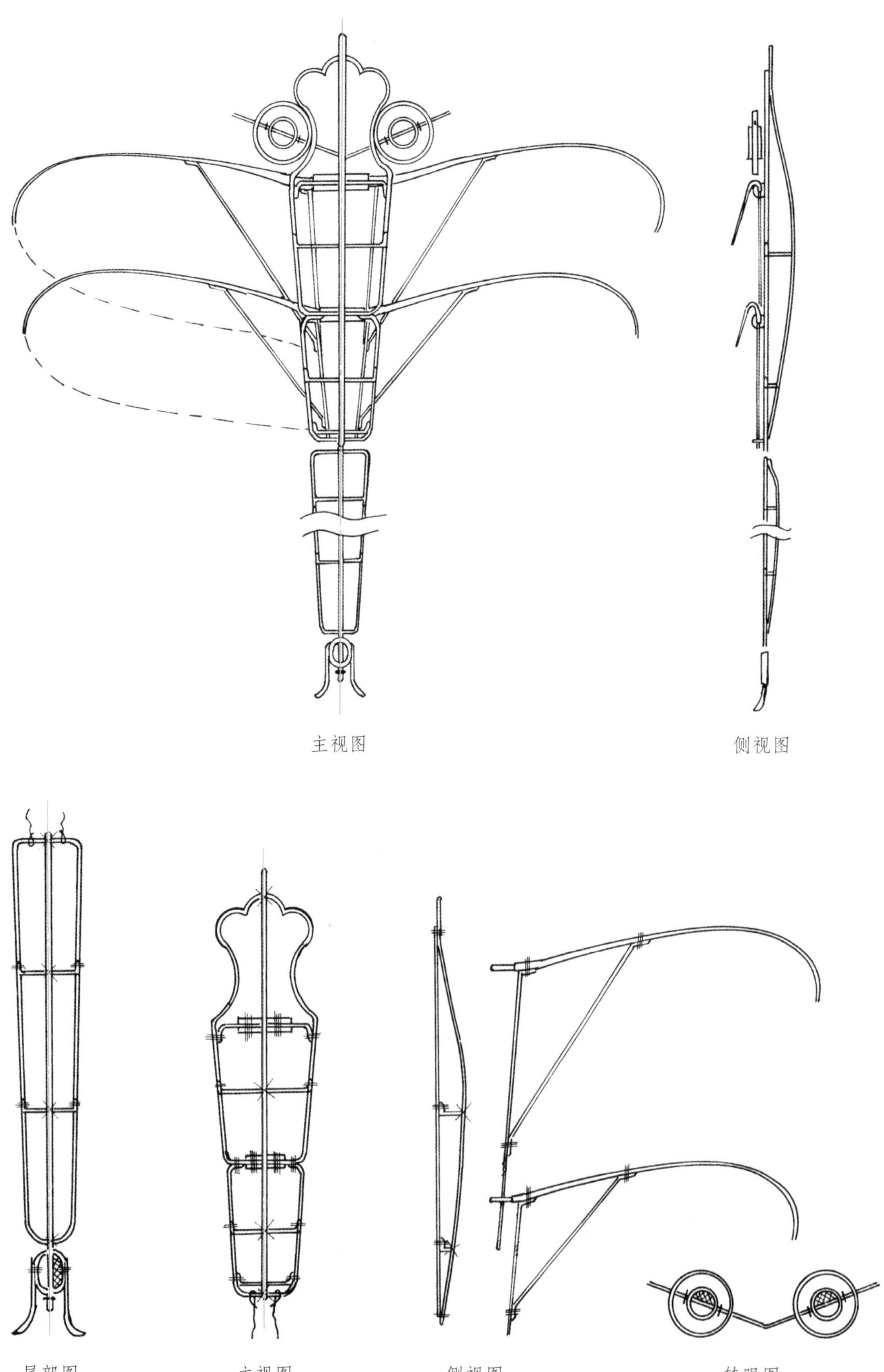

图 5-133 蜻蜓风筝外形图

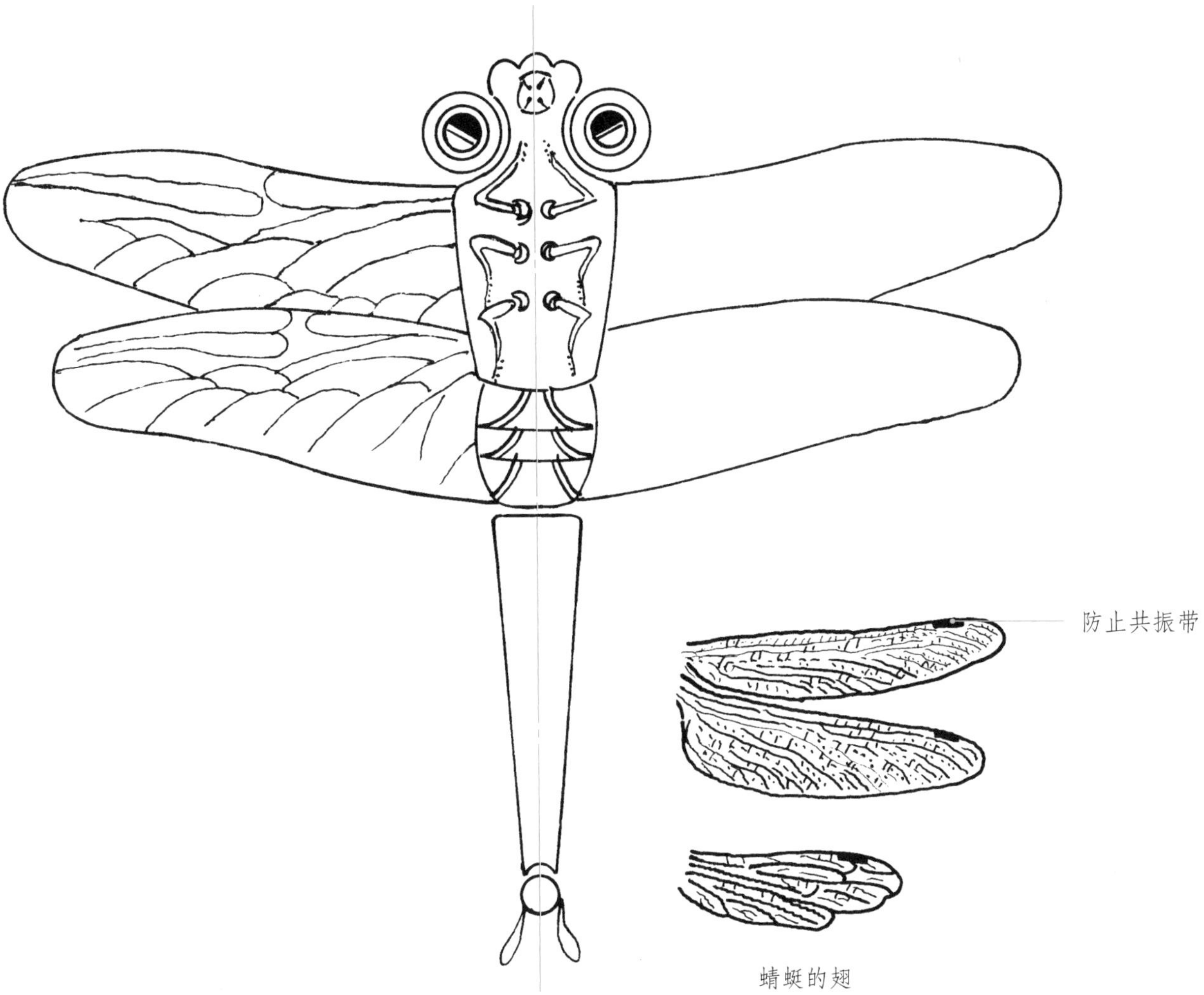

防止共振带

蜻蜓的翅

图 5-134 蚱蜢风筝外形图

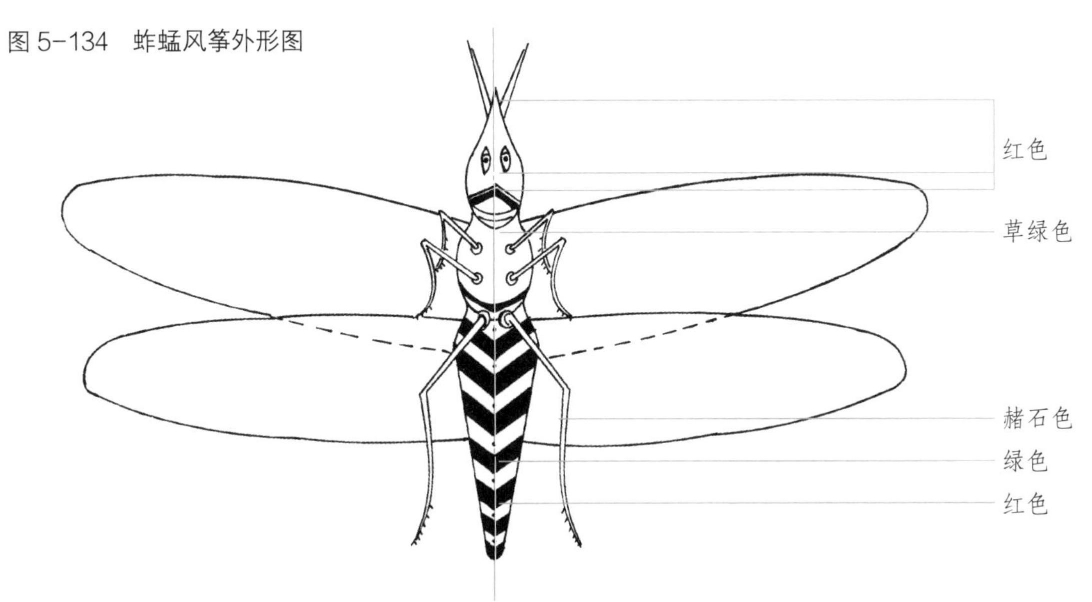

图 5-135 平板蚱蜢风筝骨架两视图

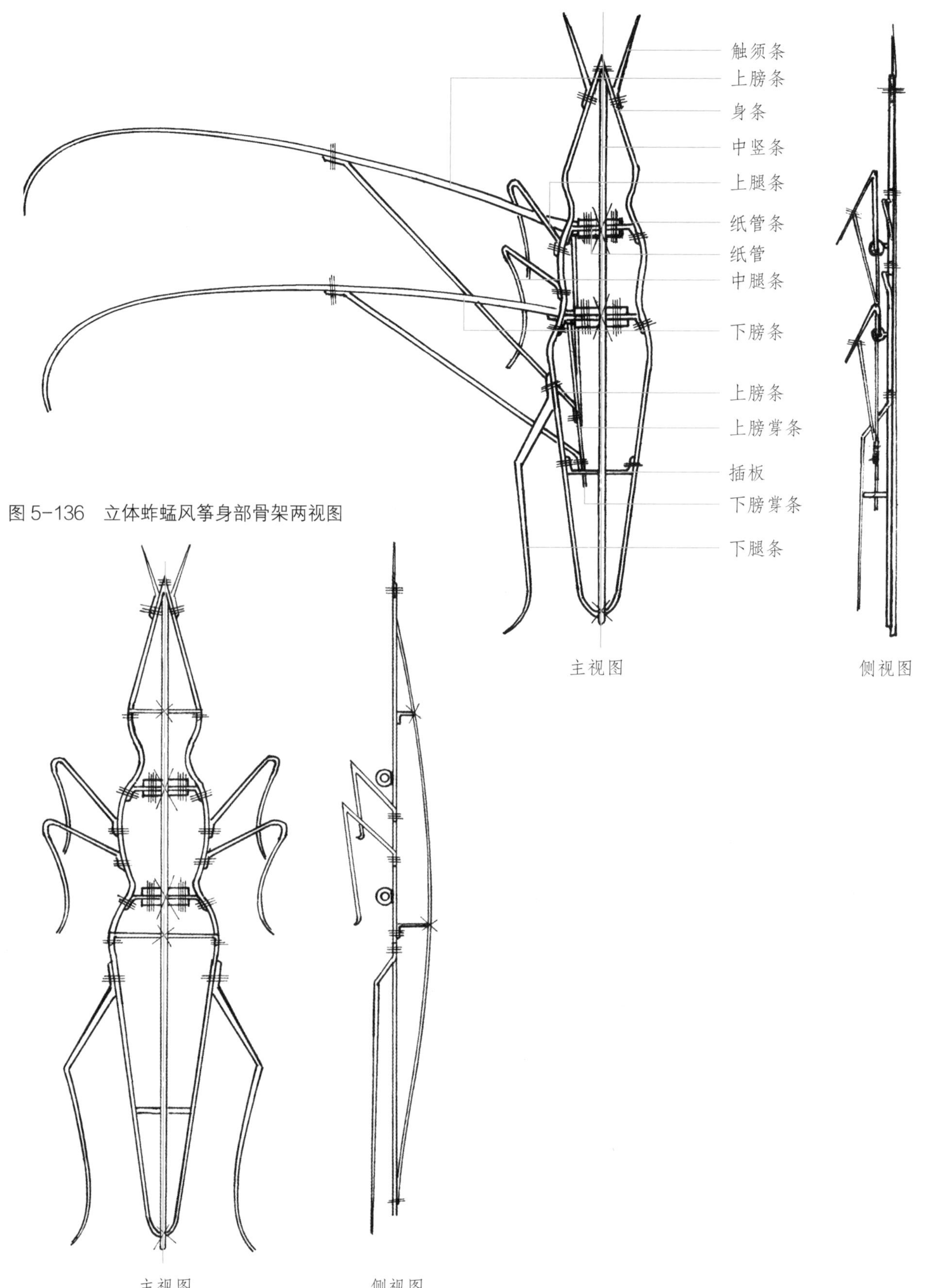

图 5-136 立体蚱蜢风筝身部骨架两视图

螳螂风筝的头是朝下的，这样容易起飞。

图 5-137 螳螂风筝外形图

红色
深绿色
浅绿色
深绿色
赭石色
浅绿色

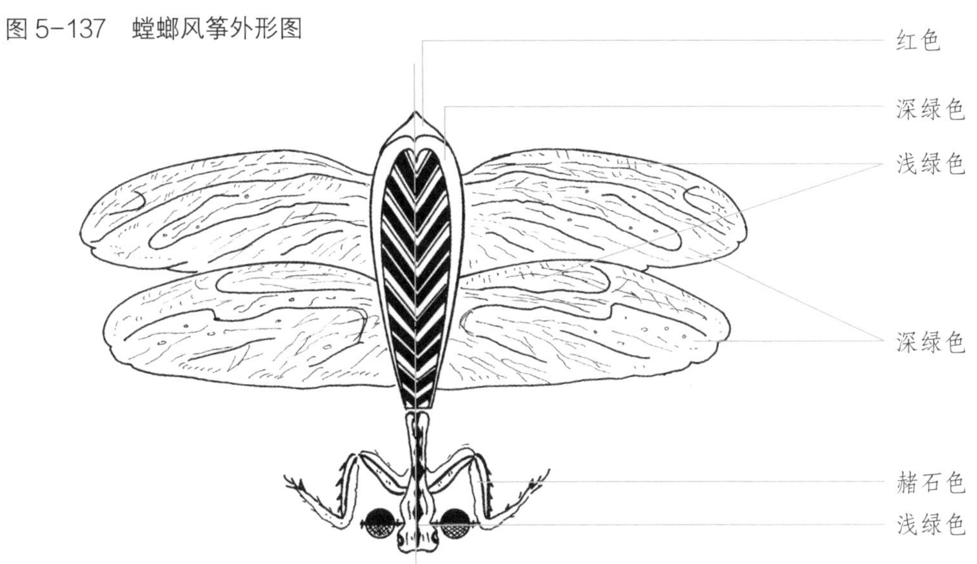

图 5-138 平板螳螂风筝骨架图

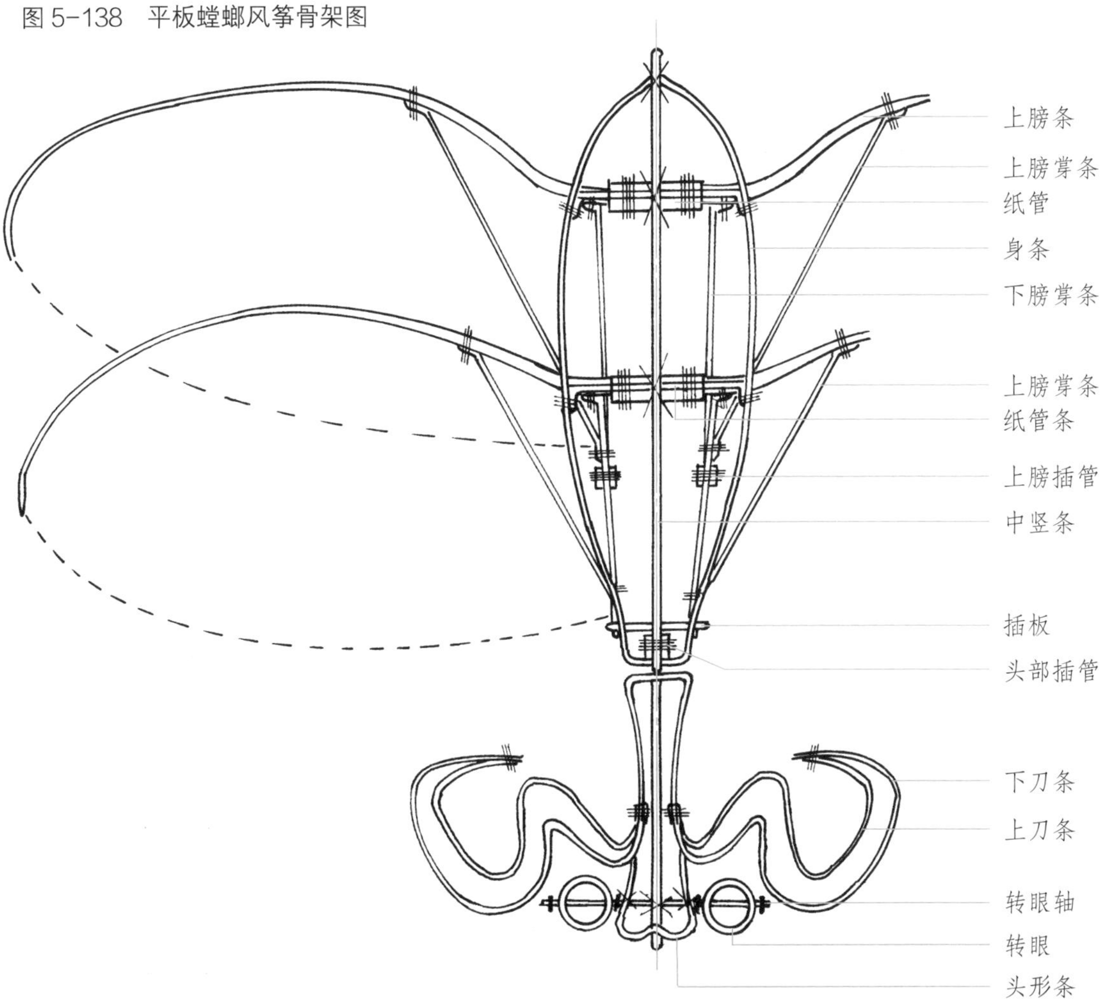
上膀条
上膀掌条
纸管
身条
下膀掌条
上膀掌条
纸管条
上膀插管
中竖条
插板
头部插管
下刀条
上刀条
转眼轴
转眼
头形条

图 5-139 立体螳螂风筝骨架两视图

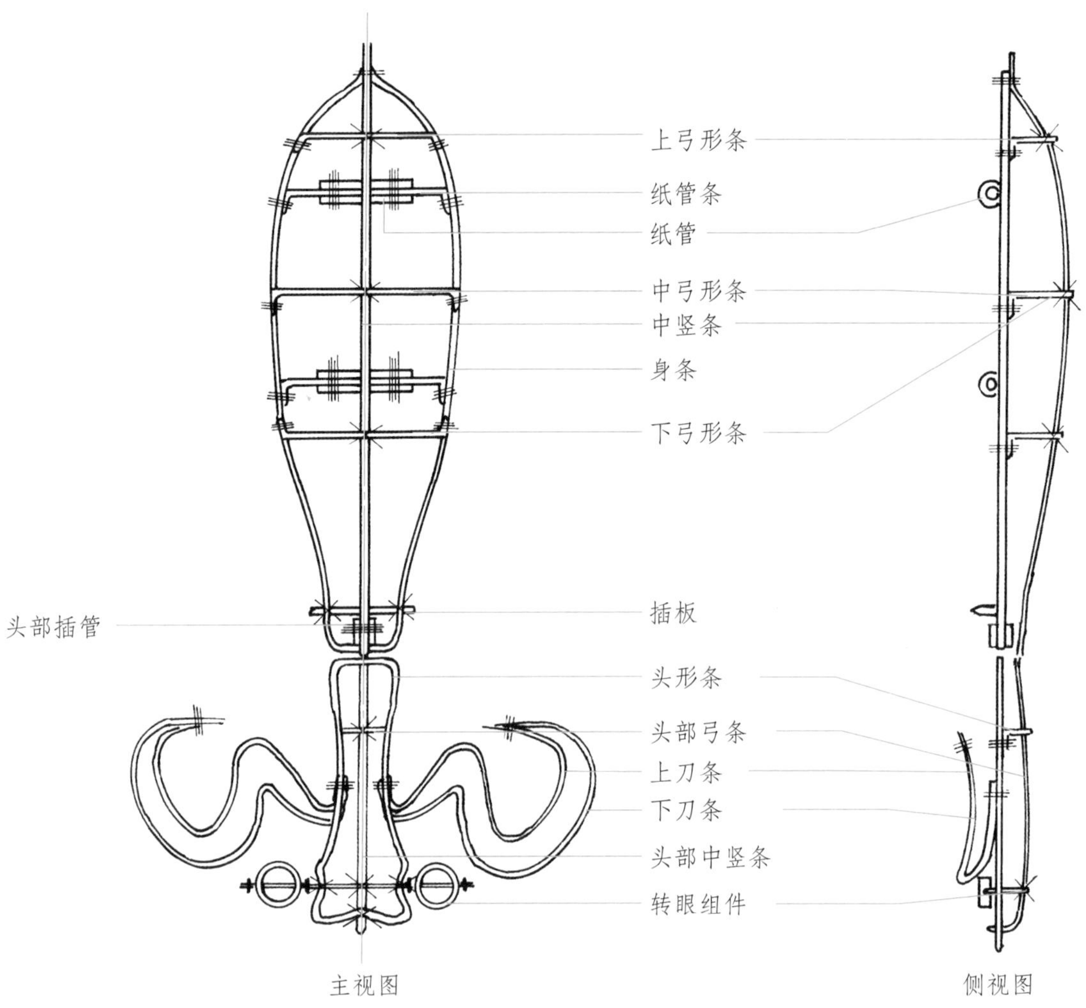

图 5-140 螳螂风筝骨架拆开部件图

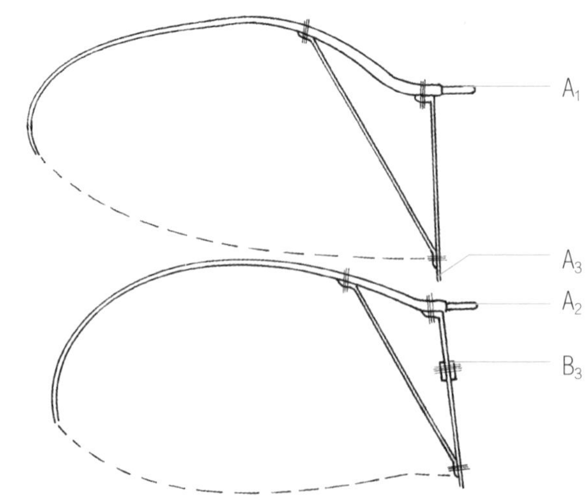

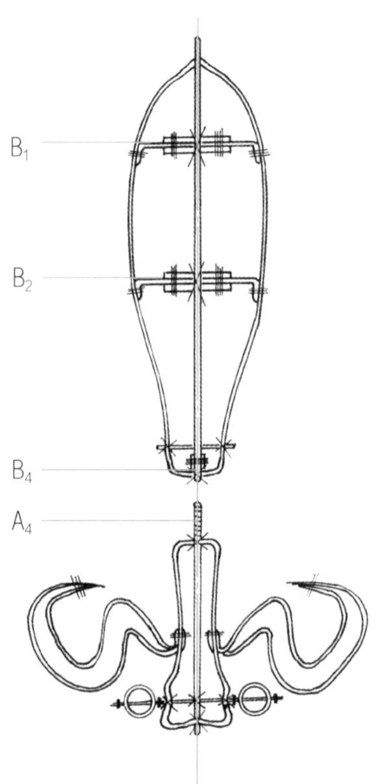

装配时先将 A_2 插入 B_2，然后再分别把 A_1、A_3、A_4 插入 B_1、B_3、B_4 之中即可。

风筝转眼的制作工艺

昆虫及水族类风筝，很多把眼睛做成可以转动的。风筝放飞后，眼睛在风的作用下转动，并发出声响，为风筝增色不少。特别是把较大的龙头蜈蚣、蝴蝶、蜻蜓等风筝的转眼做成立体的，转动起来，给人以美的享受。下面是平板转眼和立体转眼的结构图和制作工艺步骤，供参考。

图 5-141 立体转眼三视图

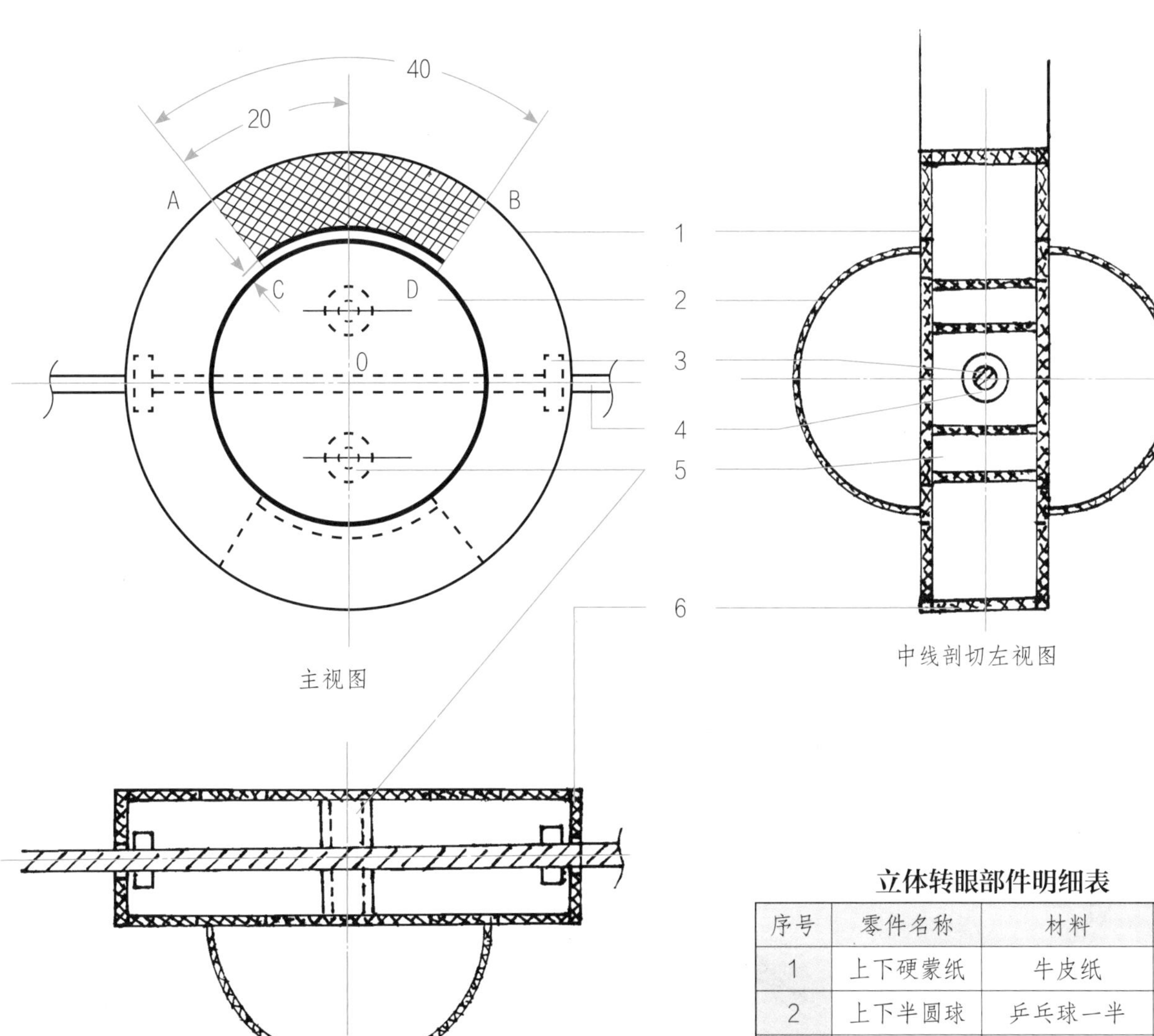

立体转眼部件明细表

序号	零件名称	材料	件数
1	上下硬蒙纸	牛皮纸	2
2	上下半圆球	乒乓球一半	2
3	挡圈	细电线外皮	2
4	轴棍	细铁丝	1
5	支管	薄纸卷成	2
6	眼圈	羽毛球筒	1

龙头蜈蚣、蜻蜓、蝴蝶、墨斗鱼、螳螂等风筝立体转眼的制作工艺：

第一步，大精眼的眼圈用羽毛球筒或易拉罐截取，小精眼的眼圈用空心手纸的纸筒。裁成 20 毫米厚的圆环作为转眼眼圈。第二步，把较厚的牛皮纸平放在工作台上，将裁好的眼圈放于纸上用笔勾出圆。第三步，在圆上做 40° 的弧交于 A、B 两点，圆心为 0，连接 A0、B0，剪去阴影部分，形成梯形进风孔。第四步，再画一个虚线圆，见图示，剪去阴影部分，剪成齿轮状。第五步，把齿轮状的纸粘在眼圈上。第六步，在眼圈上戳出一个 2 毫米的孔，把轴棍穿入一边后，把两只挡圈穿在轴上，这时再将轴穿过另一边，把眼圈调到轴的中间，这时，把左右挡圈分别向左、右调到距眼圈 2 毫米处，用 502 胶粘住。精眼吃风后转动就只能在原处。也有把眼圈内的挡圈放在外边的，虽然制作简单，但不够美观。第七步，按此方法再粘糊另一面，要特别注意进风口是错开的，一上一下不能在同一方向，否则就转不起来了。

另一种方法：蒙纸不用做成齿轮状，不包边直接蒙糊，这样需要在内部设立顶柱，防止蒙面塌陷。

平板精眼适合做成小的。它的制作工艺相对简单。

平板转眼部件明细表

序号	零件名称	材料	件数
1	眼圈	纸式金属	2
2	挡圈	细电线外皮	4
3	轴棍	细铁丝	2
4	上下蒙纸	纸等	4

图 5-142　平板转眼两视图

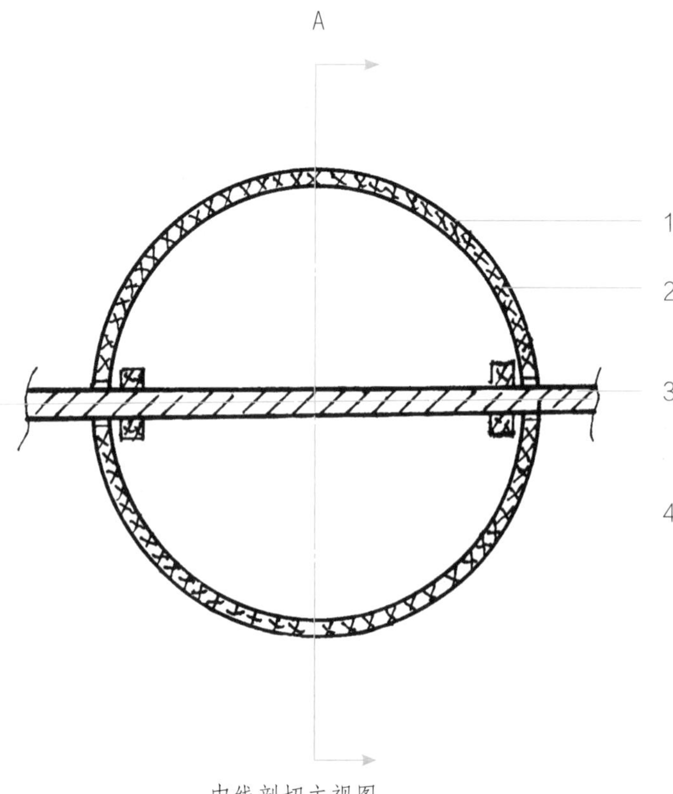

中线剖切主视图

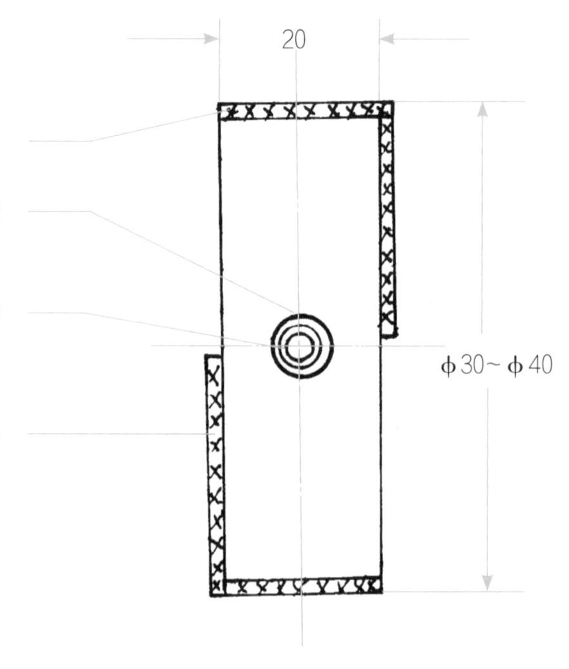

中线剖切 A-A 左视图

图 5-143 立体转眼蒙纸示意图

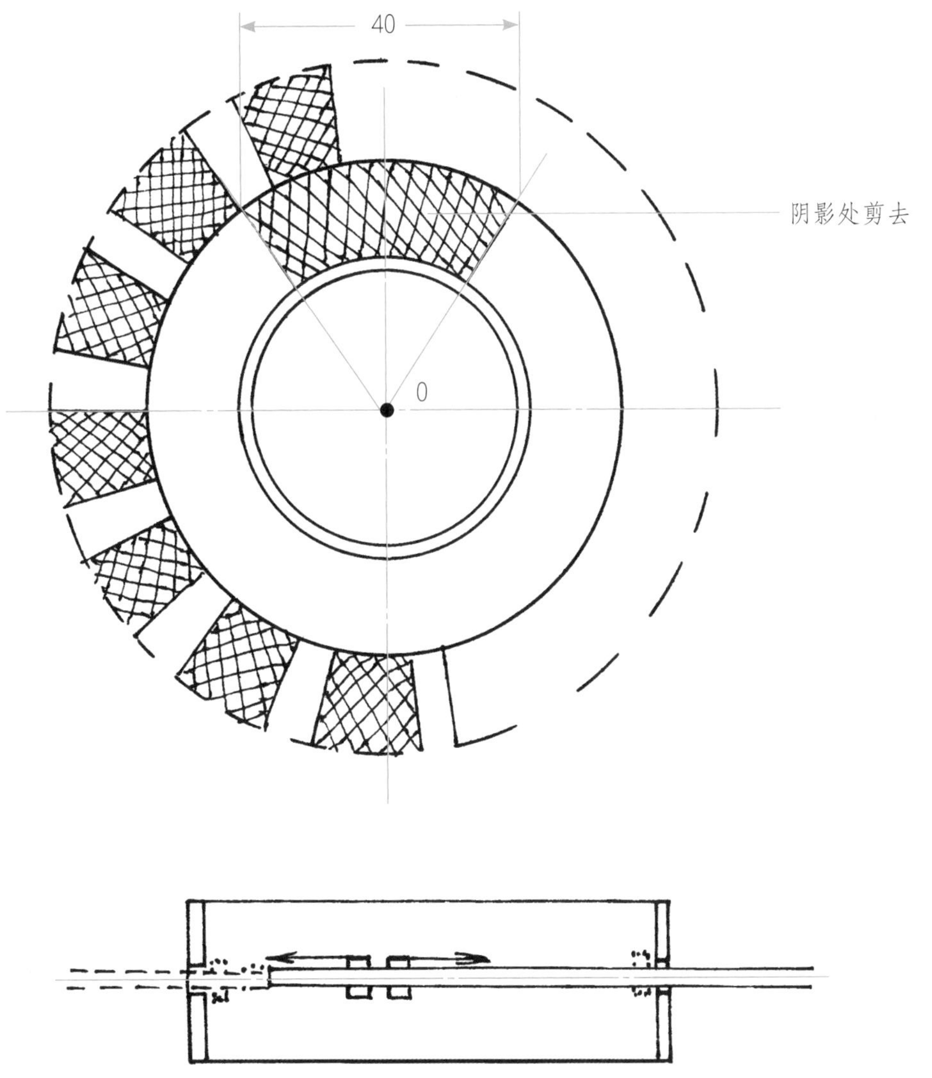

挡圈装入示意图

第五节 水族类风筝

金鱼风筝是根据金鱼的姿态设计的。金鱼风筝的种类很多，但骨架结构基本相同。

龙睛鱼是金鱼的一种。这种鱼的眼睛很大，眼球突出，为了神似，制作风筝时常把眼睛做成精眼。当风筝起飞后，眼睛受风，转动很快，充分显示其形象和特点。

金鱼的美，也表现在尾部。它的尾巴有单尾、燕尾、三尾、四尾、凤尾、扇尾、孔雀尾，等等。尾巴小的如竹叶迎风，大的像枫叶飘荡，不论长短、大小，开展闭合，各有各的特色。

了解金鱼的特征，能制作更加形象生动的金鱼风筝。

图 5-144 简易金鱼风筝骨架图一

A
B
A、B 两 端 拴
线拉成弓形

图 5-145 简易金鱼风筝骨架图二

A
B
A、B 端拴线
拉成弓形

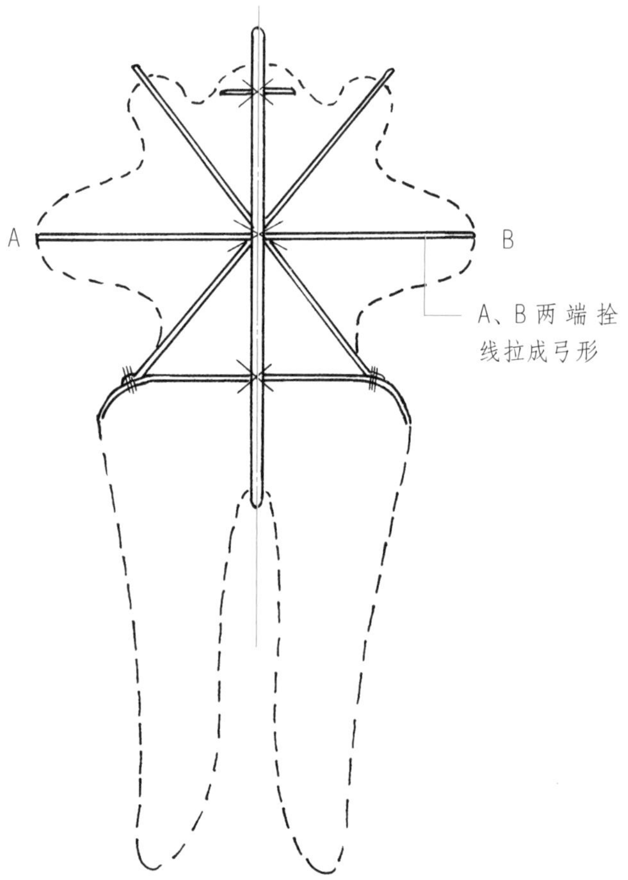

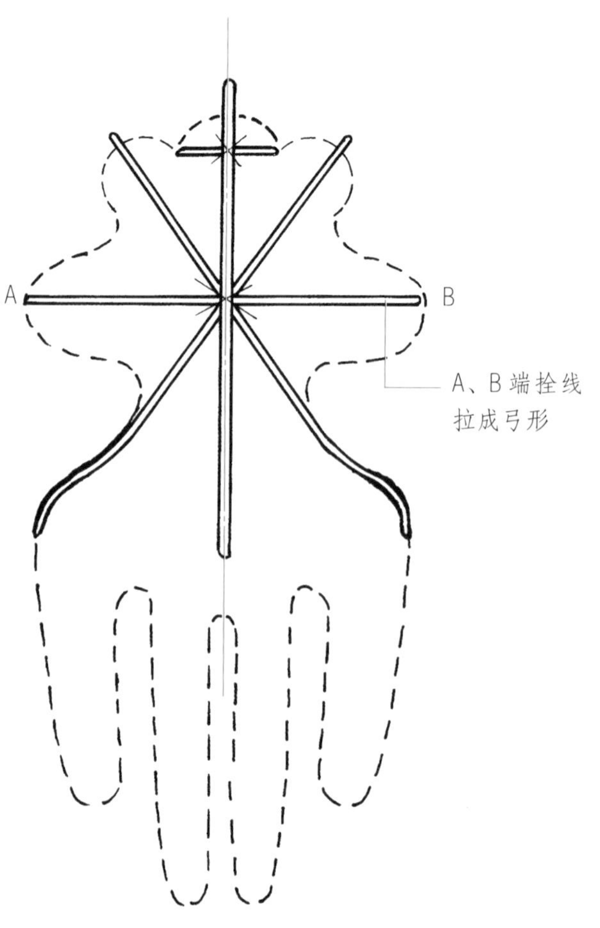

图 5-146 简易金鱼风筝外形图一

图 5-148 硬翅平板金鱼风筝骨架两视图

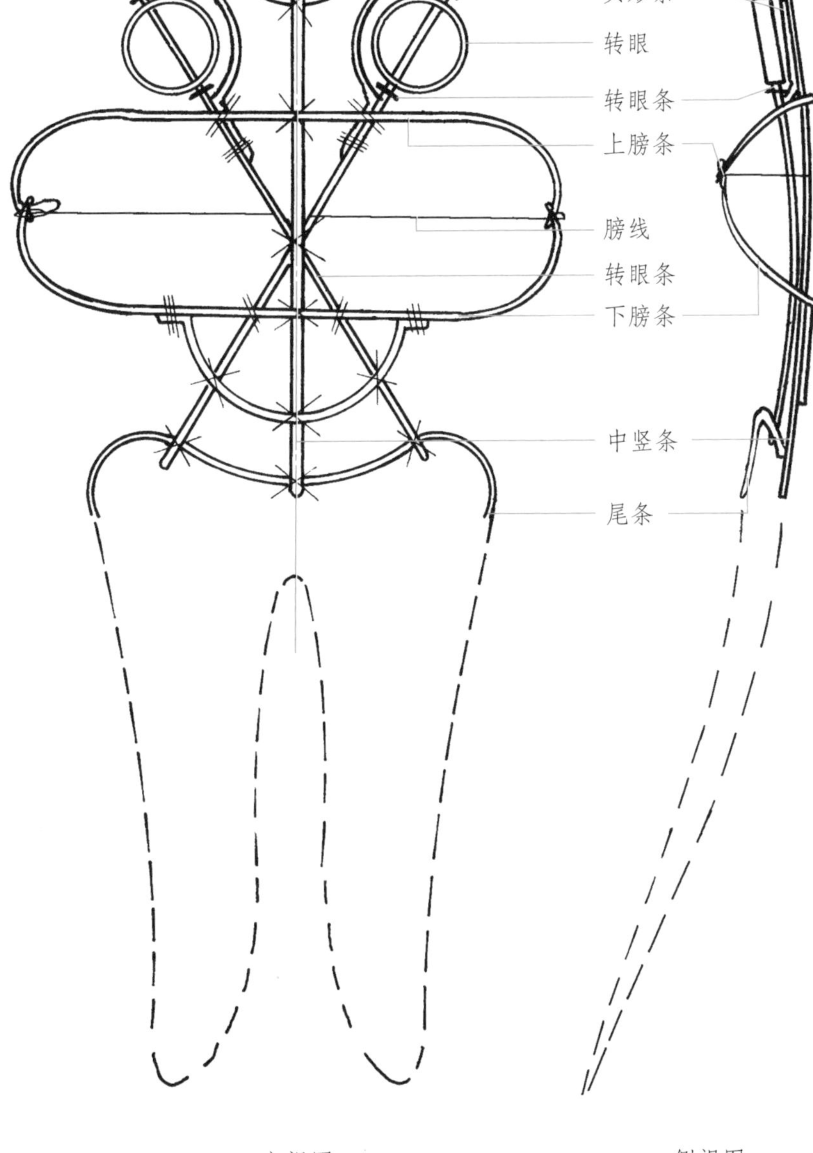

图 5-147 简易金鱼风筝外形图二

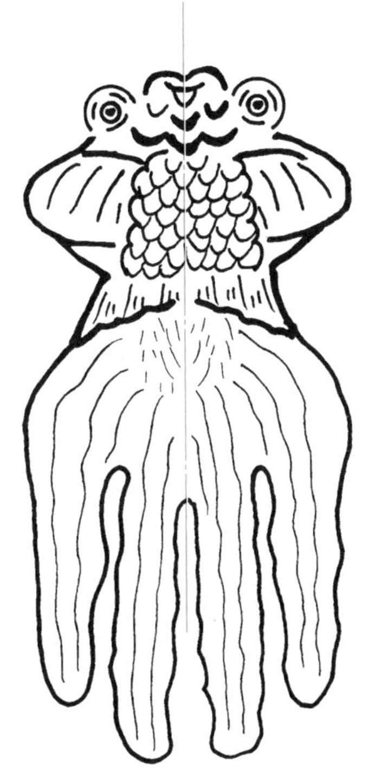

图 5-149 可拆卸硬翅立体金鱼风筝骨架两视图

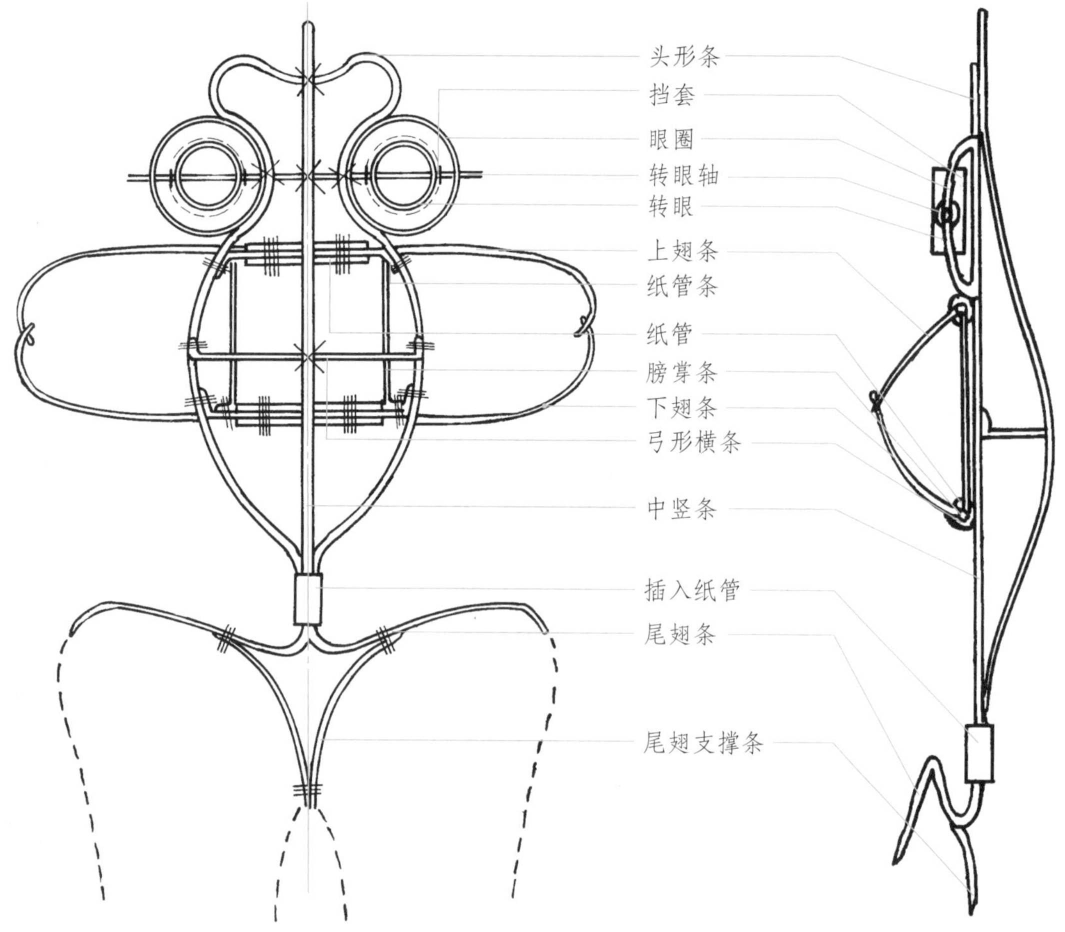

图 5-150 可拆卸硬翅立体金鱼风筝骨架部件图

图 5-151 硬翅金鱼风筝外形图

墨斗鱼风筝骨架比较简单，扎制比较容易。墨斗鱼的十只脚，成了风筝的尾巴，起到平衡作用，所以风筝飞起来很稳定。这种风筝，一定要把眼睛做成立体大精眼，更好看。

图 5-152　半可拆卸墨斗鱼风筝骨架图

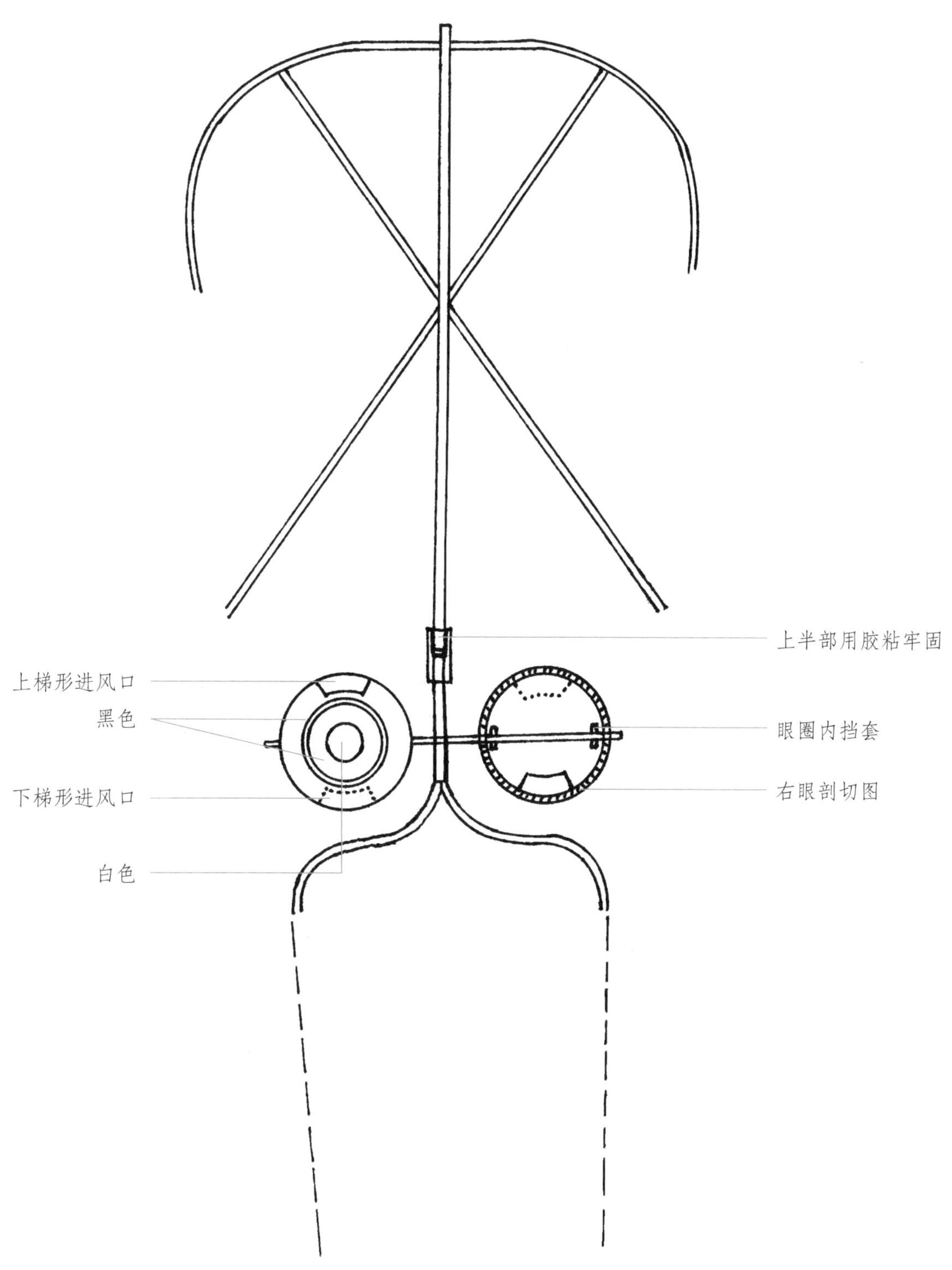

图 5-153 墨斗鱼风筝可拆骨架图

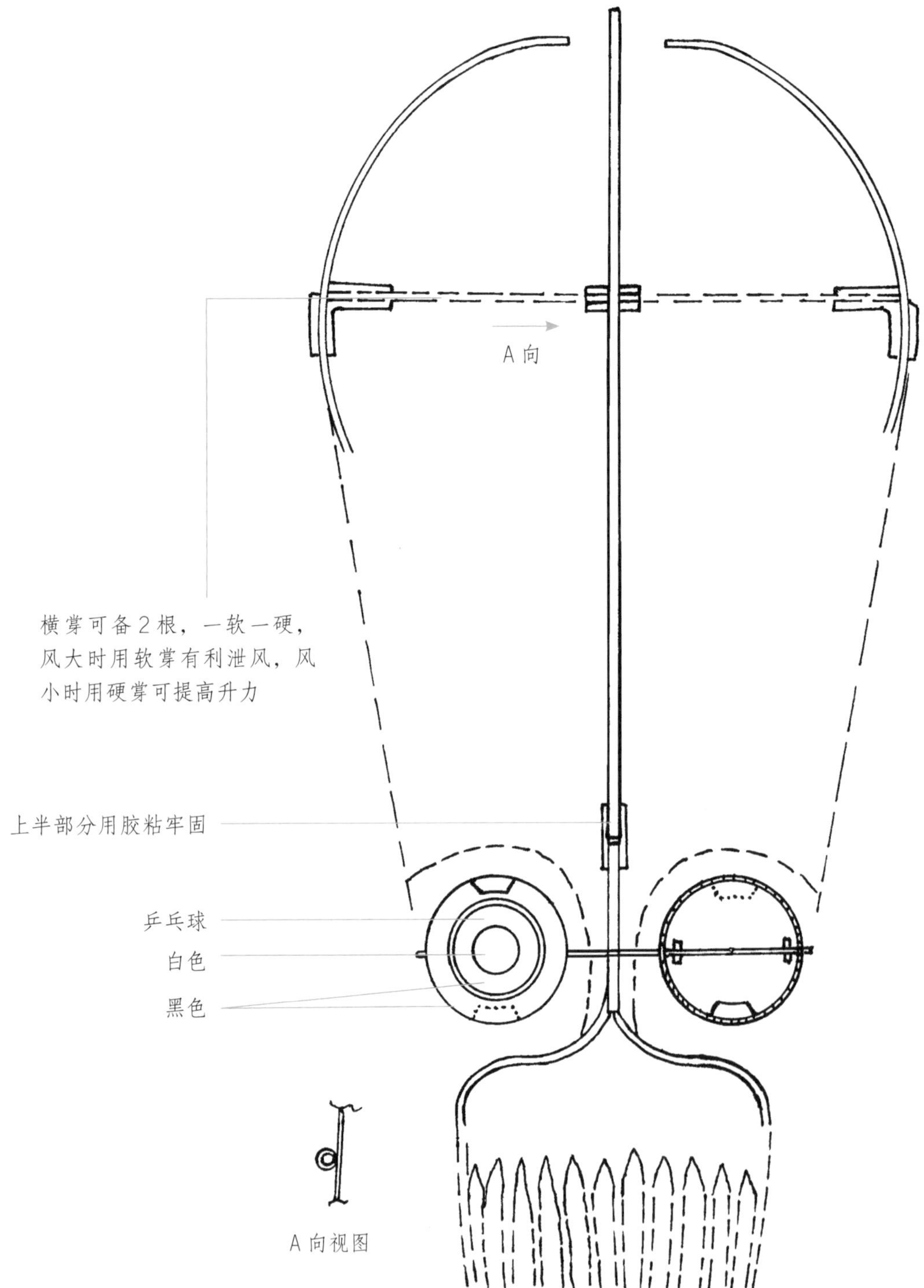

人们取谐音“鲇”为“年”“鱼”为“余”，寓意“年年有余”；并且把年节时制作的鱼风筝无论什么鱼，一律叫年鱼风筝。鱼如写意画法，拖着细长的尾巴，放到空中，长尾随风摆动、翻卷，很有气势。归属硬翅，吃风大，尾长较重，适合四五级风放飞。

鲤鱼形象的年余风筝，则反映子牙垂鲤、神鱼吐书、白鲤腾船、昭公赐鲤、卧冰求鲤等历史典故。

图 5-154 可拆卸年鱼风筝骨架三视图

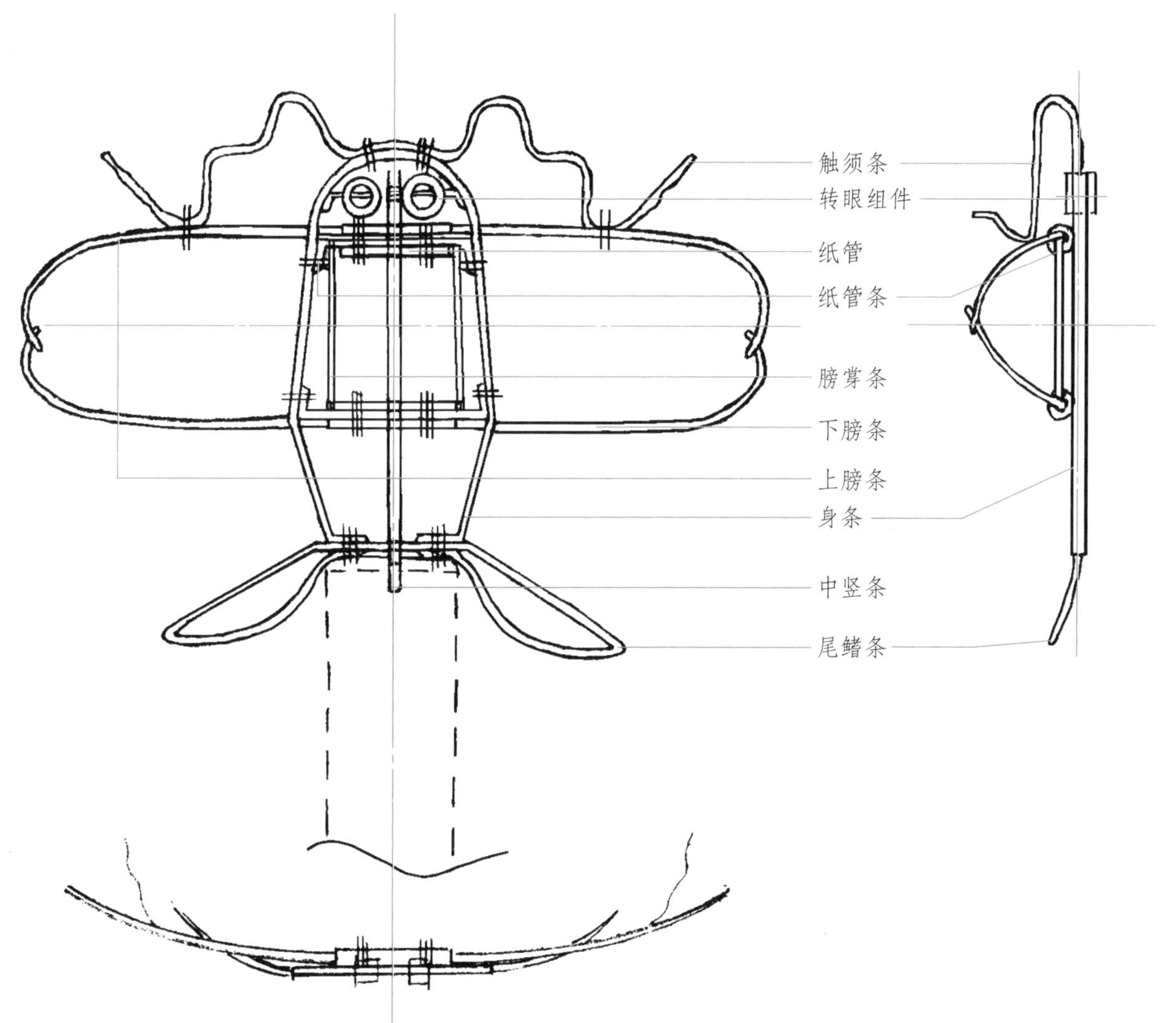

图 5-155 年鱼风筝零件图

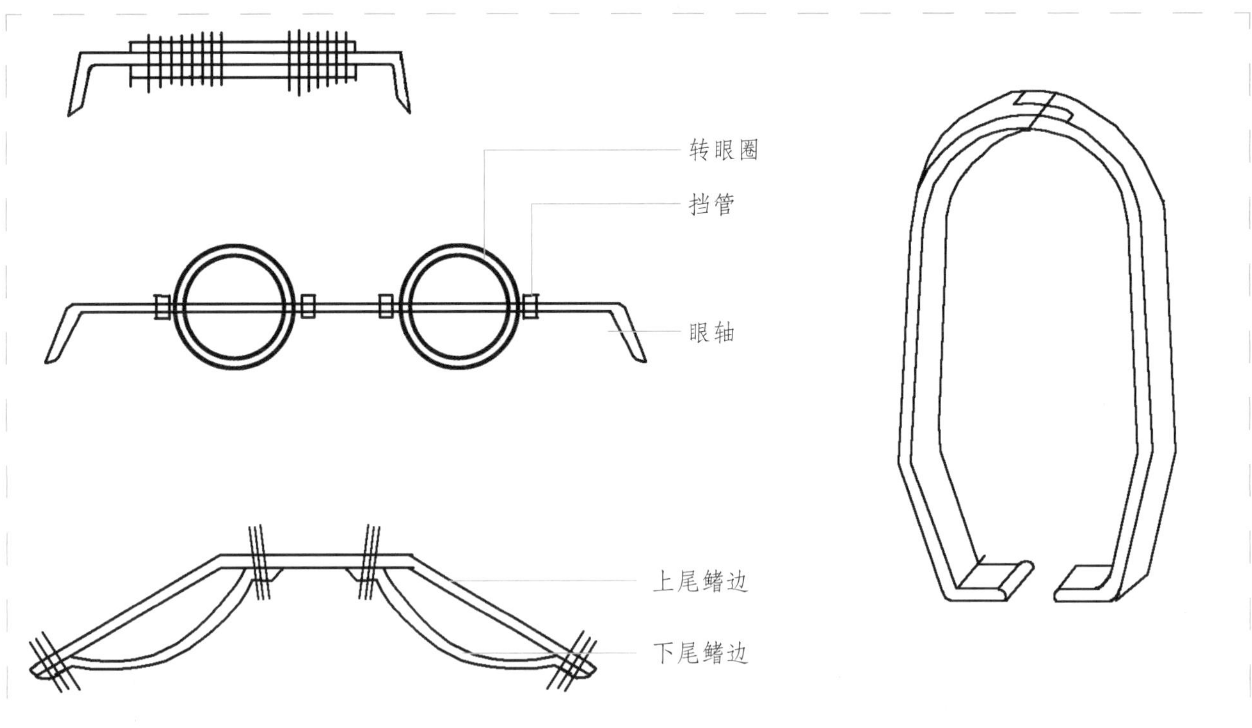

图 5-157 外形图

图 5-156 刀破示意图

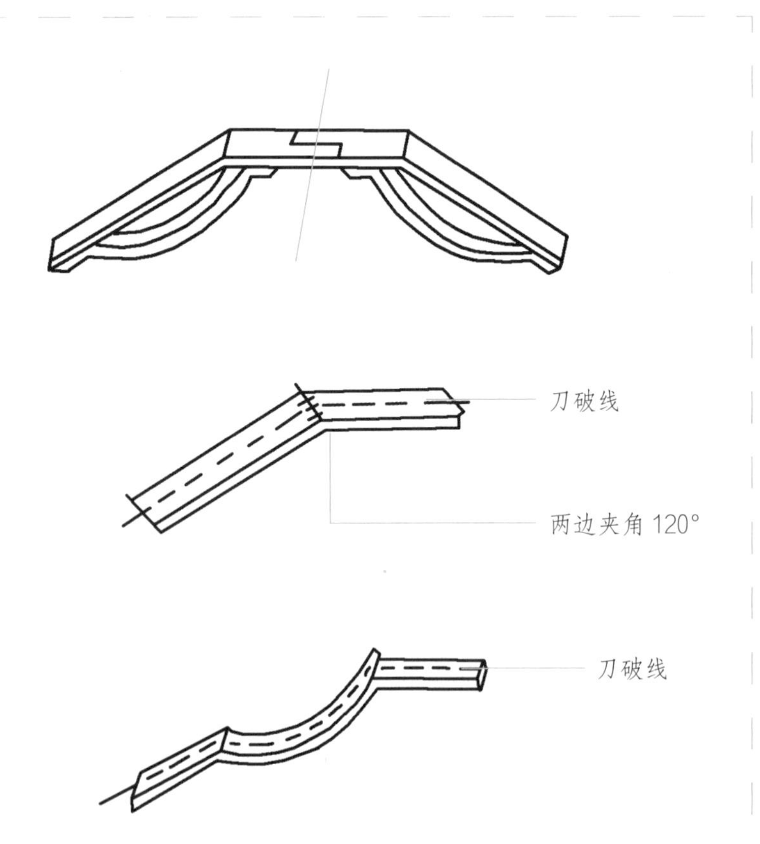

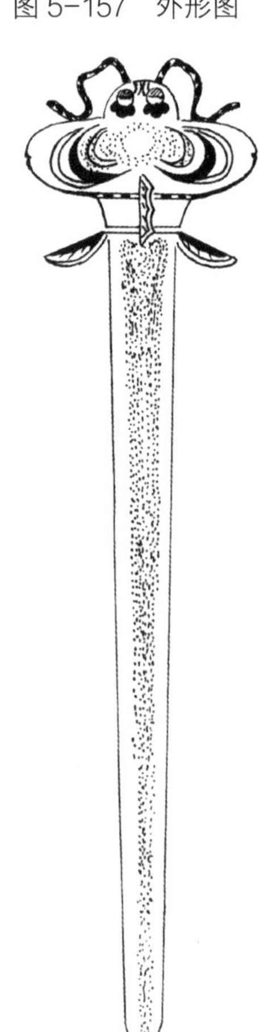

螃蟹风筝容易放飞。它的腿可以当作翅膀。翅膀虽然窄而长，但数量多，只要骨架刚柔适中，就易飞。

图 5-158　螃蟹风筝外形图

图 5-159　平板螃蟹风筝骨架后视图

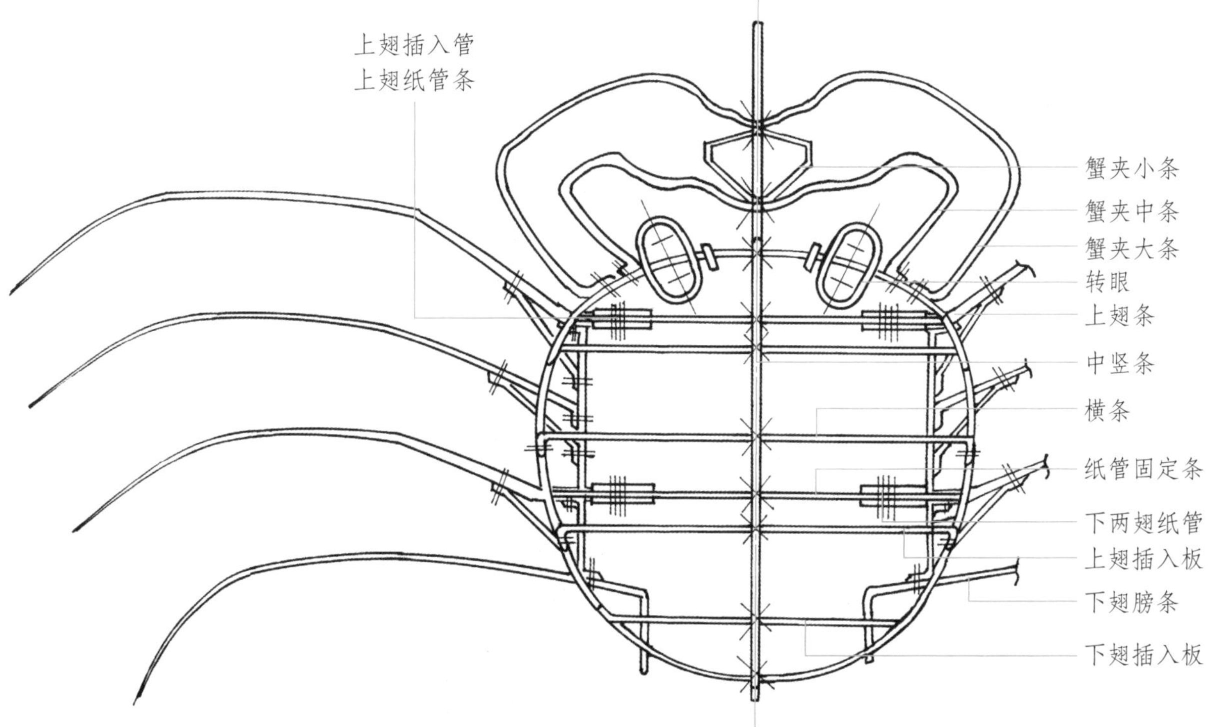

图 5-160 立体螃蟹风筝骨架后视图

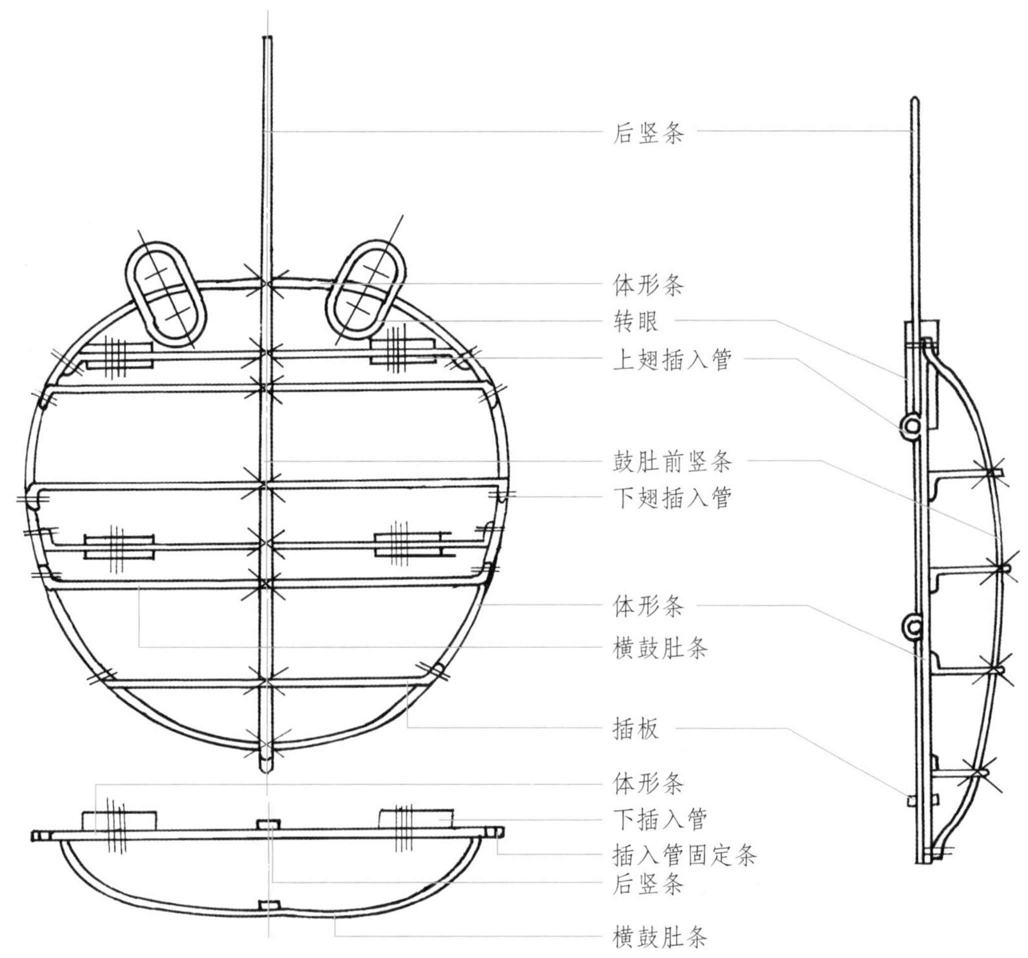

图 5-161 翅膀骨架图

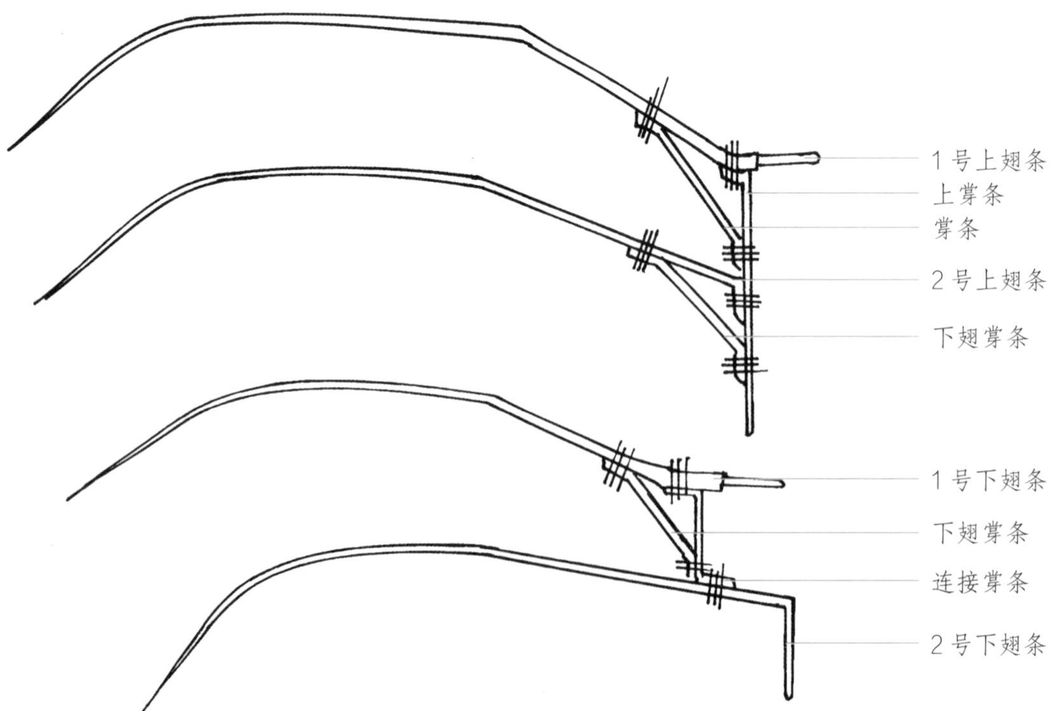

图 5-162　海豚风筝骨架图

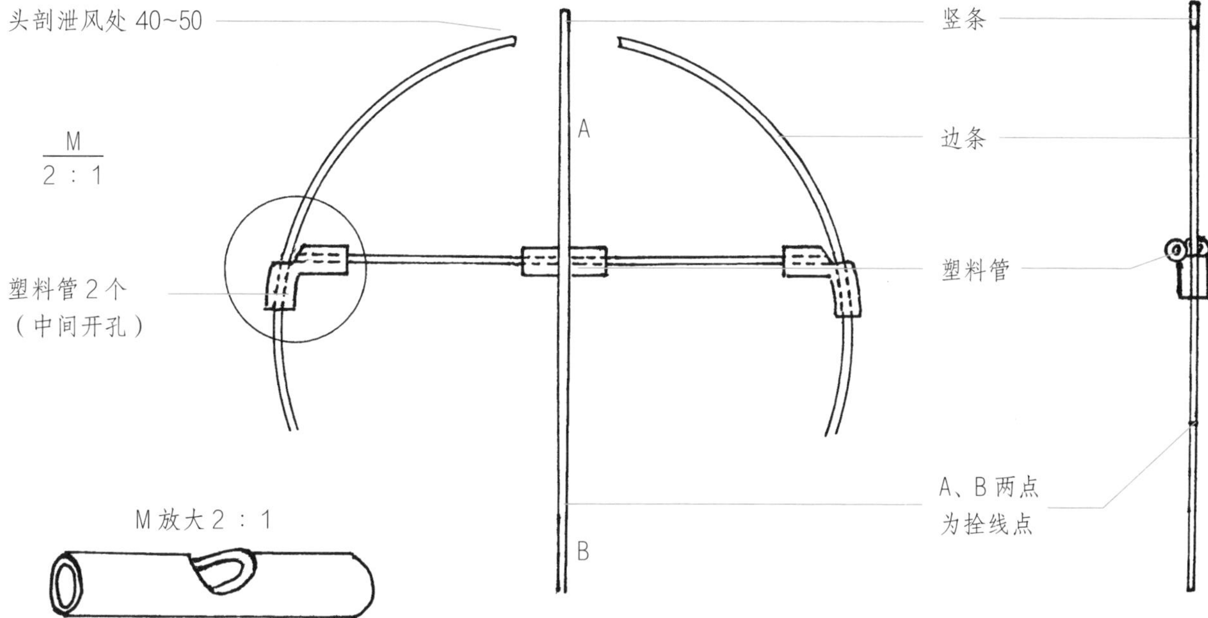

图 5-163　海豚风筝外形图

编后记

经过努力，这本书终于能和广大读者见面了。编者力争使初学风筝制作的爱好者能以图为模、巧手操作，做出飞行平稳、艺术价值很高的心爱之鸢。但是，在编写过程中并非一帆风顺，存在知识欠缺，写作经验不足等问题，所以很难达到当初的立意和设想。错漏之处，恳望行家、名家、专家、读者批评、斧正。

王高明先生在编写过程中付出了很大的心血。张玉森先生在编排逻辑和文字上给予了很大的帮助。同行王升举先生也给予了很大支持，在此一并深表致谢。

王礼

2014 年 清明前夕